暴雨年鉴

(2022)

中国气象局　编

气象出版社
China Meteorological Press

内 容 简 介

本书共分为 4 章。第 1 章对 2022 年全国降水及暴雨概况进行统计分析并加以综述；第 2 章从单站暴雨、连续性暴雨、区域性暴雨、主要暴雨过程等几个方面对 2022 年的暴雨进行索引；第 3 章对 2022 年 31 次主要暴雨过程的基本大气形势和降水演变特征进行概述；第 4 章对 2022 年 10 次重大暴雨事件从雨情、灾情及天气形势等几个方面进行综合分析。书后的附录给出 1991—2020 年全国暴雨气候概况。

本书比较全面地反映和记录了 2022 年我国的暴雨状况，为气象部门开展暴雨的监测预报、科技攻关、灾害评估、预报总结等提供基础检索资料。本书可供从事气象、水文、农业、生态、环境等方面的科研业务、教育培训、决策管理及相关人员参考。

图书在版编目（CIP）数据

暴雨年鉴. 2022 / 中国气象局编. -- 北京 : 气象出版社, 2025. 3. -- ISBN 978-7-5029-8440-3

Ⅰ. P426.62-54

中国国家版本馆 CIP 数据核字第 2025SS0085 号

审图号：GS 京（2025）0331 号

暴雨年鉴（2022）

Baoyu Nianjian (2022)

出版发行：气象出版社

地　　址：北京市海淀区中关村南大街 46 号　　邮政编码：100081

电　　话：010-68407112（总编室）　010-68408042（发行部）

网　　址：http://www.qxcbs.com　　E-mail：qxcbs@cma.gov.cn

责任编辑：王萃萃　　终　　审：张　斌

责任校对：张硕杰　　责任技编：赵相宁

封面设计：地大彩印设计中心

印　　刷：北京地大彩印有限公司

开　　本：889 mm×1194 mm　1/16　　印　　张：14.5

字　　数：353 千字

版　　次：2025 年 3 月第 1 版　　印　　次：2025 年 3 月第 1 次印刷

定　　价：150.00 元

本书如存在文字不清、漏印以及缺页、倒页、脱页等，请与本社发行部联系调换。

前　言

中国地处东亚季风气候区，每年都有大量的暴雨天气过程发生，暴雨是我国最主要的灾害性天气之一。由暴雨产生的洪水时常造成江河湖泊泛滥、农田道路淹没、公路交通阻绝，在山区常常诱发山洪、泥石流、山体滑坡等一系列地质灾害。每年暴雨及其引发的次生灾害造成国家社会经济和人民生命财产的巨大损失。同时，暴雨又是我国淡水资源的重要来源，它带来的充沛降水对于农田灌溉、水力发电、江河航运、工农业生产、人民生活以及生态系统的平衡和恢复都有非常重要的作用。

暴雨作为一种以高强度降水为主要特征的天气现象，对其进行准确预报一直是气象部门工作的重点和难点。因此，加强暴雨科研，提高其预报准确率，减轻暴雨灾害对社会经济造成的损失，是政府决策部门和社会公众的期望所在。研究和探索暴雨发生、发展和变化的规律，需要大量的探测资料作支撑，需要以暴雨发生的史实为基础。编纂出版《暴雨年鉴(2022)》，既能够提供全面反映、准确记录当年我国暴雨状况的资料汇集，供广大科研、业务、教育培训、决策管理及相关工作的同志参考，为暴雨监测预报、防灾减灾及水资源调配管理等提供服务；又可以为气象部门开展暴雨预报科技攻关、暴雨灾害评估、暴雨预报总结提供基础检索资料；同时，随着岁月积累，也能逐步形成一套反映我国暴雨状况的历史典籍，丰富我国的气象文化。

《暴雨年鉴(2022)》编制工作由中国气象局武汉暴雨研究所廖移山、闵爱荣等完成，附图的绘制工作由闵爱荣承担。

在《暴雨年鉴(2022)》的编辑过程中，中国气象局预报与网络司、湖北省气象局有关领导给予了支持并提出了宝贵的指导意见；国家气象信息中心、湖北省气象信息与技术保障中心、国家气象中心有关领导和专家提供了技术指导和基础资料；武汉暴雨研究所唐永兰、杨浩，国家气象中心何立富等相关专业技术人员也参与了年鉴的部分编写工作，在此一并谨致谢忱。

编者

2024 年 11 月

编写说明

1. 资料来源及说明

本年鉴的降水资料来自于湖北省气象信息与技术保障中心提供的全国2424个国家气象站观测的整编资料，灾情资料来自于中国气象局气象灾害管理系统。

在2022年度暴雨概况统计中，所使用的有完整降水资料记录的台站有2424个。在全国暴雨气候概况统计中，多年平均采用世界气象组织（WMO）的约定标准，即1991—2020年30 a气候平均值，这段时期有完整降水资料记录的台站有2328个，而在统计全国各省（自治区、直辖市）最大日降水量时，使用了1961—2021年有完整降水资料记录的台站有1934个。

本年鉴未包含中国香港、澳门和台湾地区的降水资料。

2. 暴雨分级标准

本年鉴采用如下暴雨分级标准：

暴　　雨：日降水量50.0～99.9 mm；

大 暴 雨：日降水量100.0～249.9 mm；

特大暴雨：日降水量≥250.0 mm。

3.“单站连续性暴雨”的录选标准

单站连续3 d达到暴雨标准，或者连续3 d出现降水且其中至少2 d达到大暴雨标准，即作为一次单站连续性暴雨。单站连续性暴雨的起止日必须达到暴雨或以上量级。

4.“区域性暴雨日”的录选标准

在同一片雨区中，只要有15个站达到暴雨标准，当日即作为一个区域性暴雨日。

5.“主要暴雨过程”的录选标准

过程中至少有1 d达到区域性暴雨日标准，且至少在一个区域性暴雨日中有2个或2个以上站达到大暴雨标准。过程的起止日必须有5个或5个以上站达到暴雨标准。

6.“重大暴雨事件”的录选原则

根据暴雨过程的降水和灾情资料，按照降水强度、降水范围、灾情大小等进行综合排序，遴选出当年影响显著的10次重大暴雨事件。

7. 其他需要说明的问题

降 水 量:指从天空降落到地面上的液态和固态(经融化后)降水,没有经过蒸发、渗透和流失而在单位面积水平面上积聚的深度。

暴雨雨量:在给定的时间范围内所有暴雨日的降水量之和。

资料日界:20 时—次日 20 时(北京时间)。

多年平均:1981—2010 年 30 a 平均值。

降水距平:年度值与多年平均值的差值。

干旱地区:多年平均年降水量≤300.0 mm 的区域。

绘图说明:西沙、珊瑚两站资料在绘图时未予考虑。

目　录

第 1 章　年度暴雨概况

1.1　2022 年全国暴雨综述

2022 年，我国降水（平均降水量 606 mm）较常年（630 mm）偏少 3.8%。从年降水量的分布看（图 1.2.1），降水自西北向东南依次递增，与多年气候平均分布一致。新疆大部、西藏西部、青海柴达木盆地、内蒙古中西部大部、甘肃河西走廊大部及宁夏北部年降水量一般不足 250 mm。内蒙古东部、青海大部、西藏中部、甘肃大部、宁夏南部、陕西部分地区及北疆部分地区年降水量在 250～500 mm。东北大部、华北大部、黄淮大部、江淮大部、江汉大部、陕西大部、西南地区大部及西藏东部年降水量在 500～1000 mm。江南大部、广西西部、贵州南部、云南南部、江淮北部、湖南中部、广西西部年降水量在 1000～1500 mm。江南部分地区、华南大部年降水量在 1500～2000 mm。海南大部、广东大部、广西东部及江南局部地区年降水量超过 2000 mm。年降水量超过 2500 mm 共有 13 个站，主要位于广东省。全国最大年降水量出现在广东海丰，为 3610 mm。

2022 年我国共有 230 d 出现暴雨，第一个暴雨日出现在 1 月 16 日，最后一个暴雨日出现在 12 月 27 日。我国西北地区大部、内蒙古大部、西藏地区及西南地区北部全年基本没有暴雨发生，除此之外的大部分地区年暴雨（≥50 mm/d）日数大多在 1～4 d，超过 4 d 的区域主要位于东北南部、华北、黄淮、江淮、江南、华南、西南东部、西南南部及西北地区东南部，超过 7 d 的区域主要位于华南地区及江南中东部、黄淮东部，超过 10 d 的区域主要集中在华南地区，其中有 11 个站超过 14 d，最多的暴雨日数出现在广东恩平及上川岛，为 20 d。我国西藏地区、西南地区北部、西北地区大部、内蒙古地区大部全年都没有大暴雨发生，其他区域大暴雨日数一般不超过 2 d，华南部分地区、江南局部、山东局部、辽宁沿海局部可达 3～4 d，超过 4 d 的区域主要集中在华南地区，广东海康、海丰出现次数最多，均为 7 d。

2022 年我国有 14 站次出现特大暴雨，其中广东最多，出现 5 站次，海南出现 3 站次，江西出现 2 站次，河北、河南、云南和广西各出现 1 站次。从出现时间看，6 月最多，出现 8 站次，7 月出现 3 站次，5 月出现 2 站次，8 月出现 1 站次，其余月份没有出现特大暴雨。每月全国最大日降水量均达到暴雨量级，3—11 月均达到大暴雨量级，5—8 月均达到特大暴雨量级。2022 年 7 月 2 日海南三亚出现的 421.6 mm 的降水为当年全国最大日降水量。

2022 我国共出现区域性暴雨日 111 d，第一个区域性暴雨日出现在 2 月 19 日，最后一个区域性暴雨日出现在 11 月 30 日。6 月 27 日出现在东北地区南部、华北地区、黄淮地区、江淮西部、江汉地区以及西南地区东部的区域性暴雨是影响范围最广、强度最大的一次区域性暴雨，共出现 98 站暴雨、43 站大暴雨，日降水量大于或等于 50 mm 的总站数达到 141 站，最大暴雨中心出现在山东日照，日降水量 213.4 mm。

2022 年我国共出现 31 次主要暴雨过程，分布在 3—10 月，其中 8 月 9 次，6 月 6 次，7 月 5 次，9 月 4 次，4 月 3 次，5 月 2 次，3 月、10 月各 1 次。31 次主要暴雨过程中有 5 次由热带气旋登陆或影响所致。从 31 次主要暴雨过程中遴选出 10 次列为年度重大暴雨事件，分别发生在 5—10 月，其中 6 月 5 次，5 月、7 月各 2 次，10 月 1 次。10 次重大暴雨事件中有 1 次为热带气旋登陆所致。第 8 次重大暴雨事件 7 月 1—7 日台风“暹芭”暴雨，是影响范围最广、持续时间最长的一次重大暴雨事件。

2022 年我国有 40 站次突破了 61 a(1961—2021 年)日降水量的历史纪录(参见附录 I)，其中吉林、山西、云南、广东各 4 站次，内蒙古、宁夏、广西各 3 站次，甘肃、贵州、湖南各 2 站次，黑龙江、辽宁、新疆、青海、河北、河南、江西、福建、海南各 1 站次，其余省(自治区、直辖市)没有。

2022 年全国共有 80 站次出现了连续性暴雨，最长连续天数为 5 d，出现在 5 月 11—15 日广东恩平。干旱地区共有 47 站次日降水量达到或超过 25 mm。

1.2　2022 年全国降水概况

1.2.1　年降水量分布

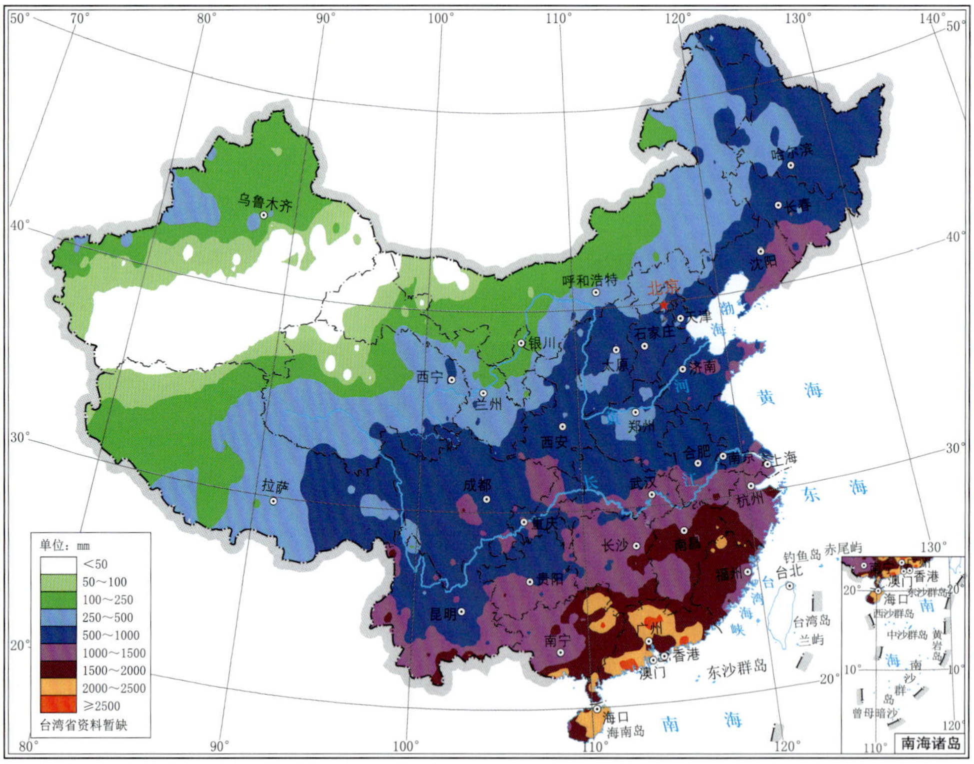

图 1.2.1　2022 年全国降水量分布

1.2.2　年降水量距平分布

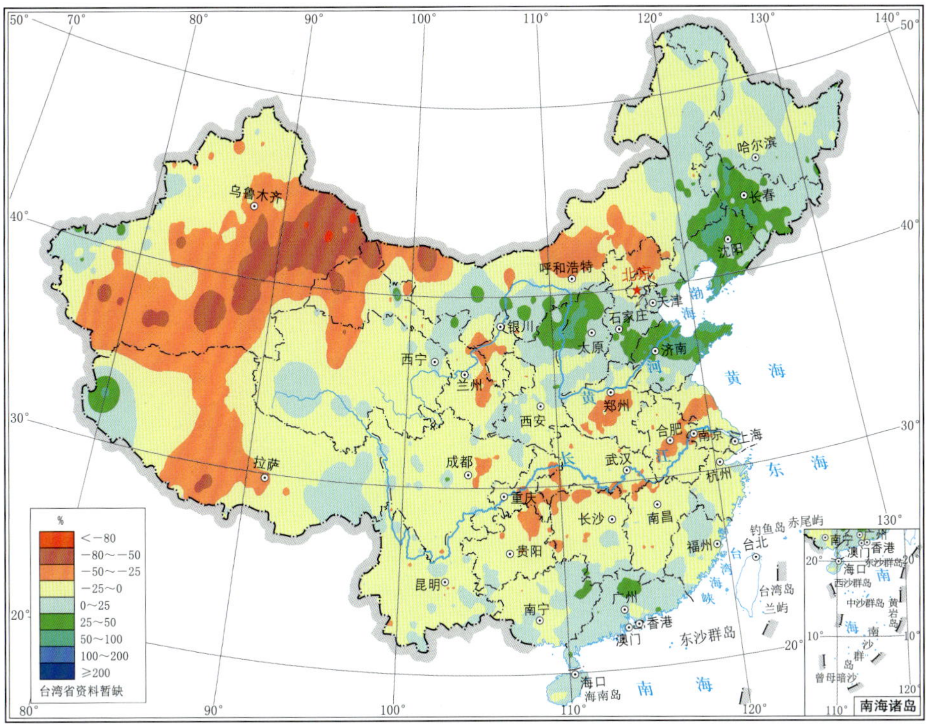

图 1.2.2　2022 年全国降水量距平百分率分布 *

1.2.3　月降水量分布

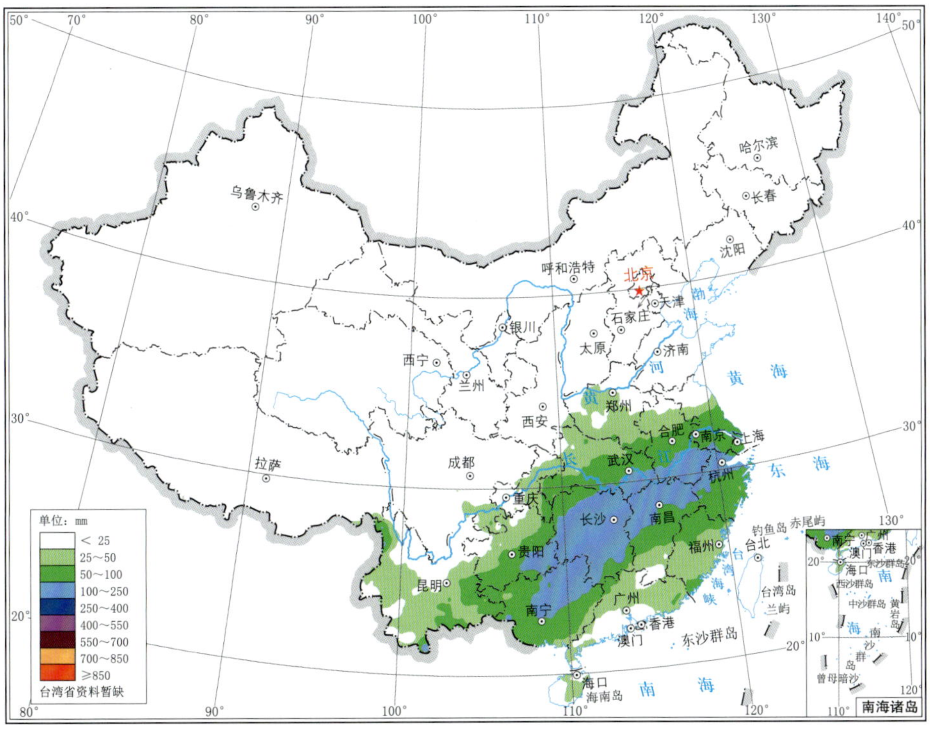

图 1.2.3　2022 年 1 月全国降水量分布

---

* 计算降水距平时，多年平均值采用 1991—2020 年 30 a 平均值，下同。

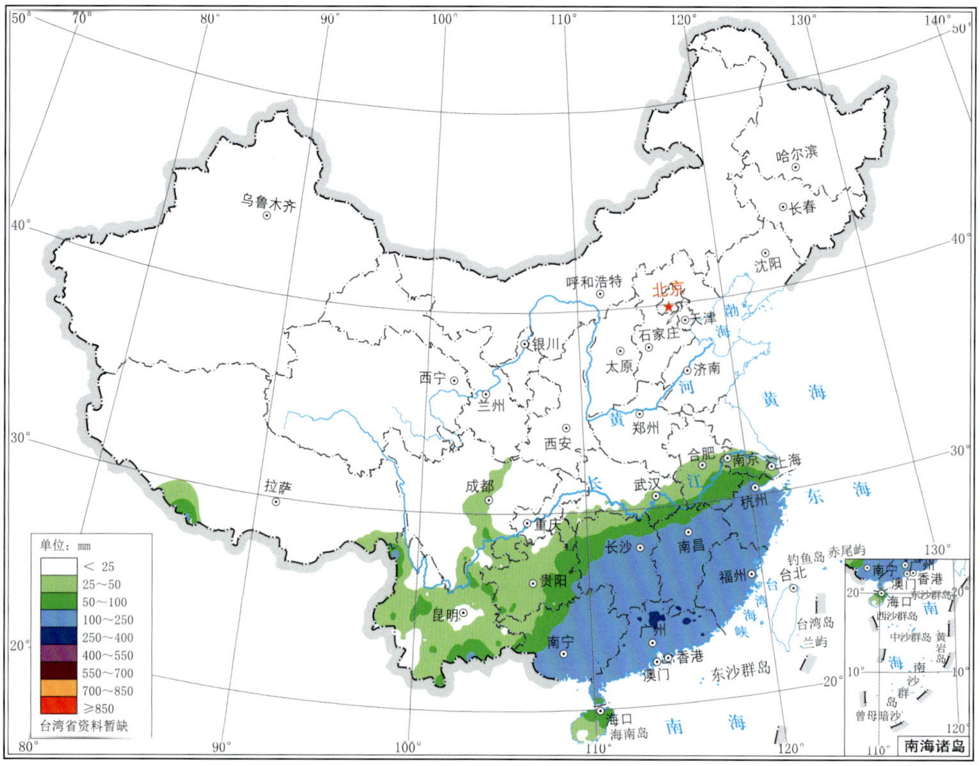

图 1.2.4　2022 年 2 月全国降水量分布

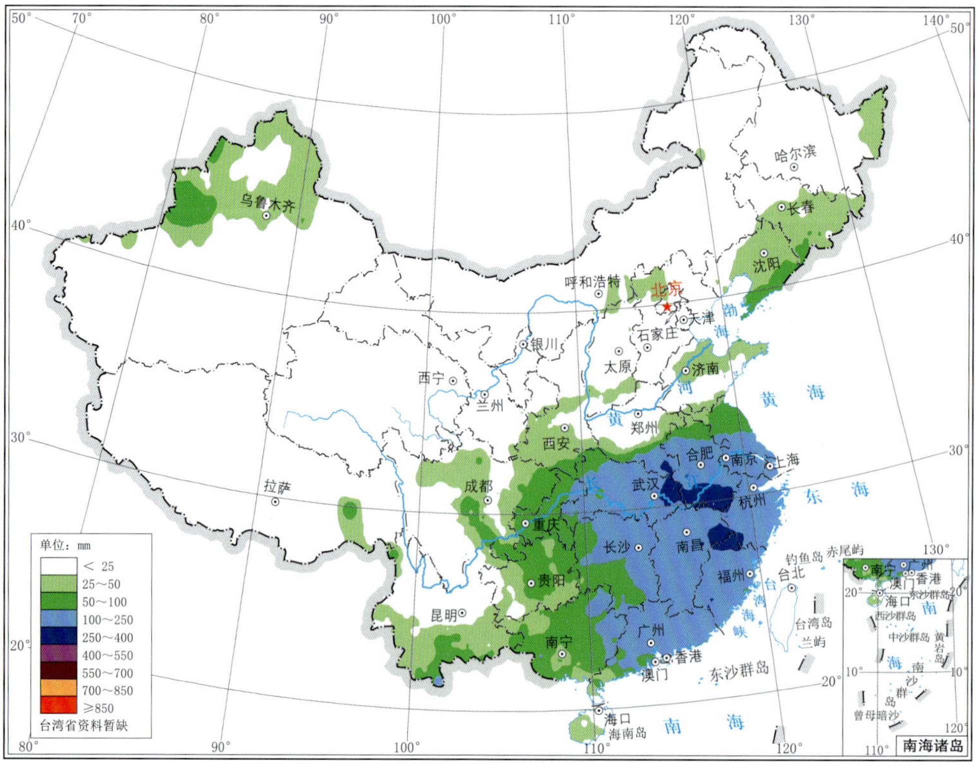

图 1.2.5　2022 年 3 月全国降水量分布

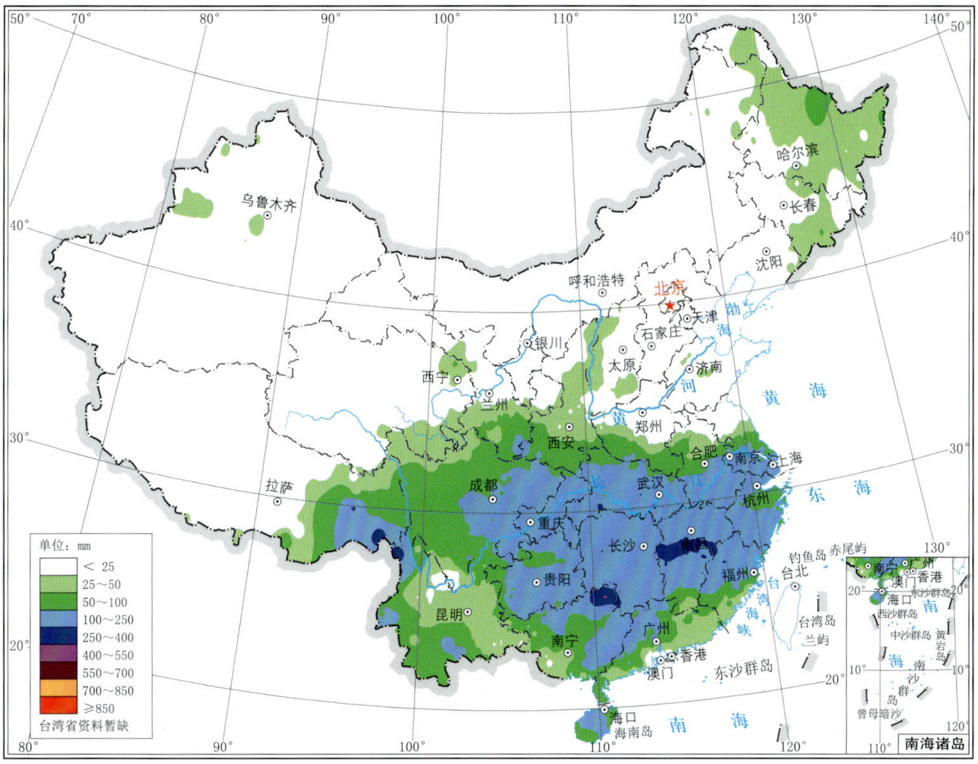

图 1.2.6　2022 年 4 月全国降水量分布

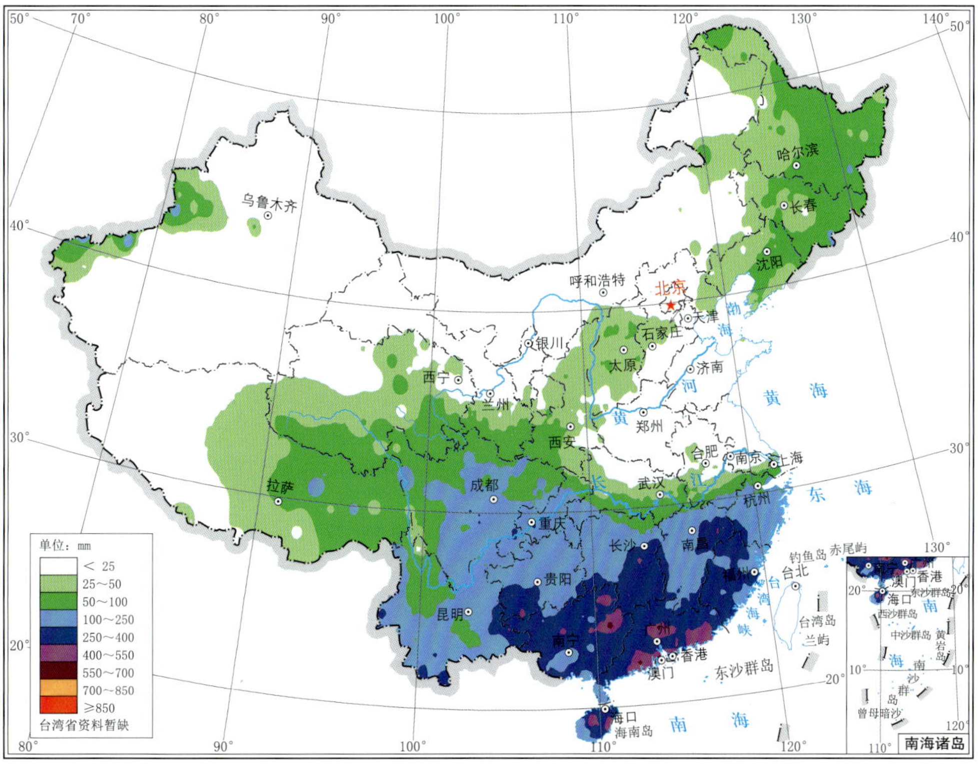

图 1.2.7　2022 年 5 月全国降水量分布

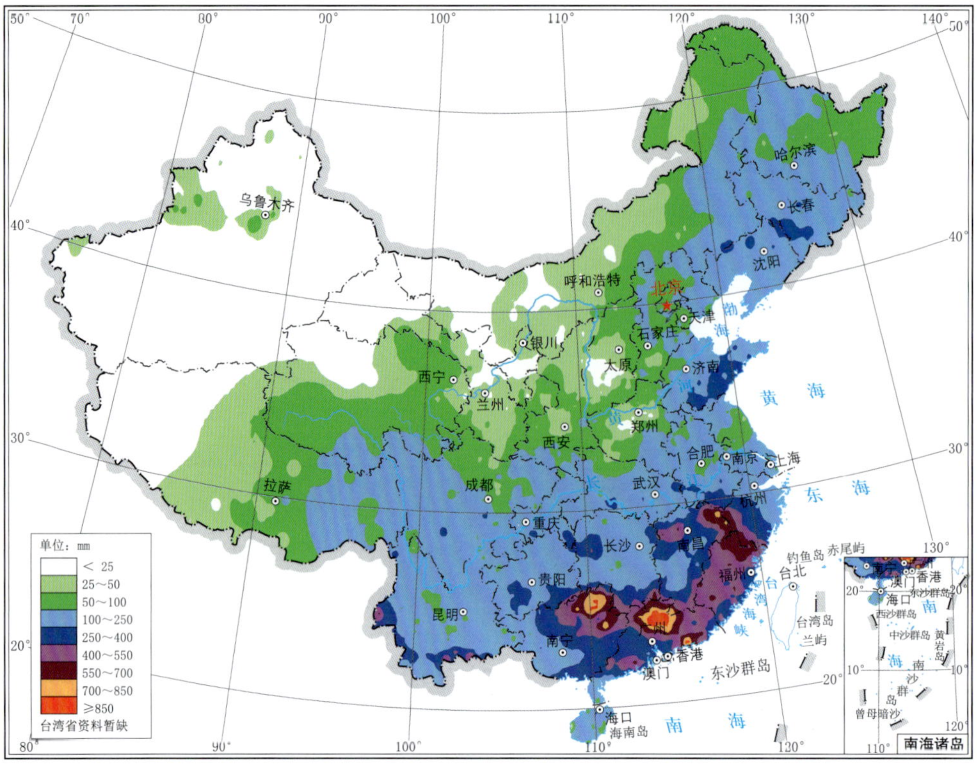

图 1.2.8　2022 年 6 月全国降水量分布

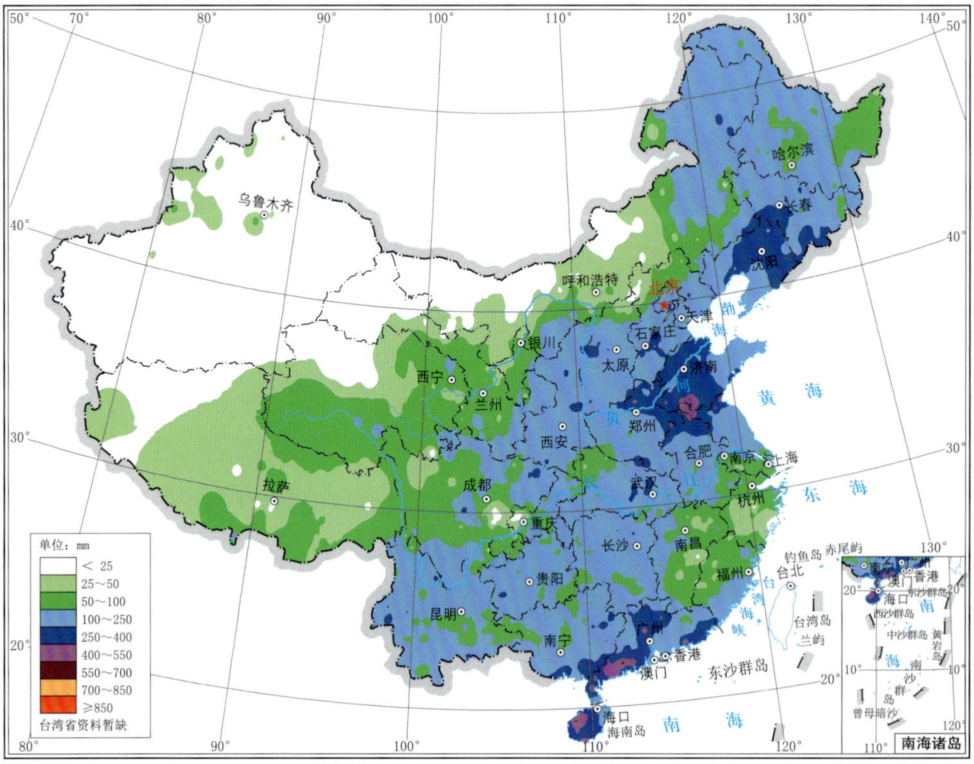

图 1.2.9　2022 年 7 月全国降水量分布

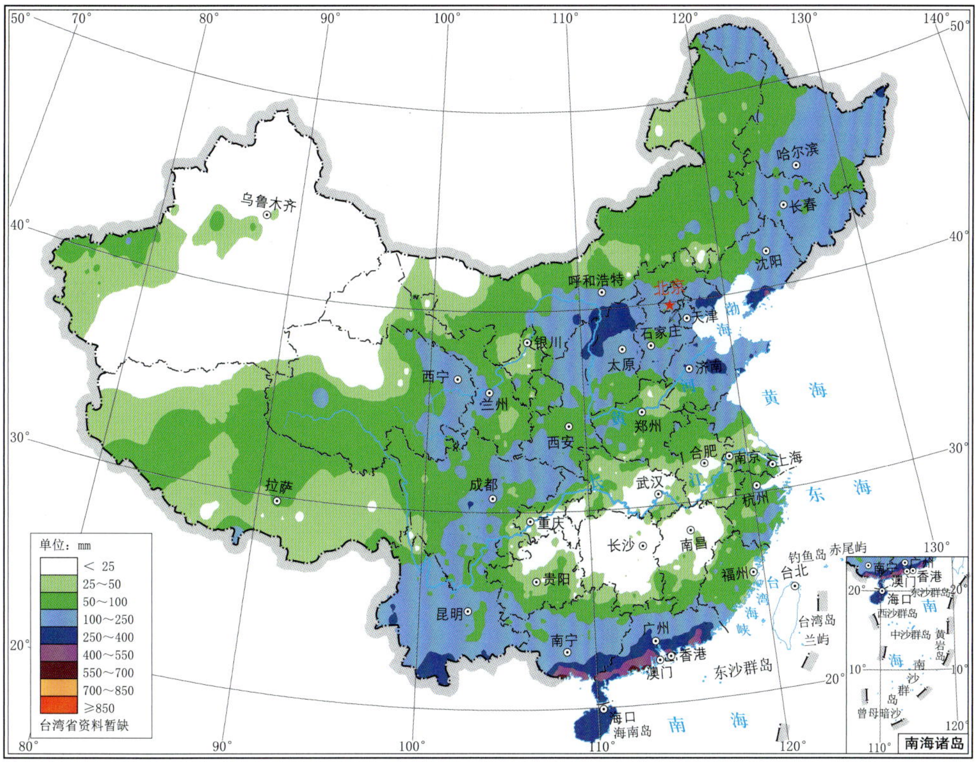

图 1.2.10　2022 年 8 月全国降水量分布

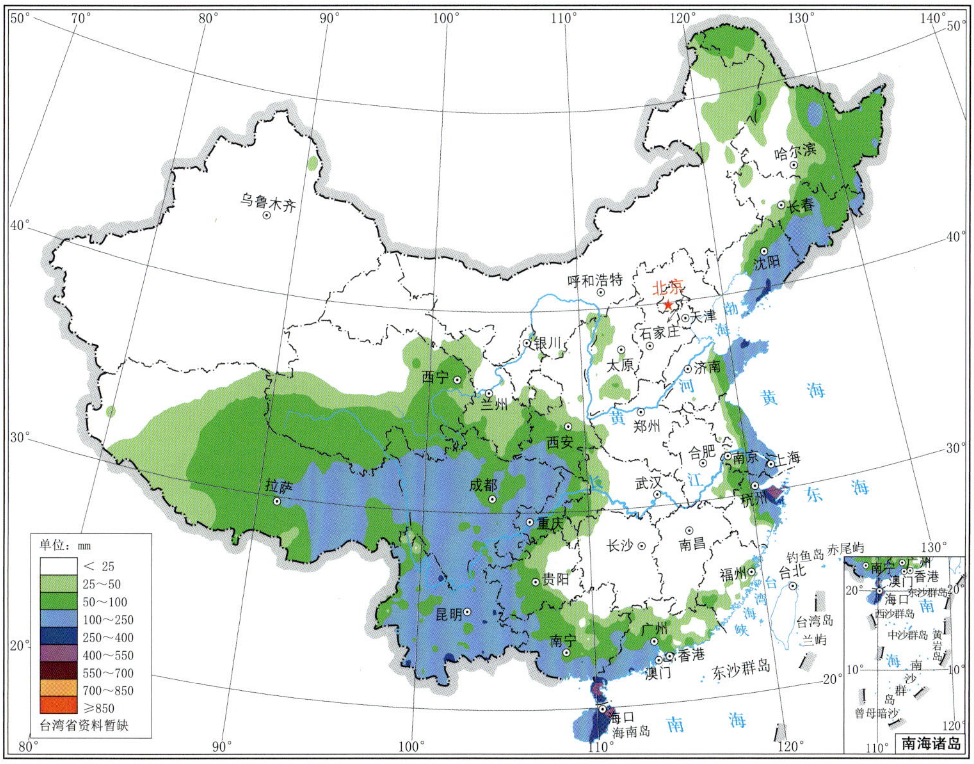

图 1.2.11　2022 年 9 月全国降水量分布

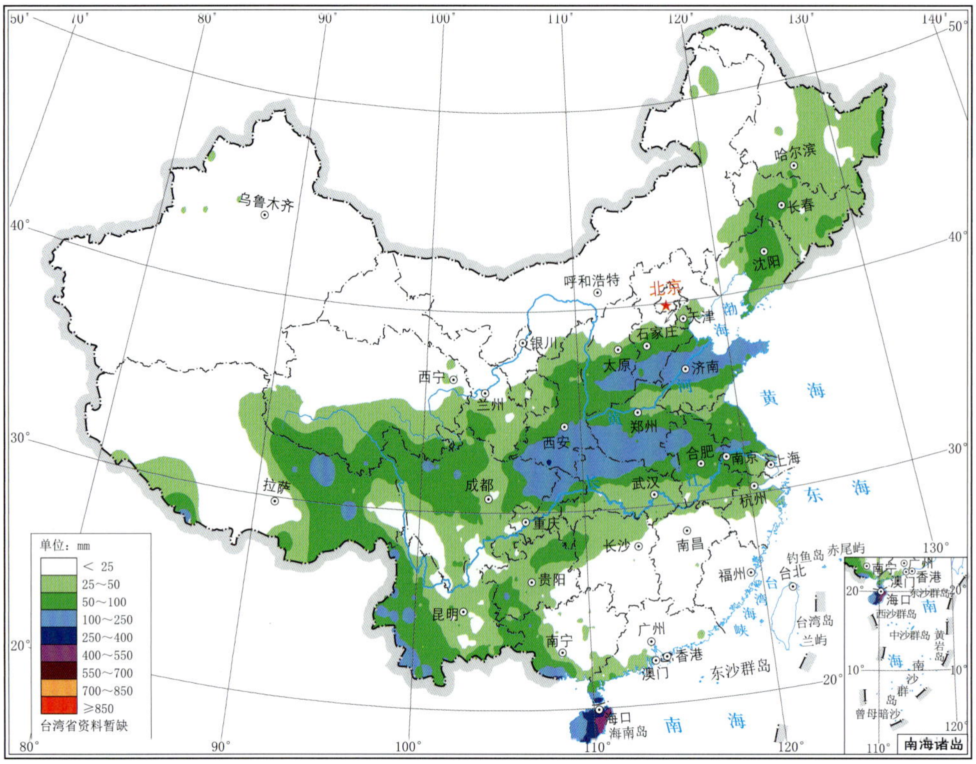

图 1.2.12　2022 年 10 月全国降水量分布

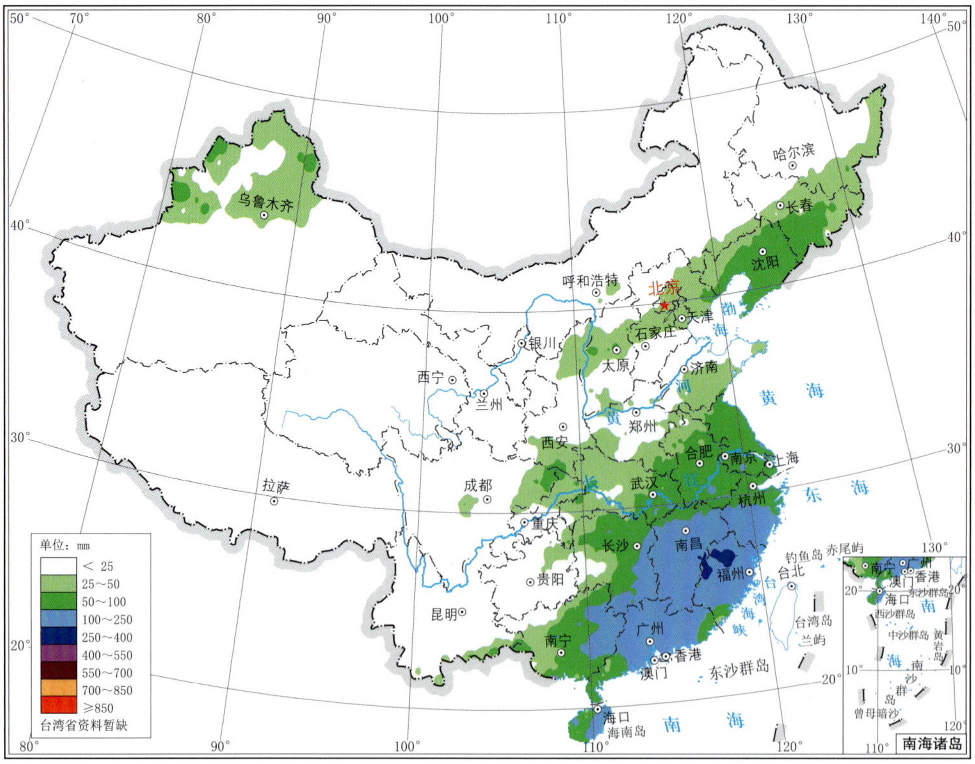

图 1.2.13　2022 年 11 月全国降水量分布

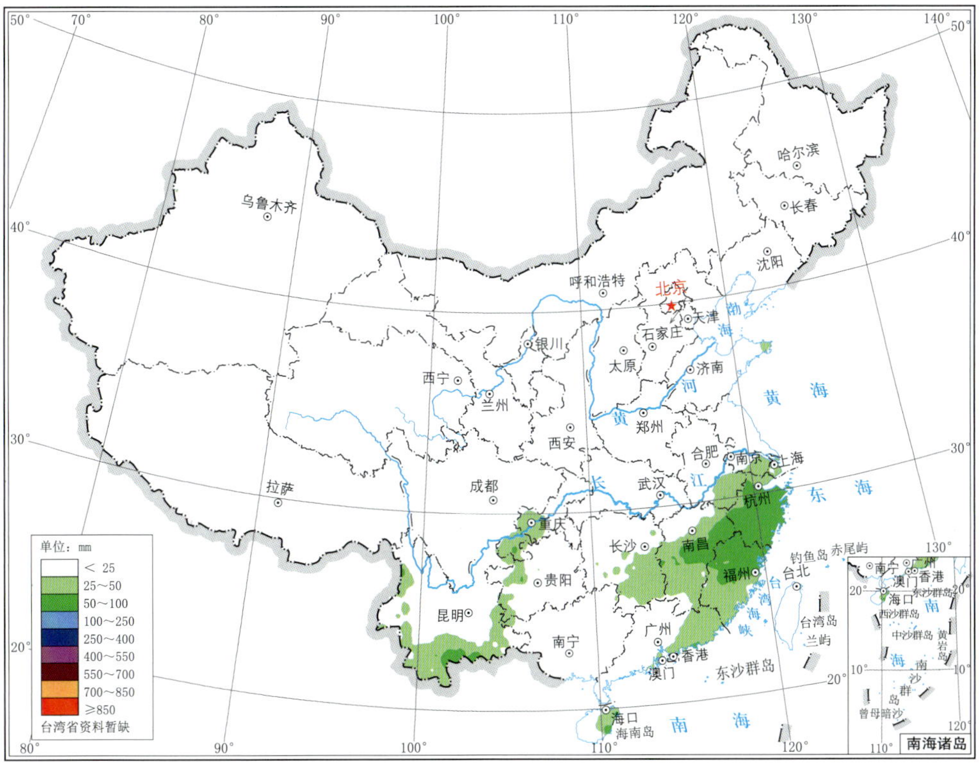

图 1.2.14　2022 年 12 月全国降水量分布

1.2.4　月降水量距平分布

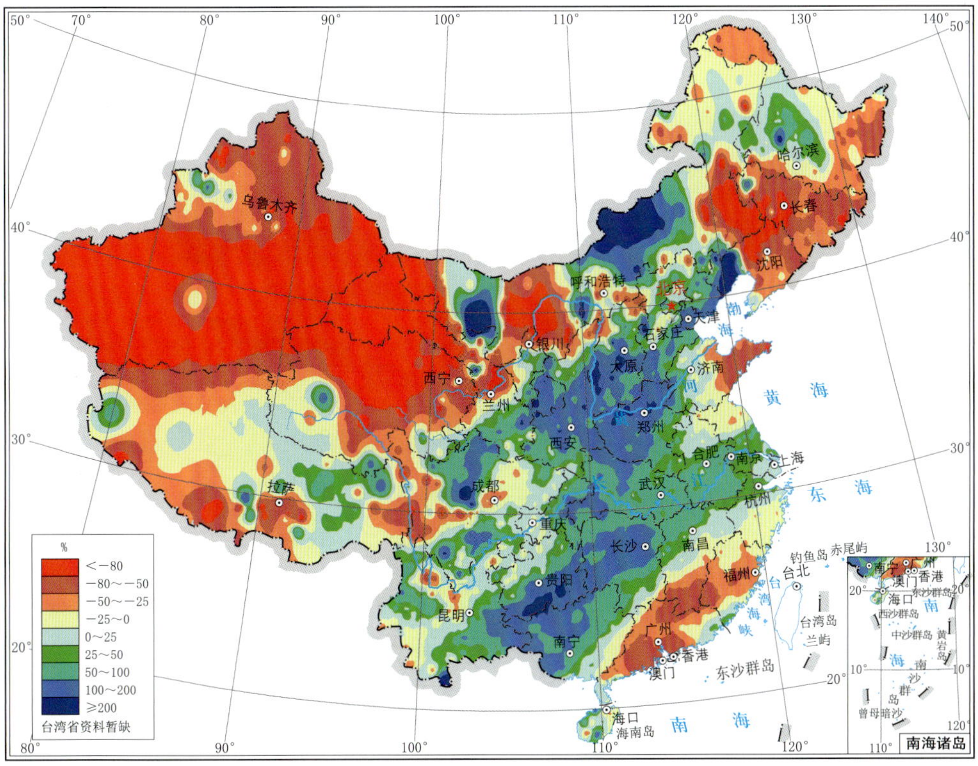

图 1.2.15　2022 年 1 月全国降水量距平百分率分布

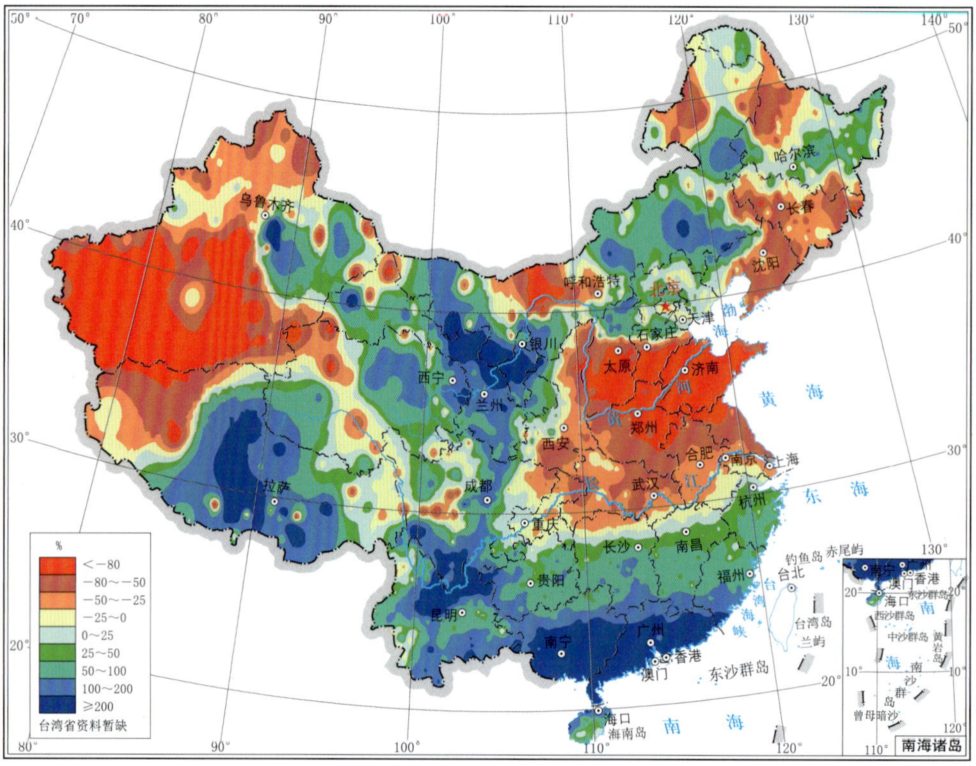

图 1.2.16　2022 年 2 月全国降水量距平百分率分布

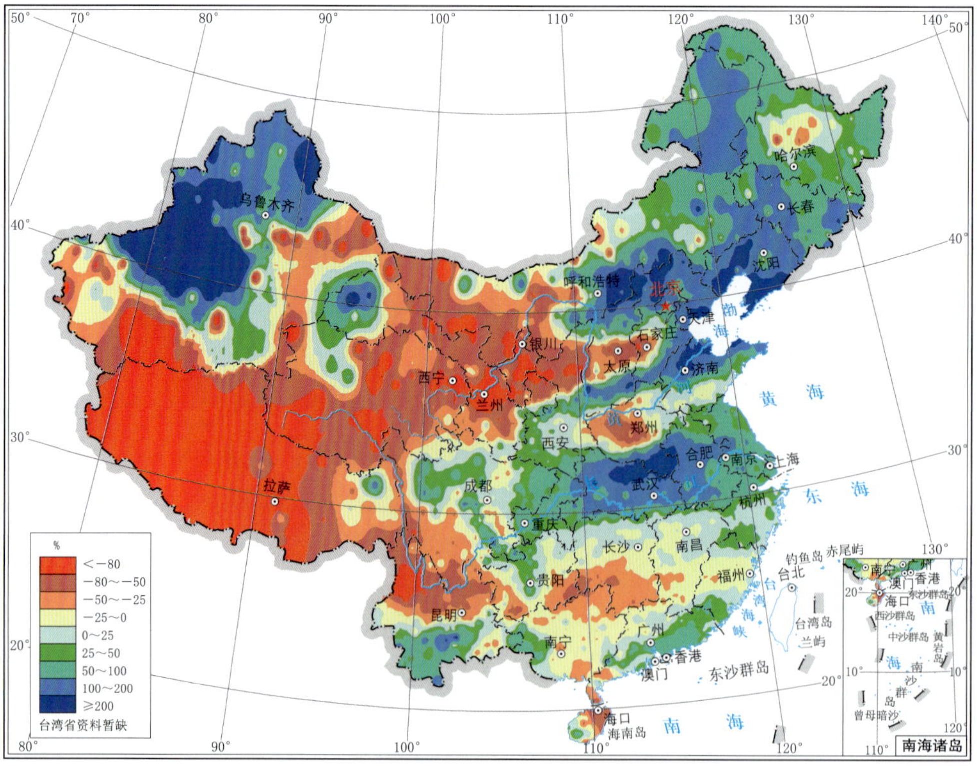

图 1.2.17　2022 年 3 月全国降水量距平百分率分布

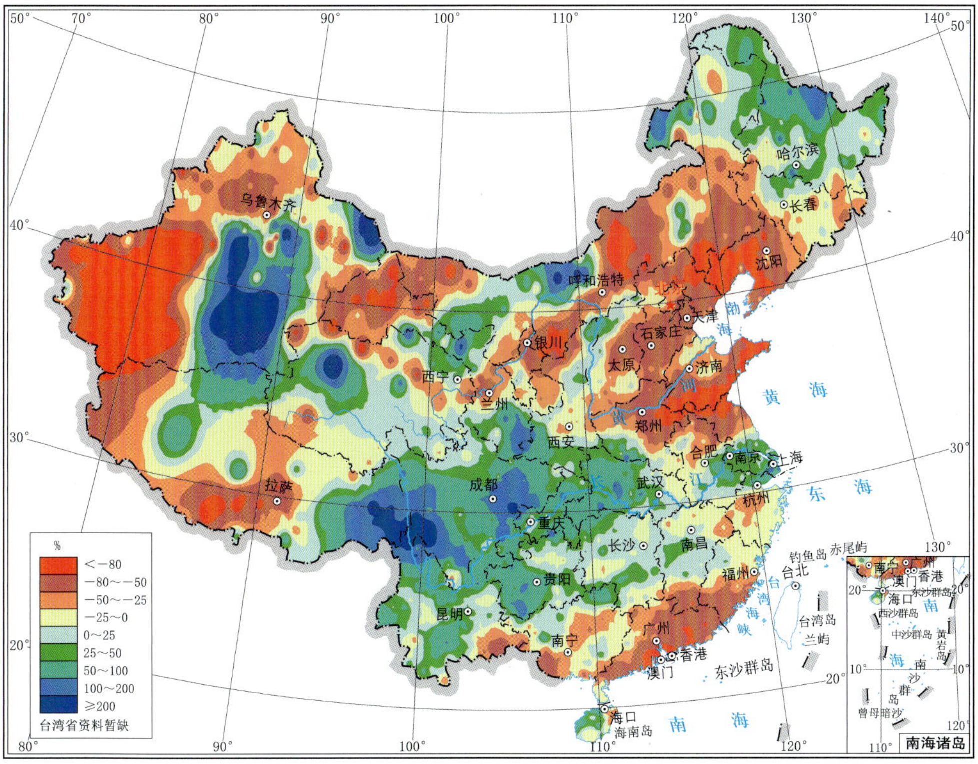

图 1.2.18　2022 年 4 月全国降水量距平百分率分布

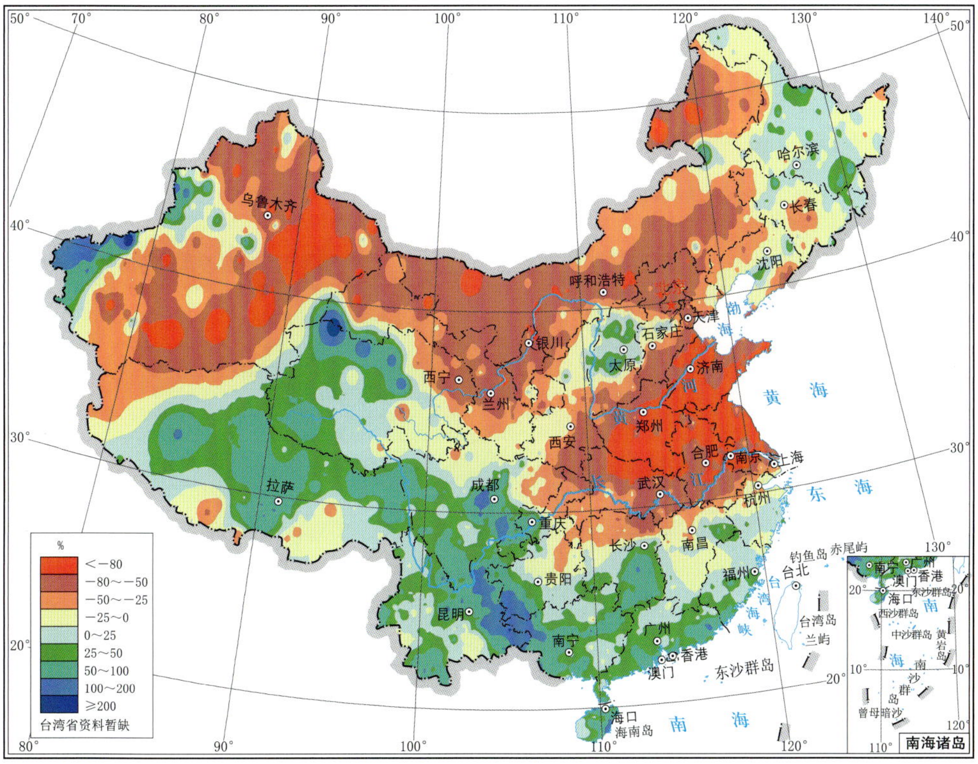

图 1.2.19　2022 年 5 月全国降水量距平百分率分布

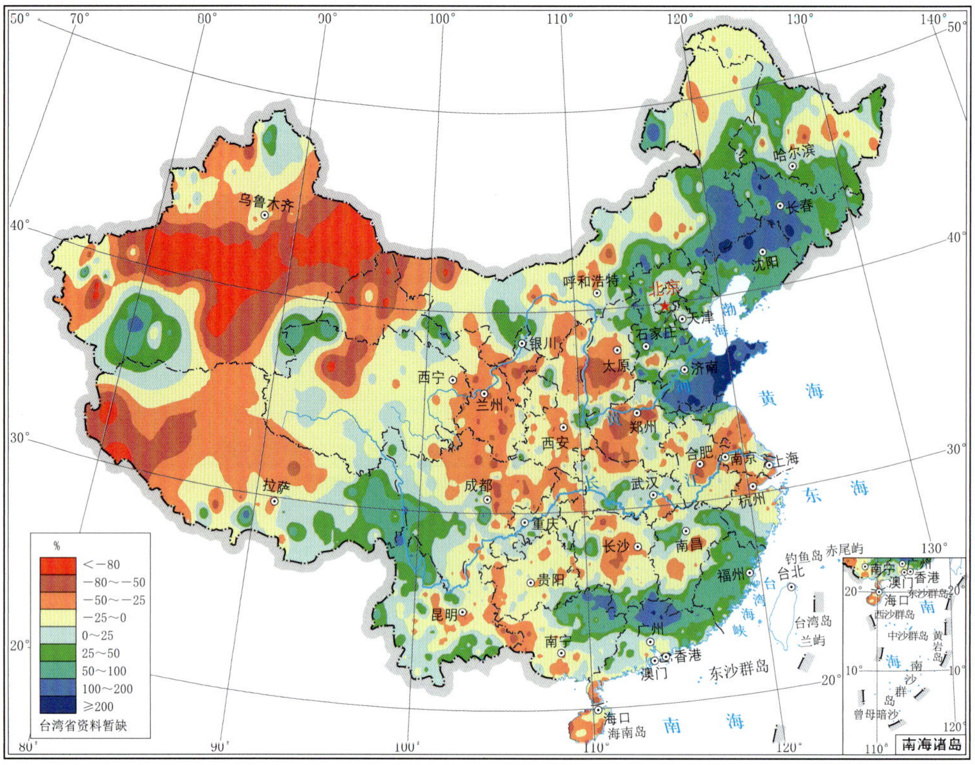

图 1.2.20　2022 年 6 月全国降水量距平百分率分布

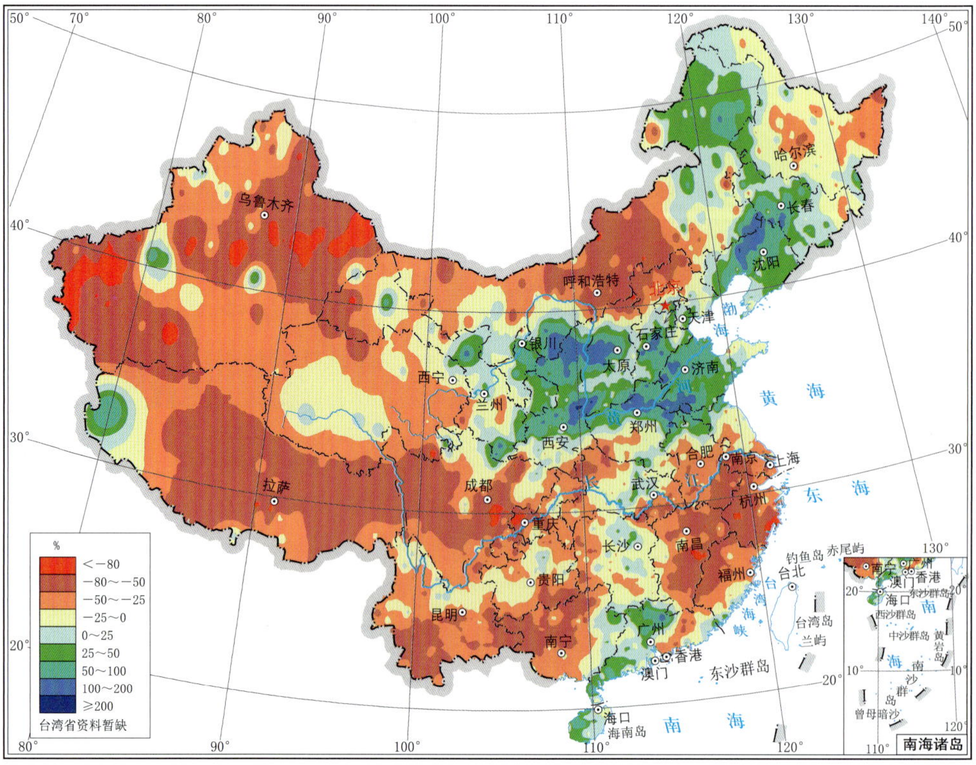

图 1.2.21　2022 年 7 月全国降水量距平百分率分布

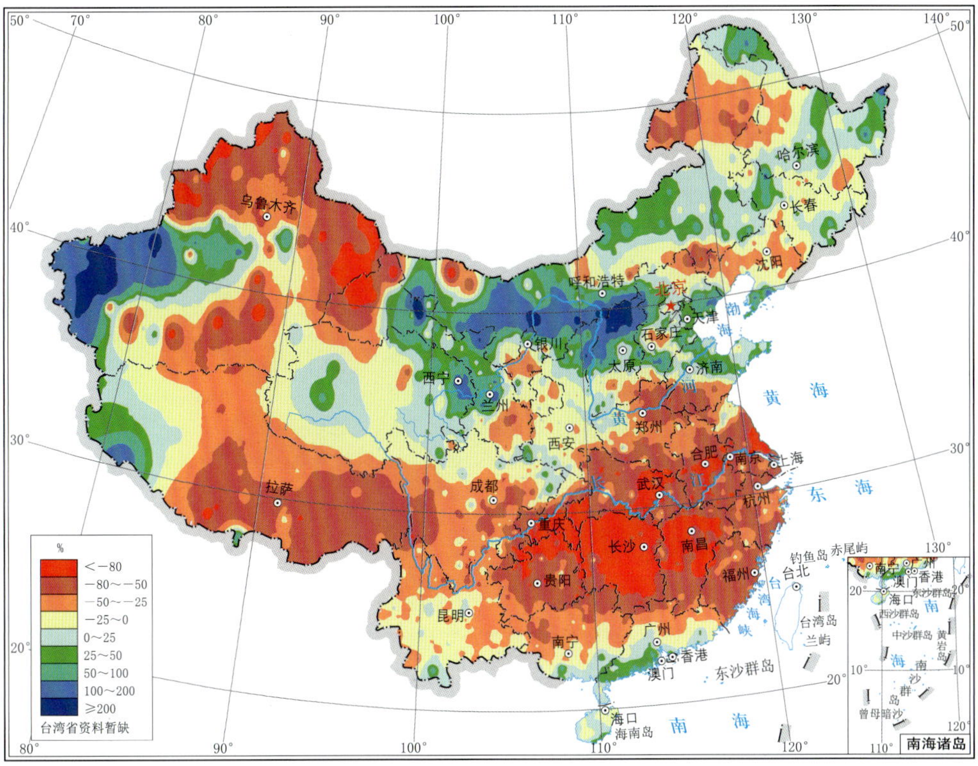

图1.2.22 2022年8月全国降水量距平百分率分布

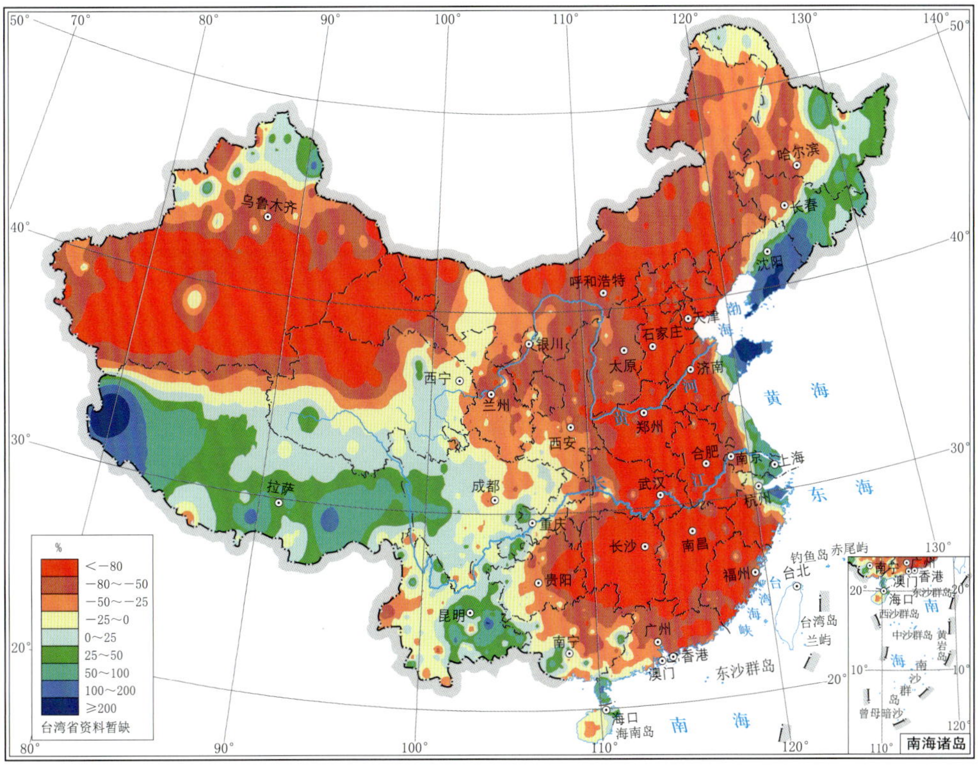

图1.2.23 2022年9月全国降水量距平百分率分布

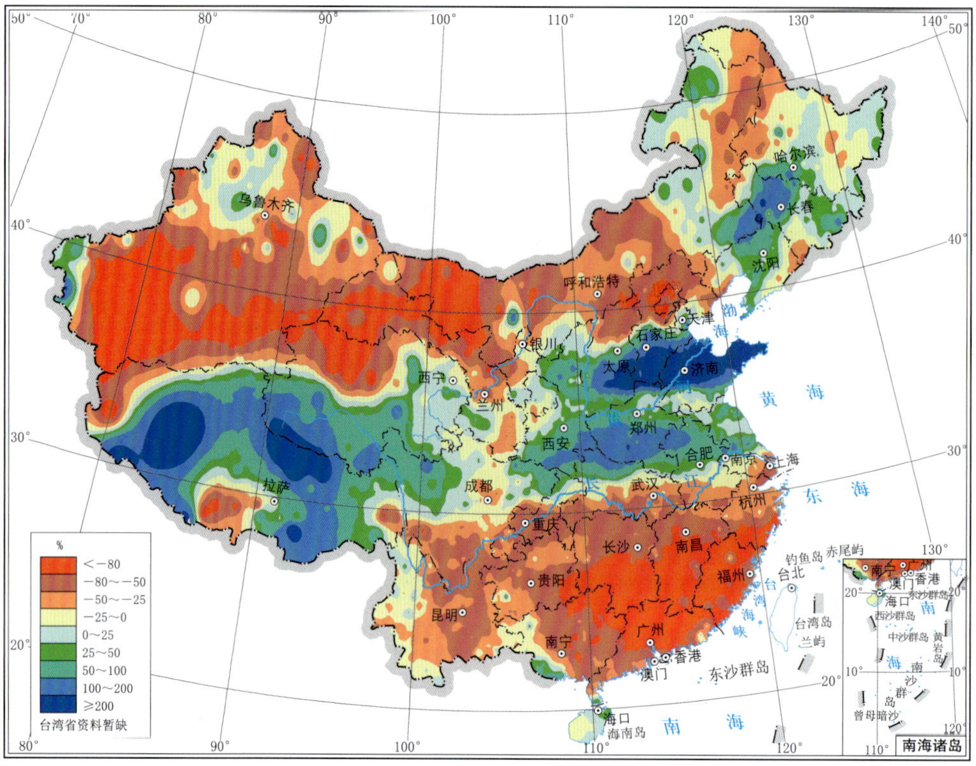

图 1.2.24　2022 年 10 月全国降水量距平百分率分布

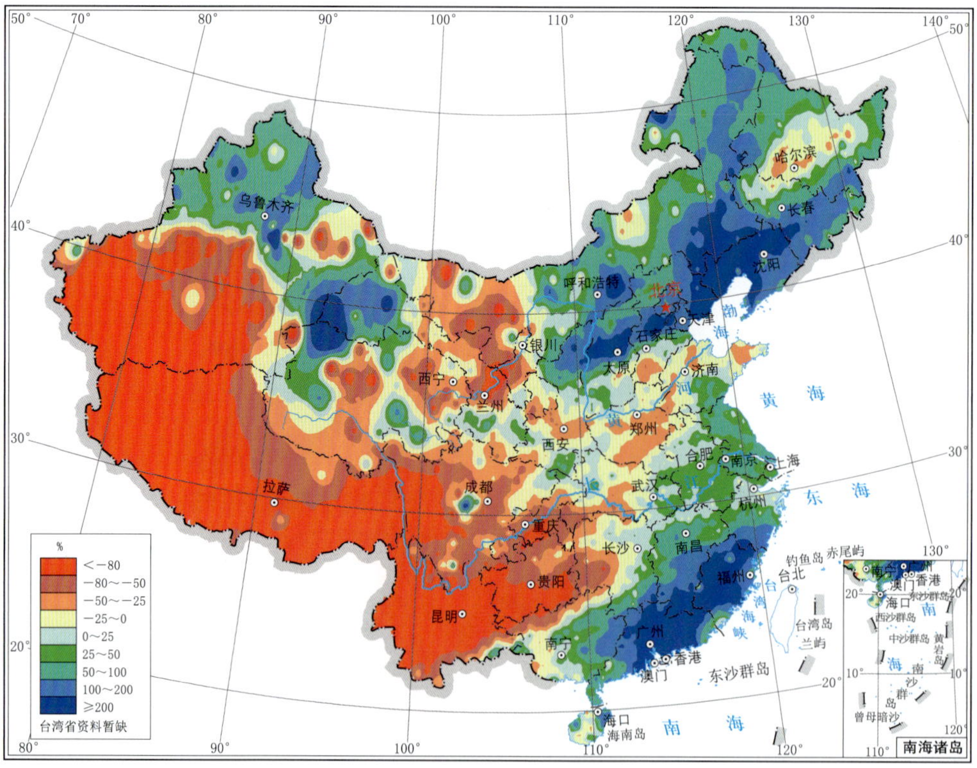

图 1.2.25　2022 年 11 月全国降水量距平百分率分布

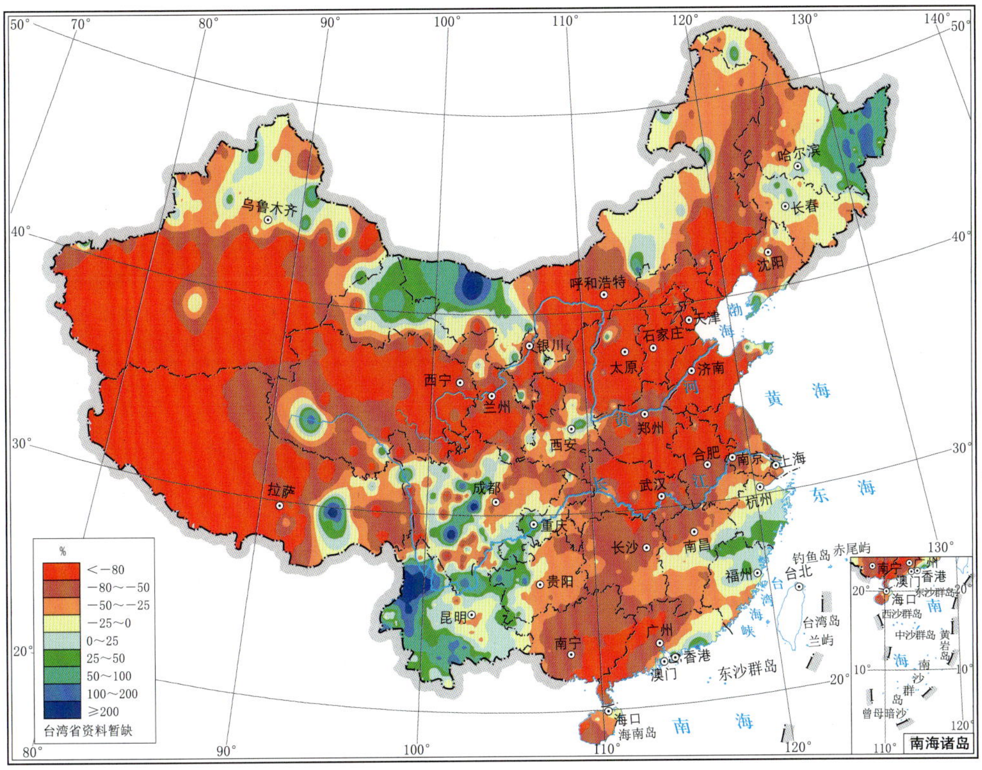

图 1.2.26　2022 年 12 月全国降水量距平百分率分布

1.2.5　年暴雨(≥50.0 mm/d)雨量占年总降水量百分比

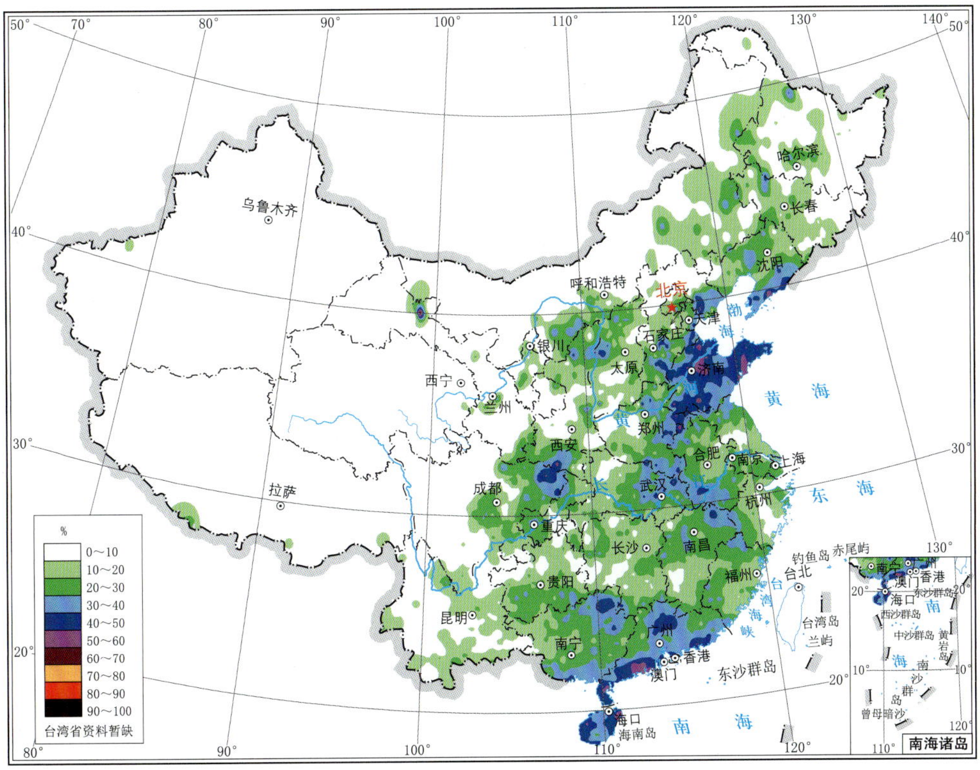

图 1.2.27　2022 年暴雨雨量占当年总降水量百分比

1.2.6　月暴雨(≥50.0 mm/d)雨量占月总降水量百分比

图 1.2.28　2022 年 1 月暴雨雨量占当月总降水量百分比

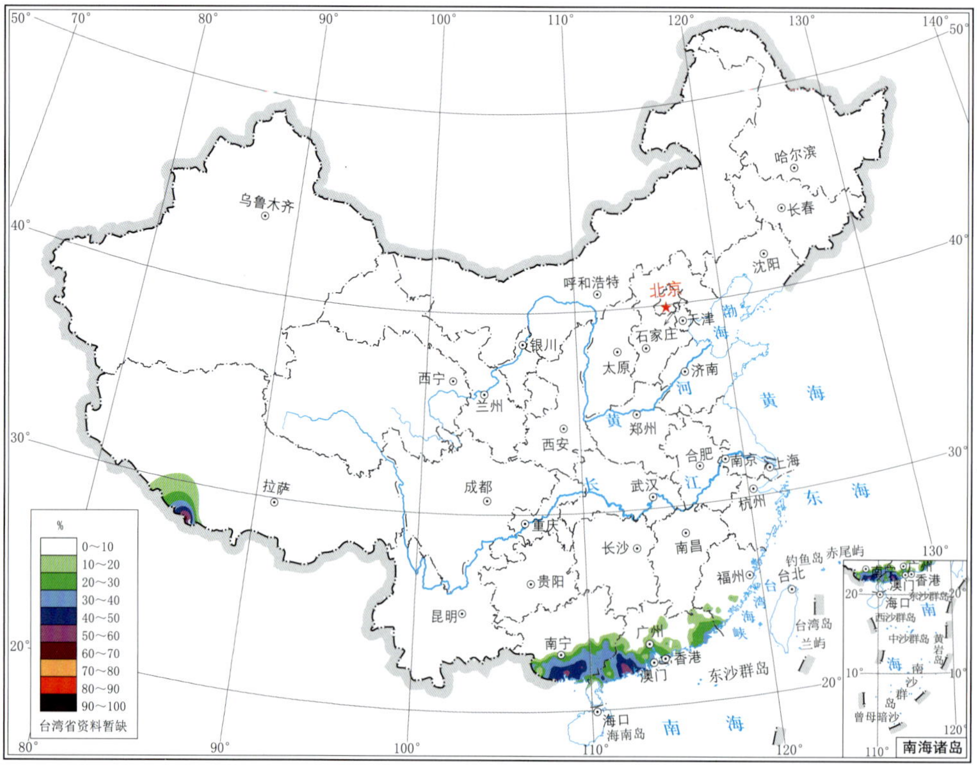

图 1.2.29　2022 年 2 月暴雨雨量占当月总降水量百分比

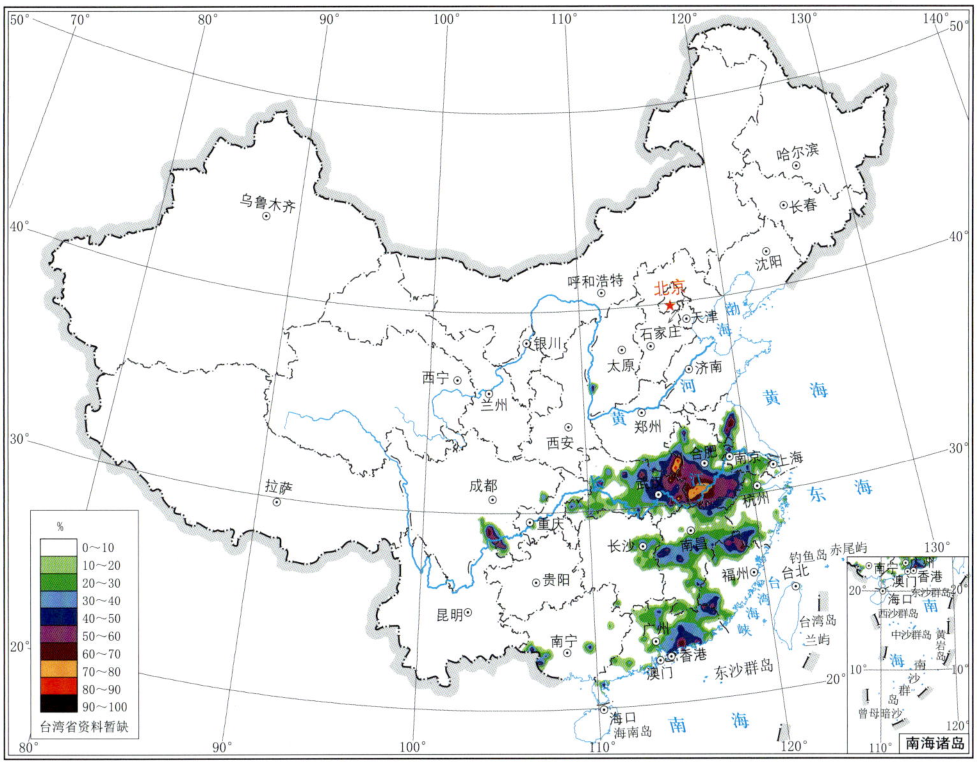

图 1.2.30　2022 年 3 月暴雨雨量占当月总降水量百分比

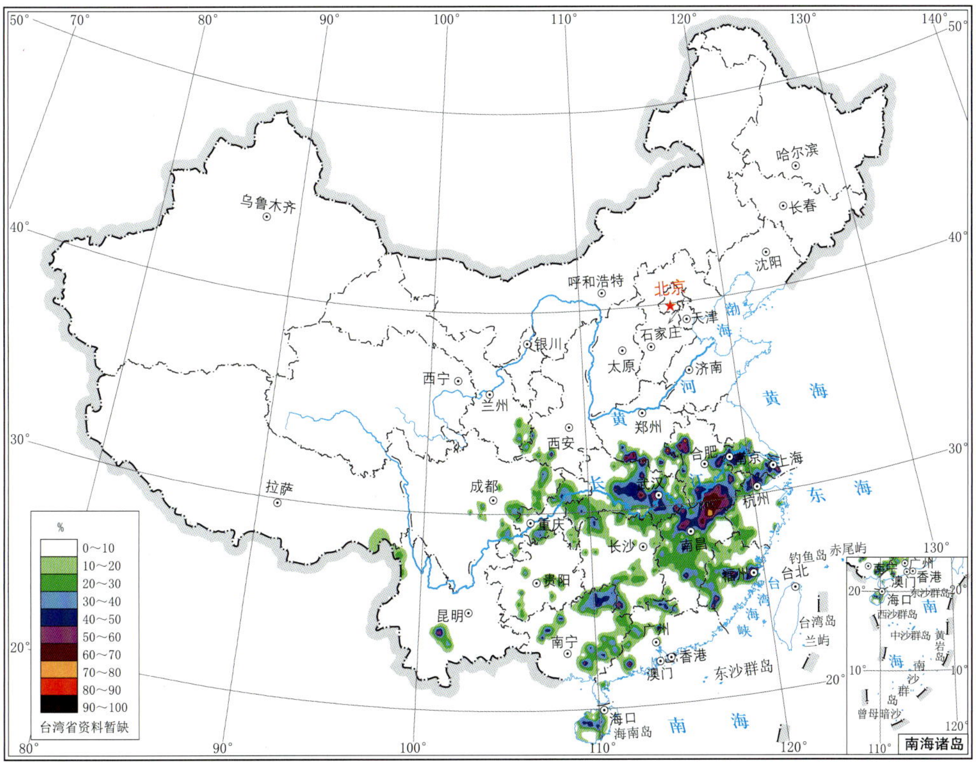

图 1.2.31　2022 年 4 月暴雨雨量占当月总降水量百分比

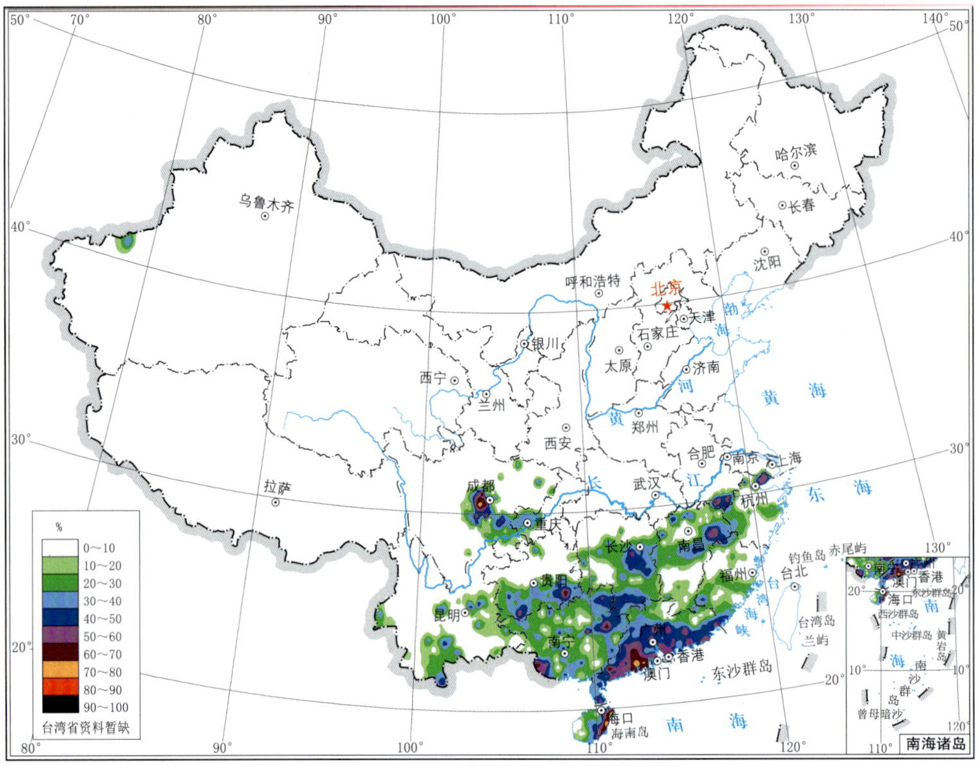

图 1.2.32　2022 年 5 月暴雨雨量占当月总降水量百分比

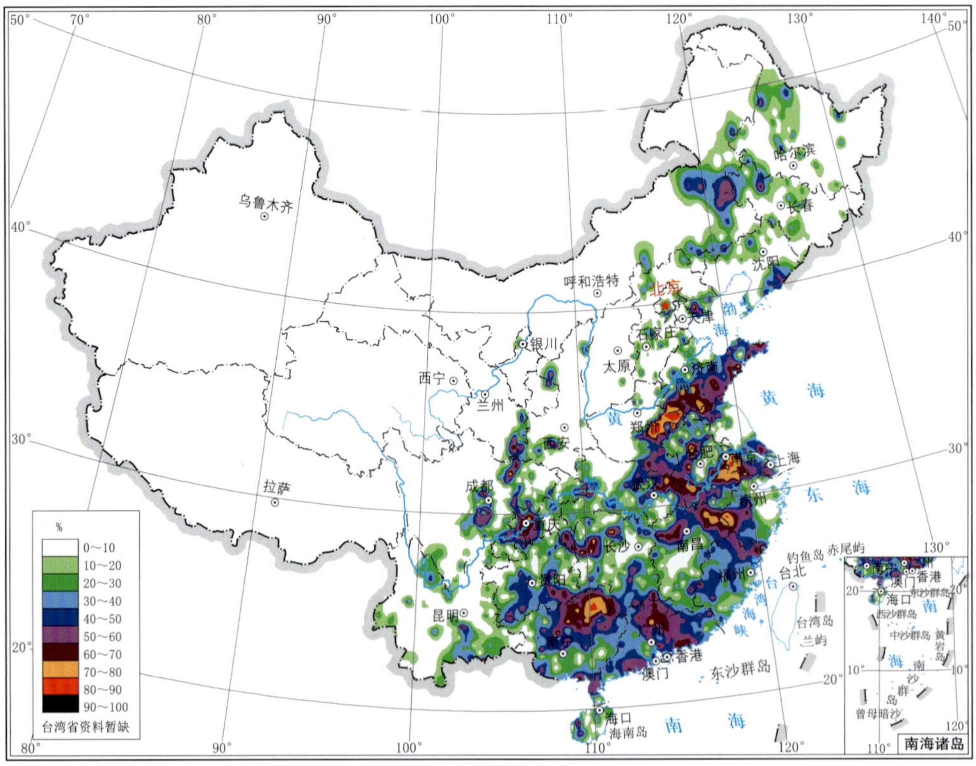

图 1.2.33　2022 年 6 月暴雨雨量占当月总降水量百分比

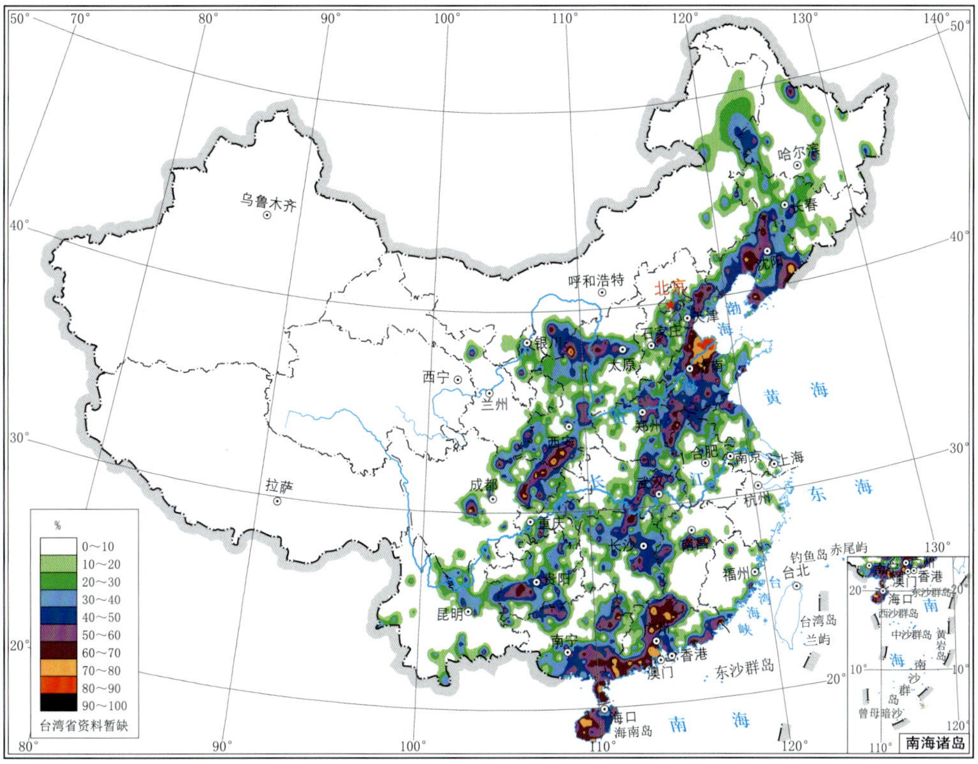

图 1.2.34　2022 年 7 月暴雨雨量占当月总降水量百分比

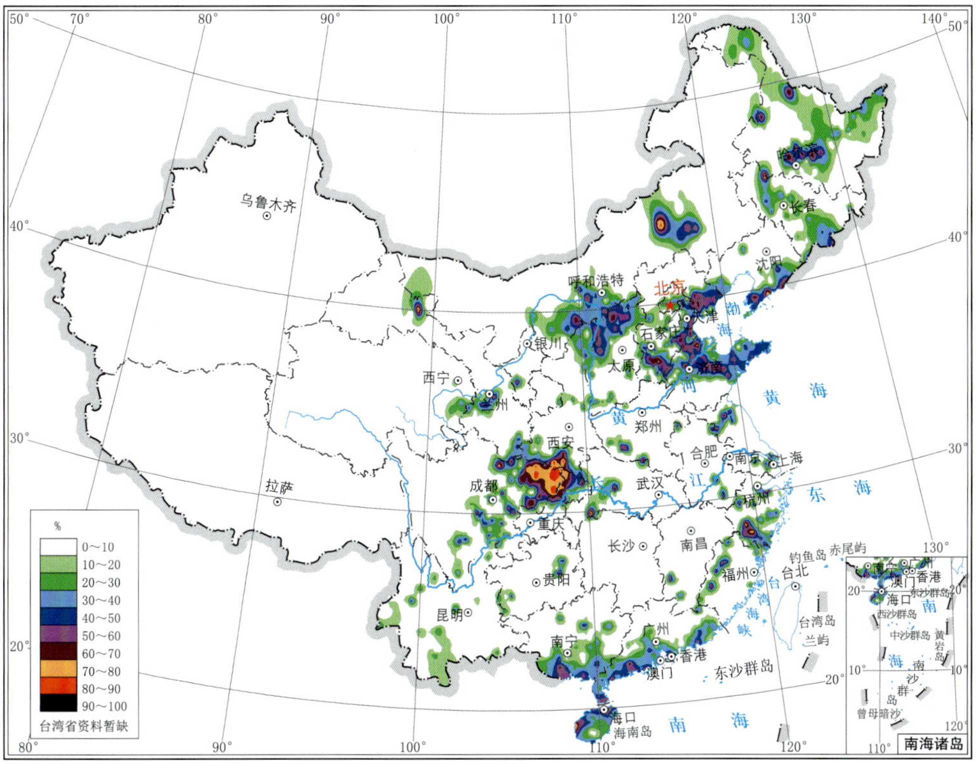

图 1.2.35　2022 年 8 月暴雨雨量占当月总降水量百分比

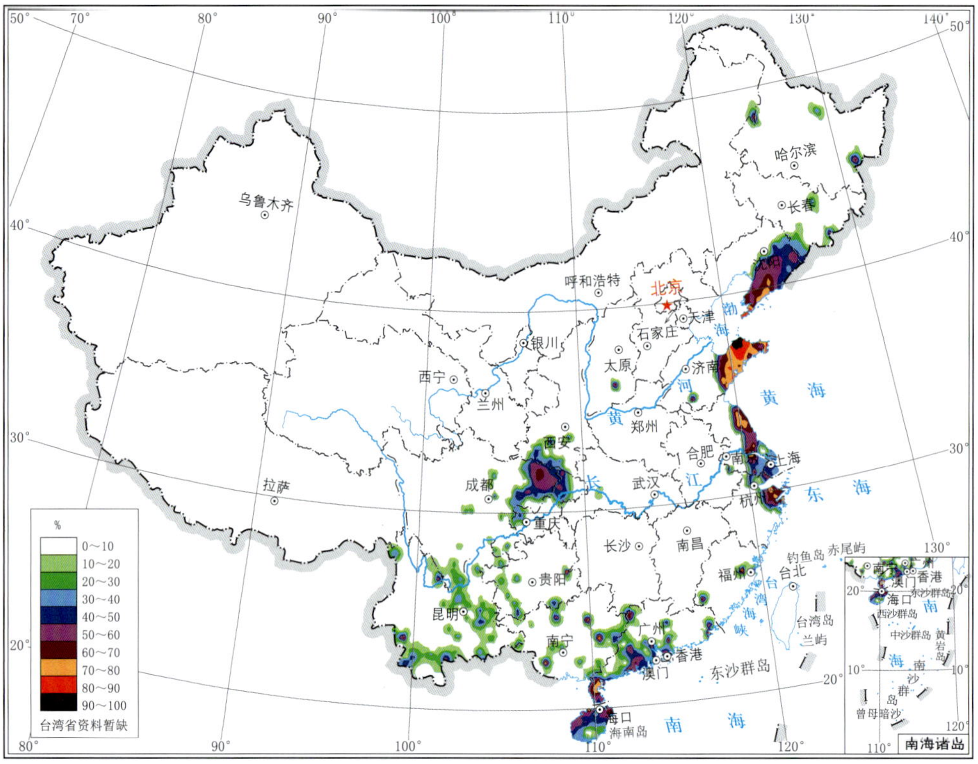

图 1.2.36　2022 年 9 月暴雨雨量占当月总降水量百分比

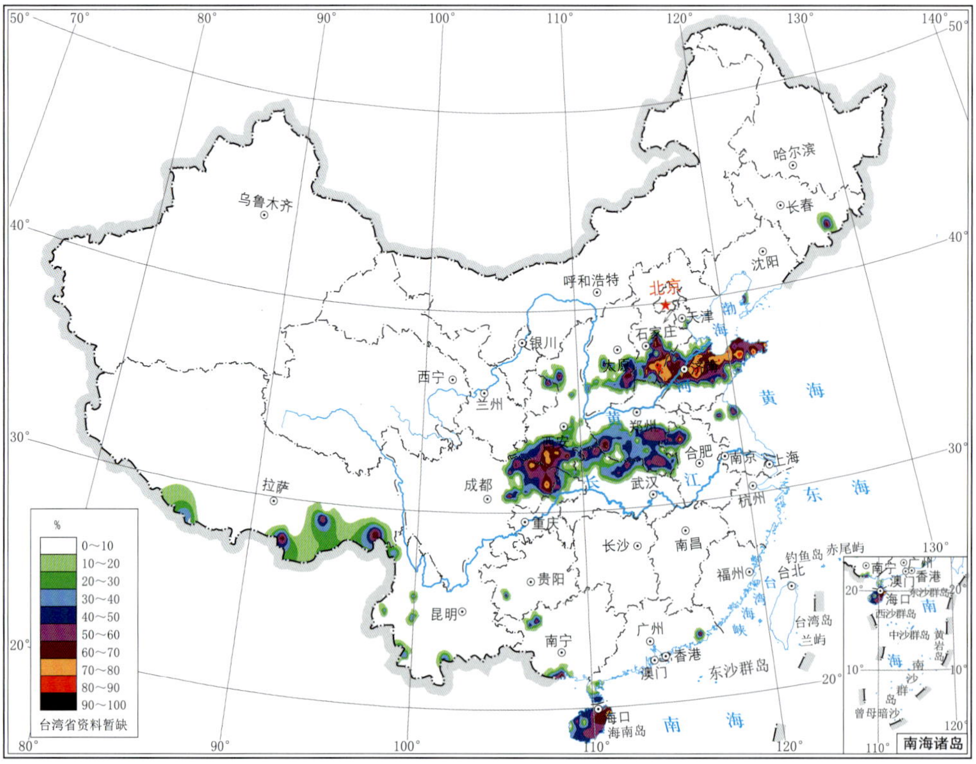

图 1.2.37　2022 年 10 月暴雨雨量占当月总降水量百分比

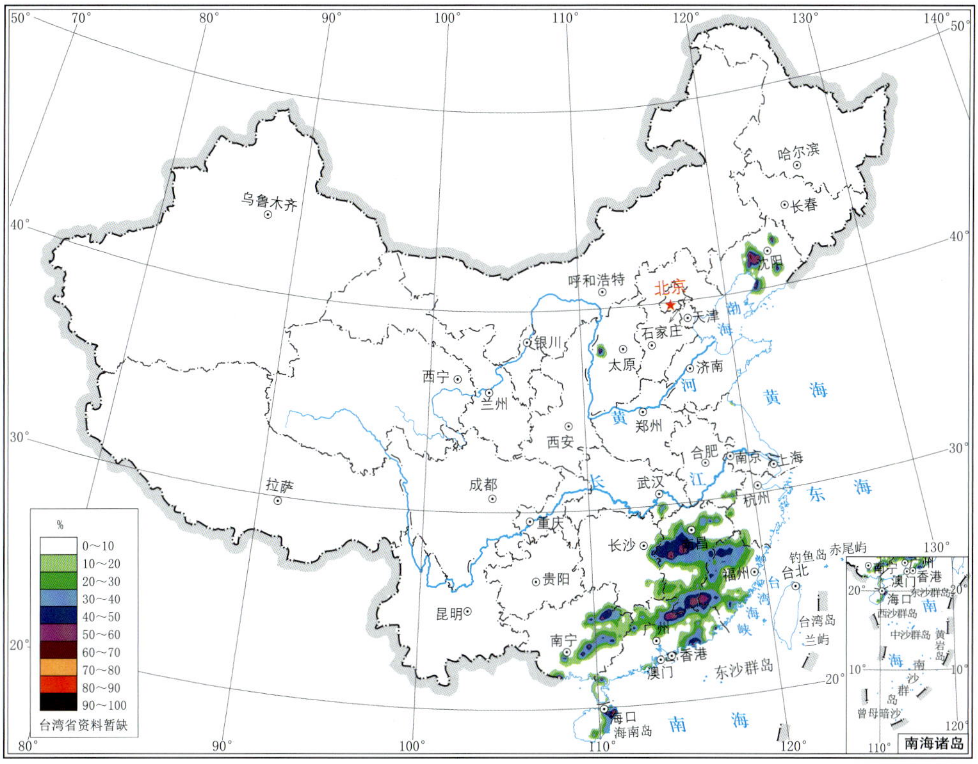

图 1.2.38　2022 年 11 月暴雨雨量占当月总降水量百分比

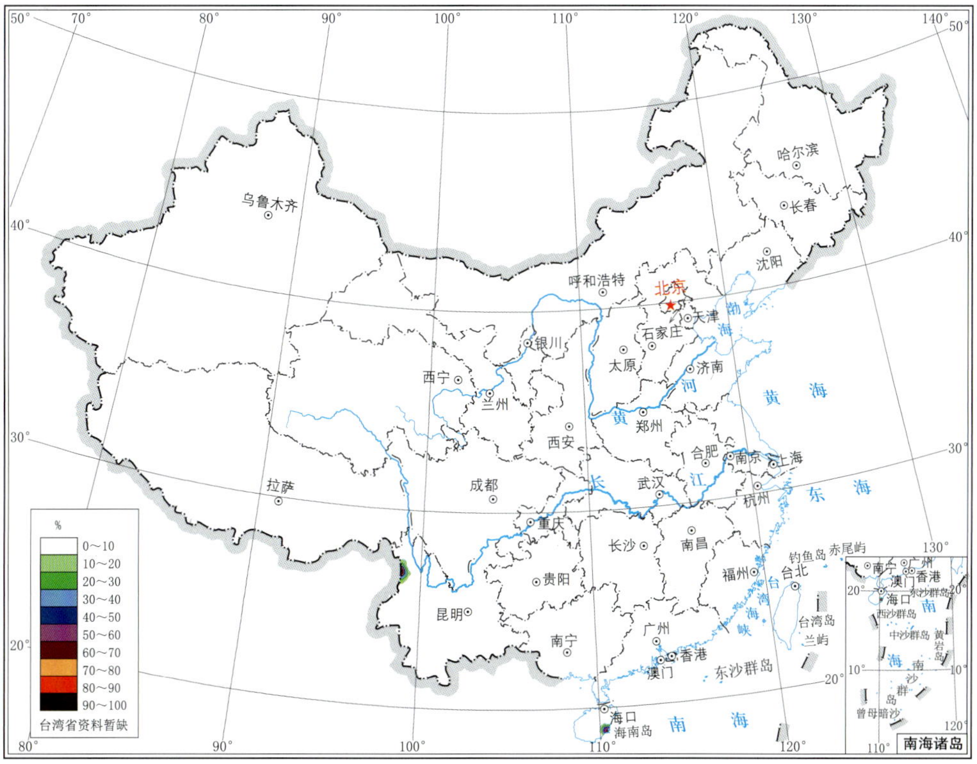

图 1.2.39　2022 年 12 月暴雨雨量占当月总降水量百分比

1.3 2022 年不同级别暴雨概况

1.3.1 年暴雨(≥50.0 mm/d)日数分布

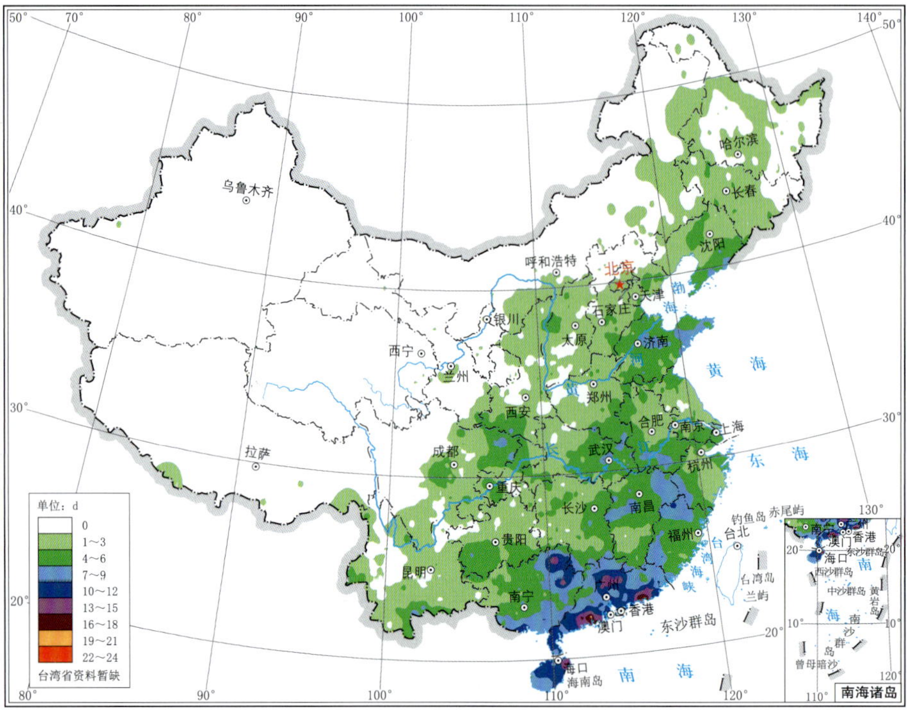

图 1.3.1 2022 年暴雨日数分布

1.3.2 月暴雨(≥50.0 mm/d)日数分布

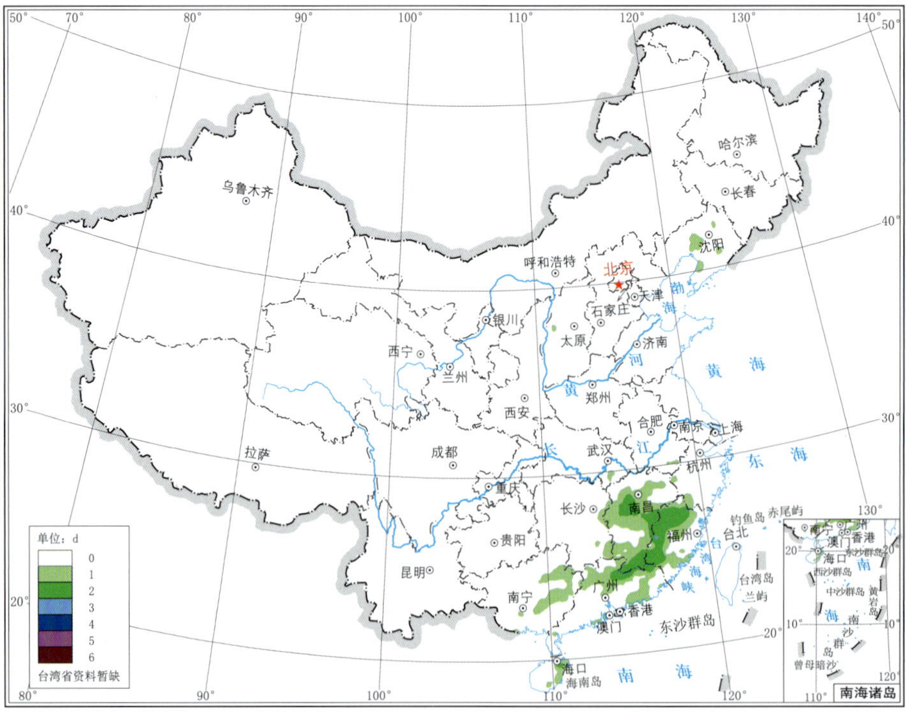

图 1.3.2 2022 年 1 月暴雨日数分布

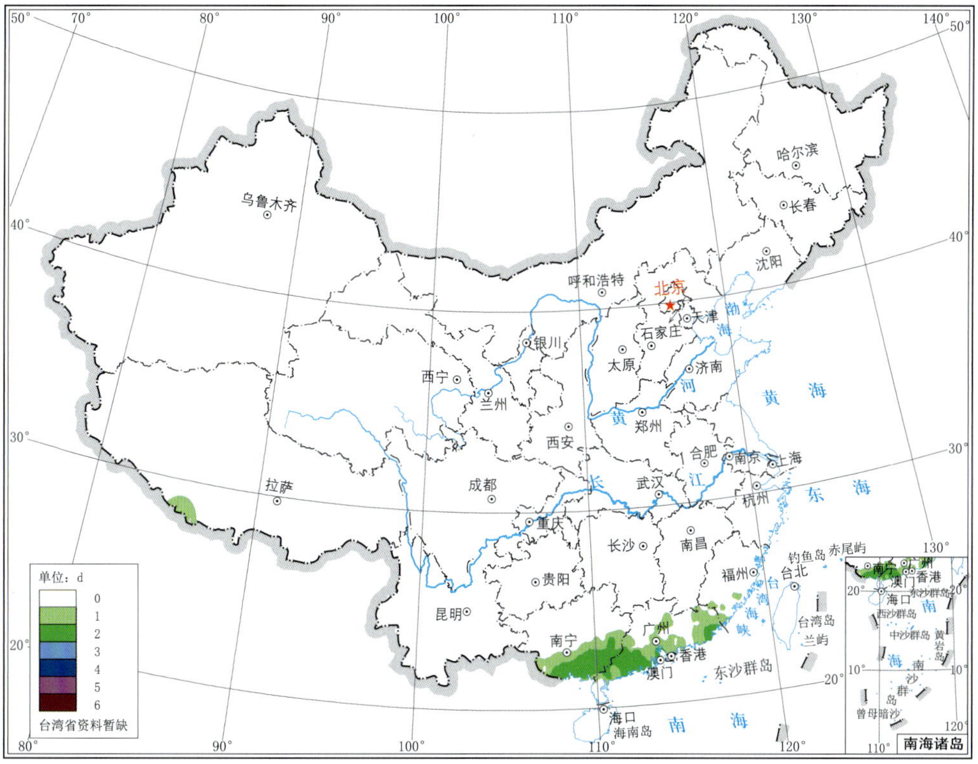

图 1.3.3　2022 年 2 月暴雨日数分布

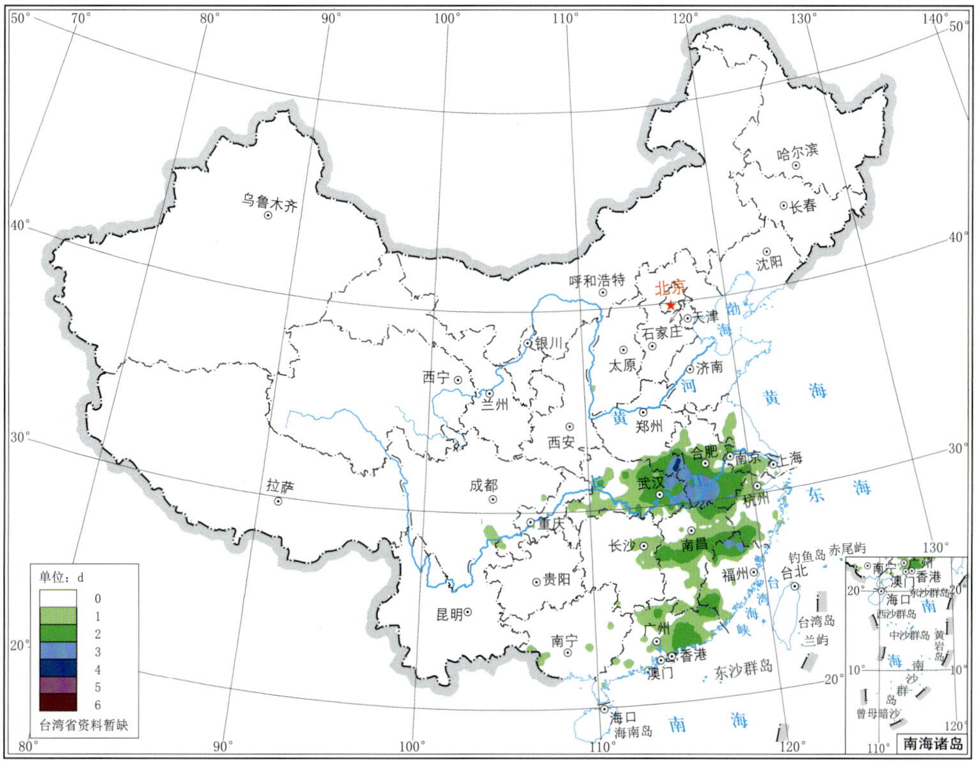

图 1.3.4　2022 年 3 月暴雨日数分布

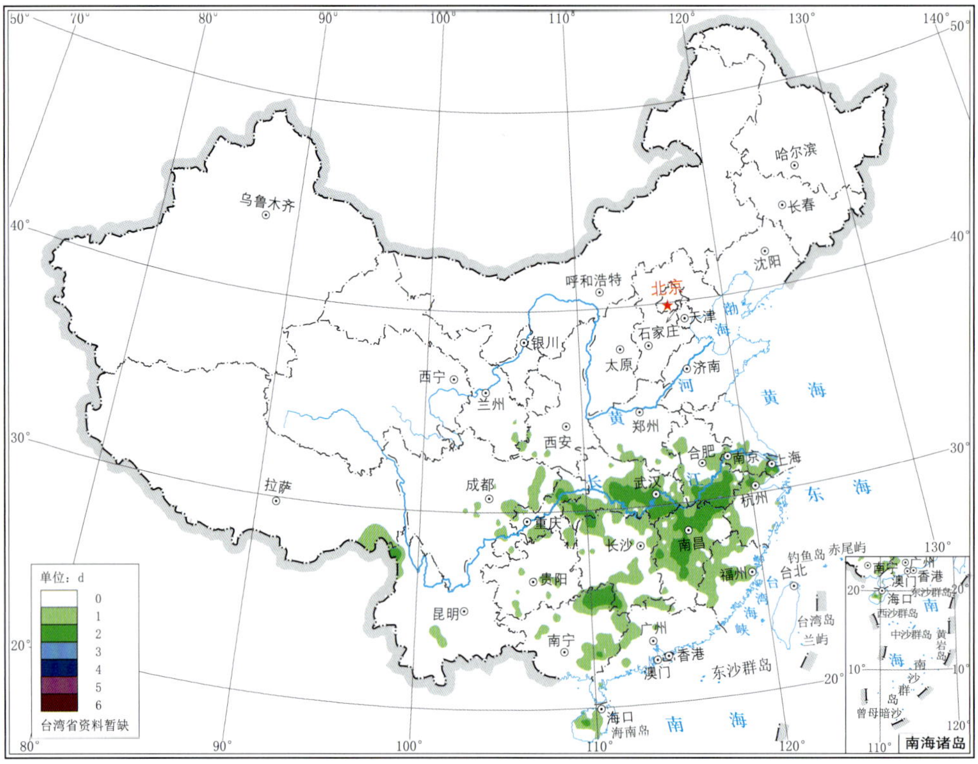

图 1.3.5　2022 年 4 月暴雨日数分布

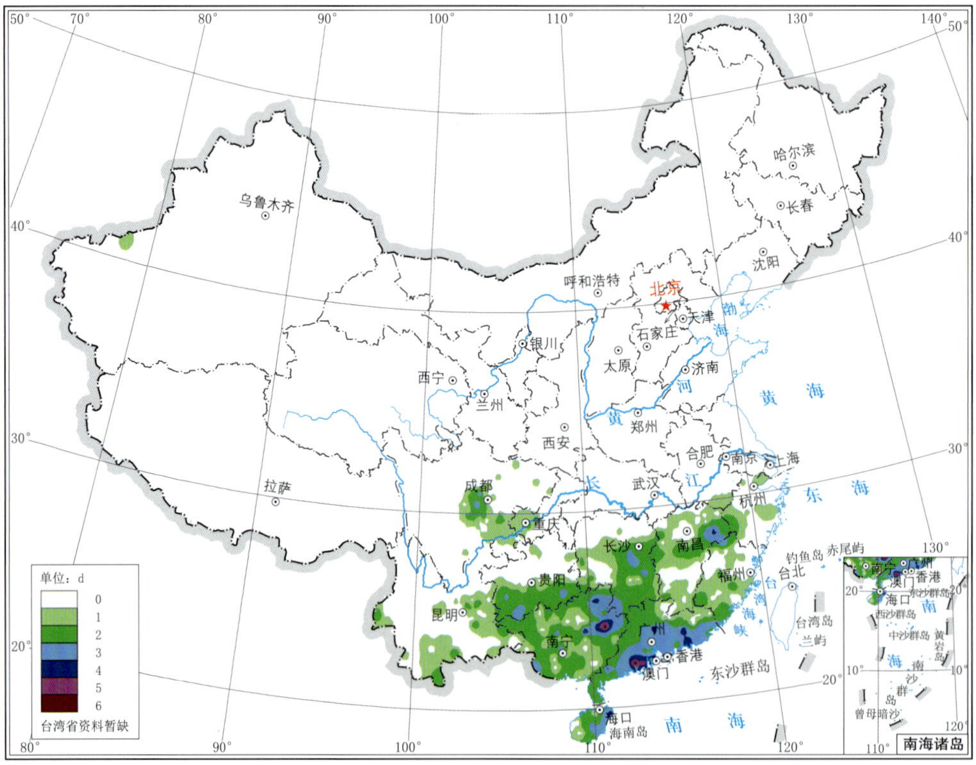

图 1.3.6　2022 年 5 月暴雨日数分布

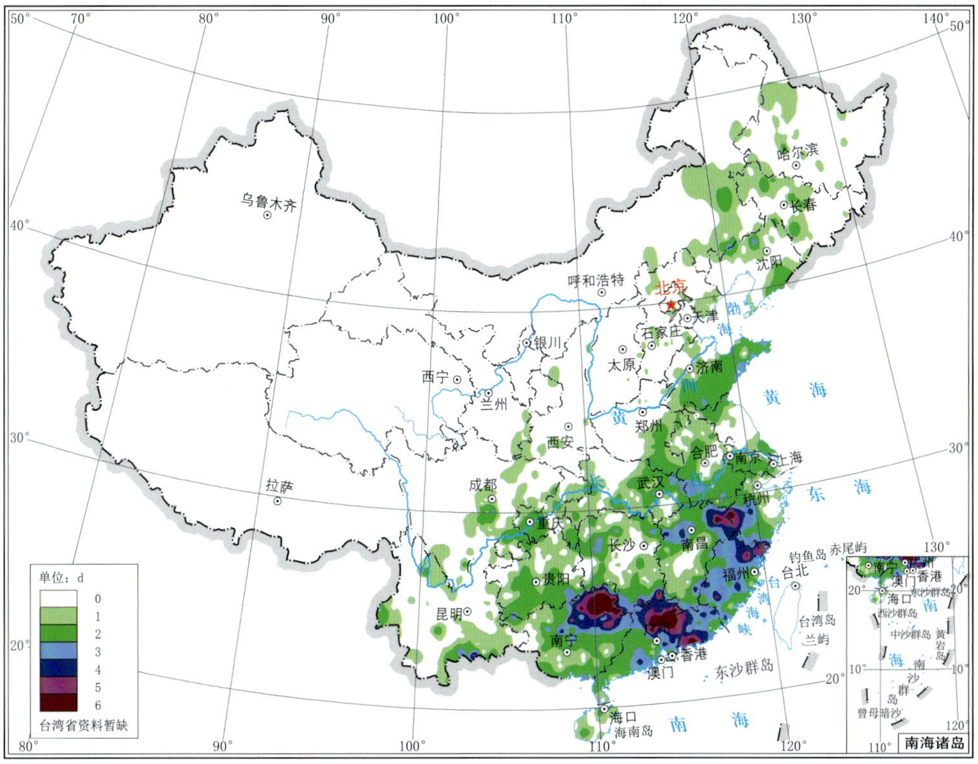

图 1.3.7　2022 年 6 月暴雨日数分布

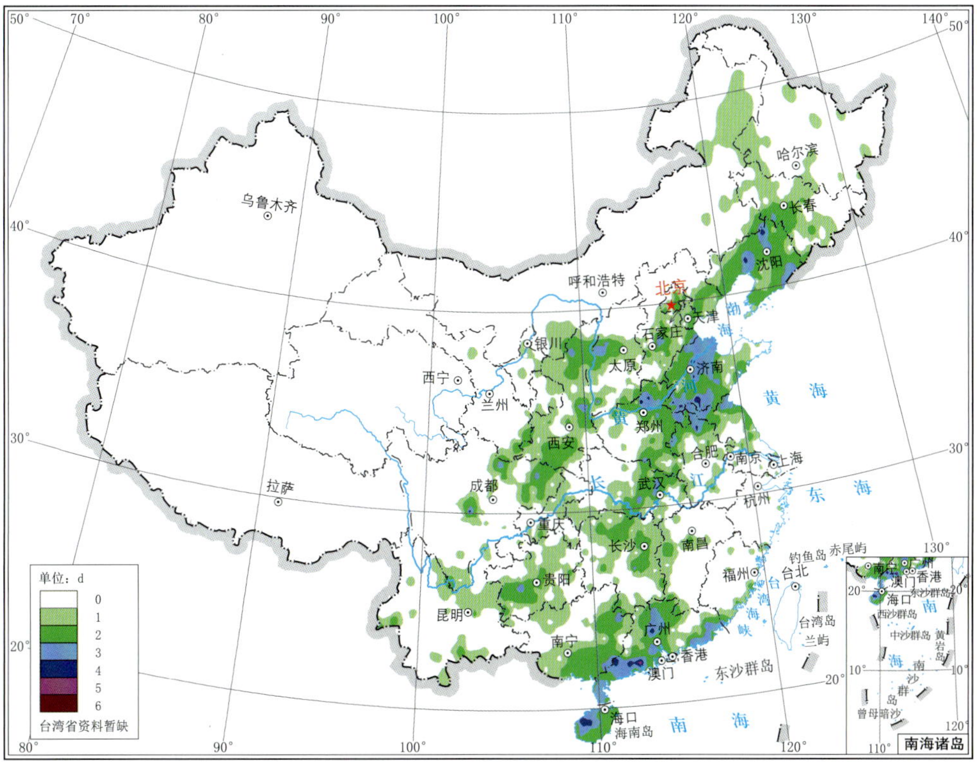

图 1.3.8　2022 年 7 月暴雨日数分布

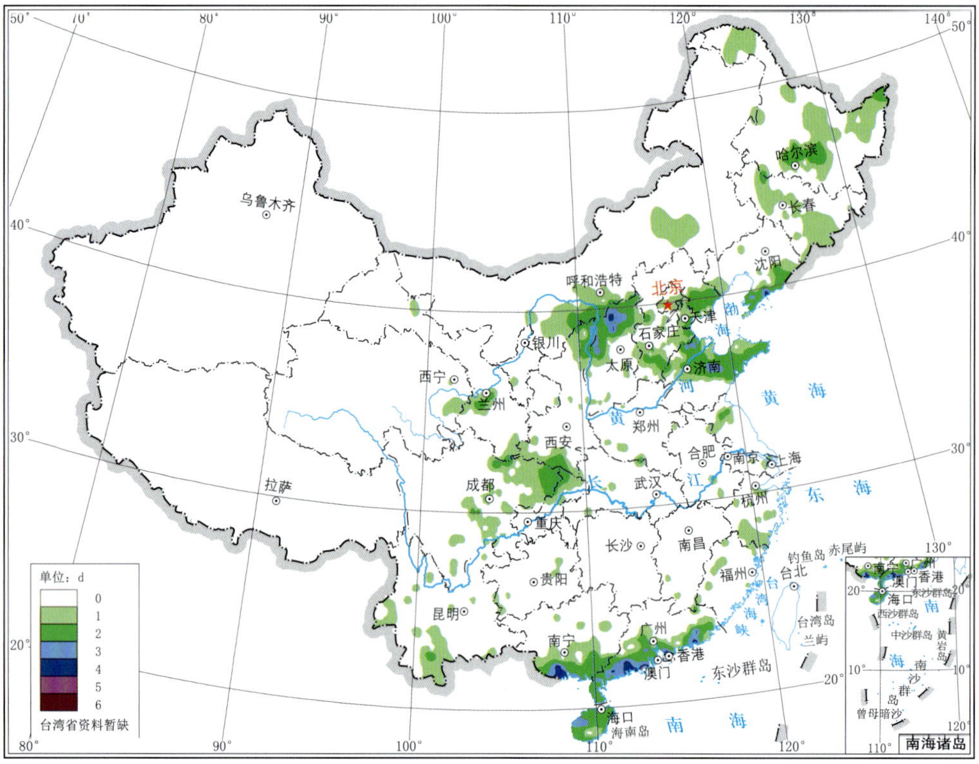

图 1.3.9　2022 年 8 月暴雨日数分布

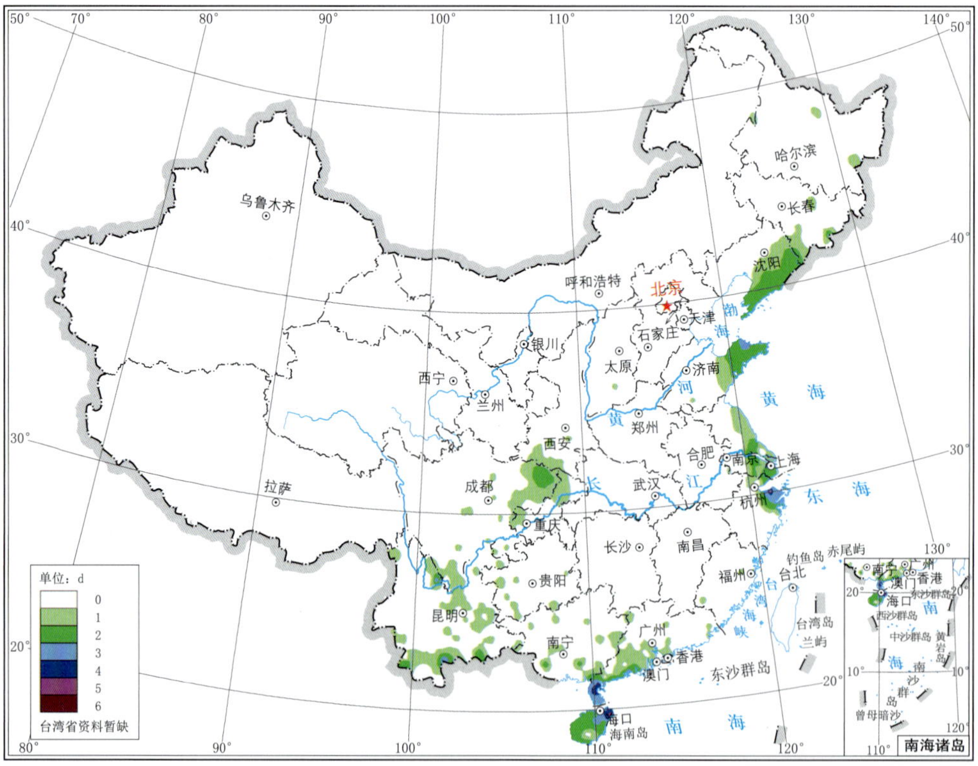

图 1.3.10　2022 年 9 月暴雨日数分布

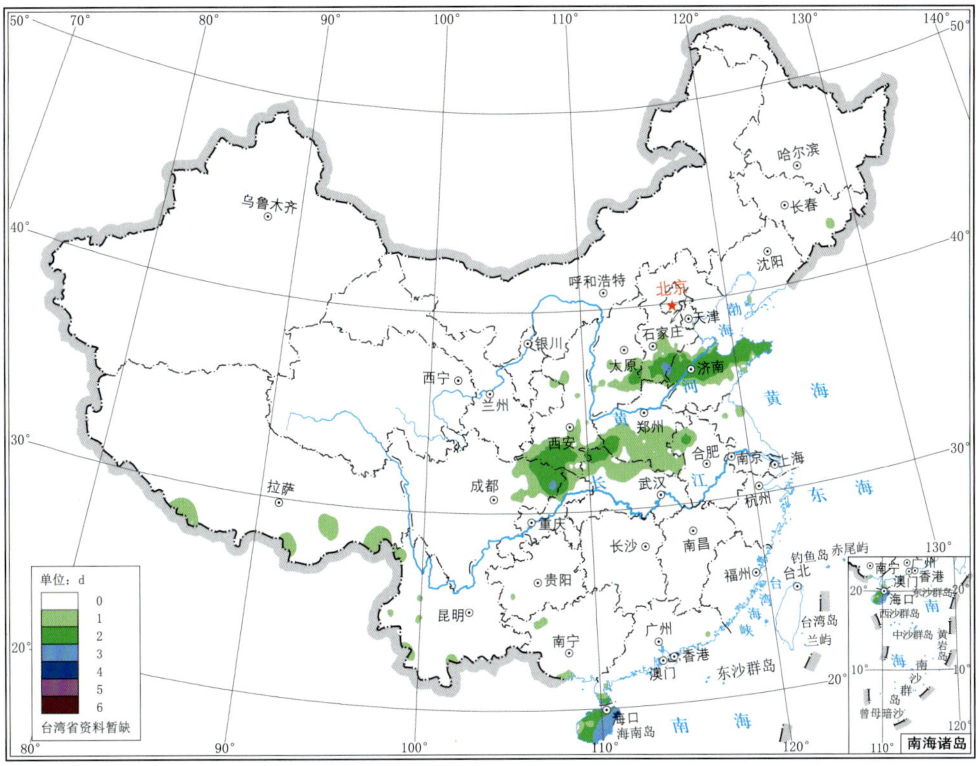

图 1.3.11　2022 年 10 月暴雨日数分布

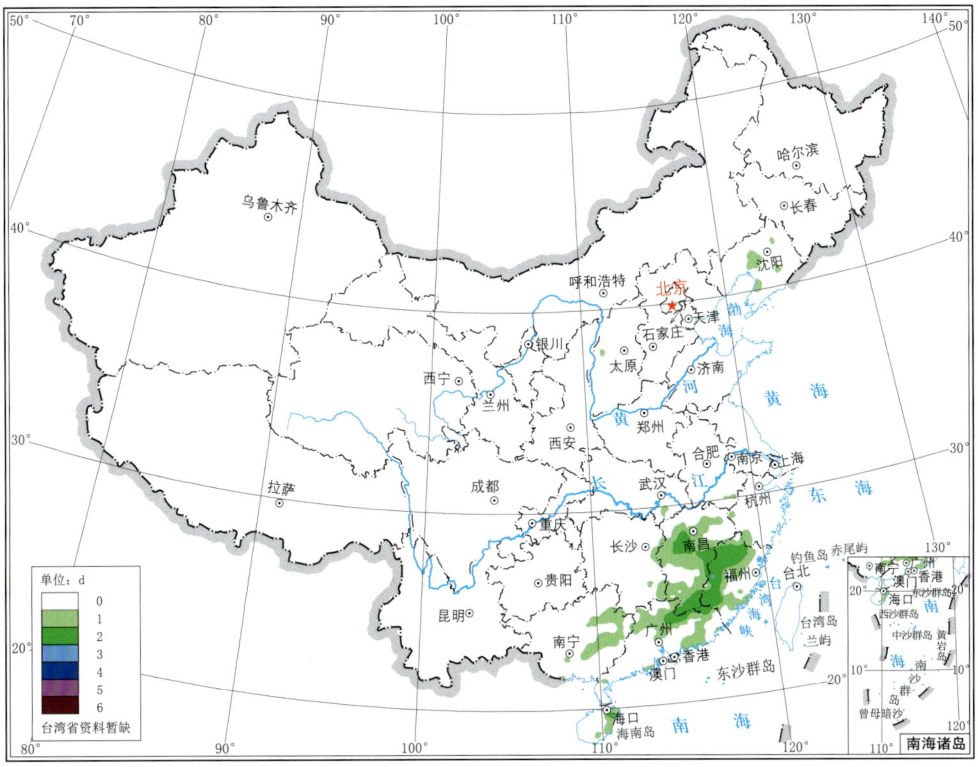

图 1.3.12　2022 年 11 月暴雨日数分布

图 1.3.13　2022 年 12 月暴雨日数分布

1.3.3　年大暴雨(100.0～249.9 mm/d)日数分布

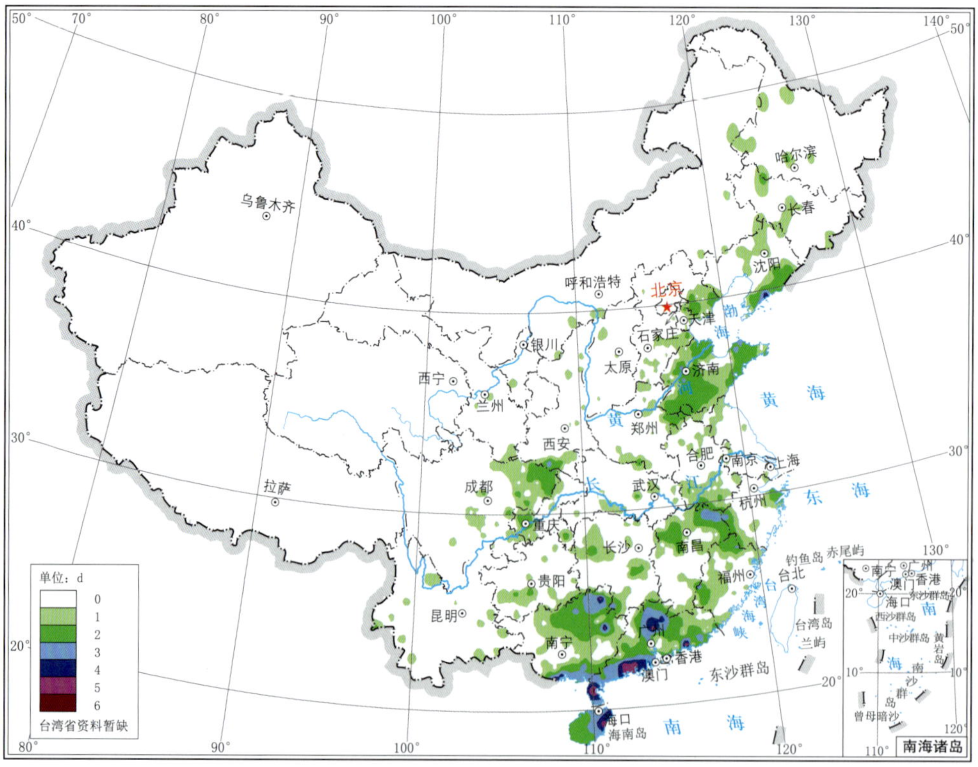

图 1.3.14　2022 年大暴雨日数分布

1.3.4　年特大暴雨(≥250.0 mm/d)日数分布

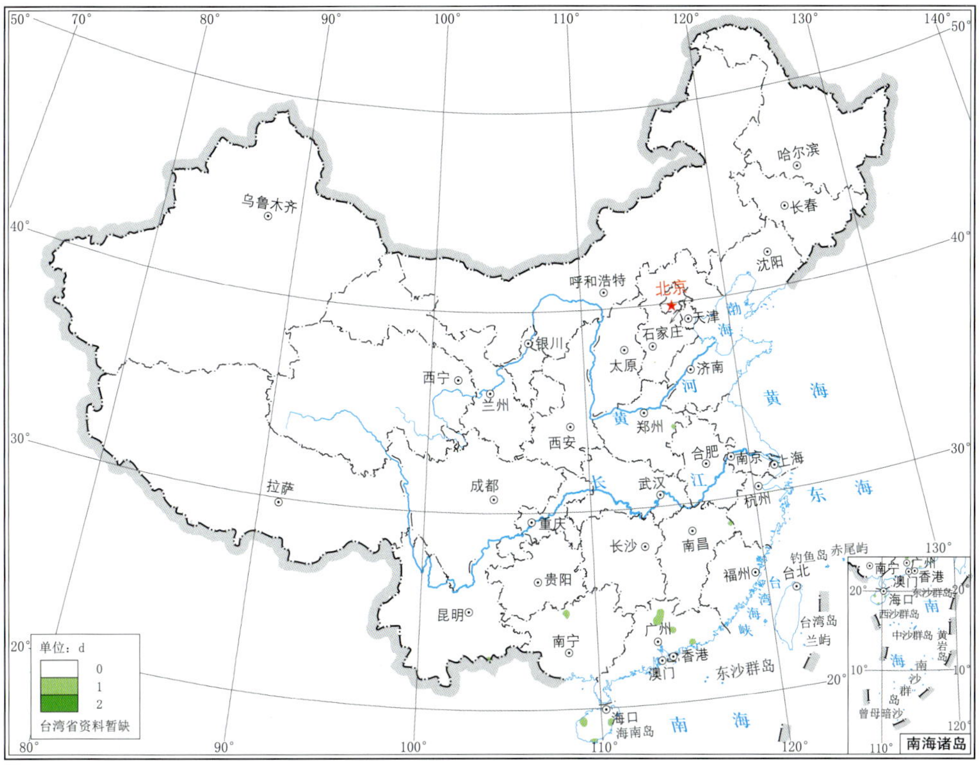

图 1.3.15　2022 年特大暴雨日数分布

1.3.5　特大暴雨概况表

表 1.3.1　2022 年特大暴雨概况

省(自治区、直辖市)	站名	降水量/mm	出现时间(月-日)	省(自治区、直辖市)	站名	降水量/mm	出现时间(月-日)
河北	任县	298.7	08-08	河南	鹿邑	257.0	07-05
江西	玉山	267.8	06-20	云南	河口	279.2	06-14
	三清山	272.0	06-20	广东	珠海	306.3	05-11
广西	环江	280.3	06-20		海丰	294.7	06-12
海南	琼海	251.2	05-01		龙门	271.2	06-17
	昌江	250.3	07-02		韶关	286.4	06-19
	三亚	421.6*	07-02		英德	292.9	06-21

注：以 * 标注的数值为当年全国最大日降水量。

1.3.6 最大日降水量概况表

表 1.3.2a 2022 年第一季度全国各省(自治区、直辖市)各月最大日降水量概况

省(自治区、直辖市)	1月			2月			3月		
	站名	降水量/mm	出现日期	站名	降水量/mm	出现日期	站名	降水量/mm	出现日期
北京	海淀	3.3	22	佛爷顶	11.9	13	昌平	13.5	30
天津	汉沽区	6.6	31	静海	6.3	13	宁河	10.8	12
河北	秦皇岛	5.2	31	任丘	10.6	13	曲周	23.3	25
山西	太原北郊	8.3	21	五台山	13.8	13	吉县	64.6	12
内蒙古	达拉特旗	6.8	21	青龙山	7.3	28	凉城	16.8	17
辽宁	绥中	12.6	31	康平	7.8	28	长海	33.7	25
吉林	洮南	4.2	17	东岗	8.5	14	长白	25.6	26
黑龙江	明水	10.0	15	同江	5.0	15	饶河	16.0	05
上海	小洋山	26.0	22	春晓油田	30.3	14	春晓油田	55.8	26
江苏	东台	42.9	05	宜兴	26.1	07	宜兴	69.9	21
浙江	德清	30.6	26	杭州	35.6	07	文成	76.1	22
安徽	滁州	37.5	05	无为	29.4	07	石台	158.3*	17
福建	龙海	48.6	22	诏安	59.1	20	永定	103.0	26
江西	铜鼓	39.5	28	贵溪	47.2	11	彭泽	101.8	17
山东	郯城	13.4	05	福山	6.0	15	文登	48.3	25
河南	商城	17.3	23	新县	12.5	07	潢川	73.0	20
湖北	大冶	43.6	23	武穴	29.9	07	蕲春	110.1	17
湖南	涟源	55.6	28	攸县	45.1	18	南岳	78.7	31
广东	吴川	49.3	23	南澳	83.2	20	蕉岭	90.5	26
广西	靖西	63.8*	16	岑溪	85.3*	19	大新	61.9	23
海南	保亭	32.5	25	海口	73.9	17	西沙	51.0	30
重庆	酉阳	21.5	06	秀山	13.3	07	巴南	50.5	31
四川	米易	25.1	17	布拖	25.8	02	珙县	96.4	17
贵州	平塘	49.9	28	石阡	34.0	22	丹寨	40.4	15
云南	富宁	49.2	16	金平	48.0	19	墨江	48.1	22
西藏	察隅	6.9	13	聂拉木	66.5	04	波密	21.9	22
陕西	周至	9.5	28	周至	12.3	18	宜君	29.8	16
甘肃	乌鞘岭	10.8	16	武山	10.1	18	灵台	34.9	16
青海	囊谦	5.7	13	德令哈	5.5	06	门源	8.2	25
宁夏	泾源	4.5	23	泾源	9.4	06	六盘山	4.9	21
新疆	伊宁县	17.3	20	霍尔果斯	9.3	15	伊宁县	28.1	18

注:以 * 标注的数值为当月全国最大日降水量。

表 1.3.2b　2022 年第二季度全国各省(自治区、直辖市)各月最大日降水量概况

省(自治区、直辖市)	4 月			5 月			6 月		
	站名	降水量/mm	出现日期	站名	降水量/mm	出现日期	站名	降水量/mm	出现日期
北京	斋堂	18.1	27	密云上甸子	8.0	08	丰台	60.1	29
天津	渤海 A 平台	5.5	12	宝坻	11.9	06	蓟县	58.3	13
河北	馆陶	38.9	12	抚宁	31.4	06	孟村	117.6	26
山西	阳高	26.8	27	繁峙	41.7	07	屯留	57.7	30
内蒙古	白云鄂博气象局	22.8	17	岗子	30.2	24	科尔沁右翼中旗	110.3	05
辽宁	宽甸	18.4	12	鞍山	44.2	25	彰武	88.3	05
吉林	东岗	36.6	12	珲春	37.1	26	大安	125.7	24
黑龙江	饶河	39.0	26	海林	41.6	30	嫩江	106.6	23
上海	宝山	85.4	13	小洋山	81.8	29	松江	125.1	05
江苏	丹徒	78.0	25	响水	33.5	25	浦口	141.6	24
浙江	德清	97.9	13	遂昌	73.4	30	庆元	227.6	18
安徽	怀宁	120.9	23	祁门	115.5	29	砀山	160.4	27
福建	三明	100.1	27	平潭	126.4	13	松溪	225.6	18
江西	南昌	143.6	13	武宁	135.1	29	三清山	272.0	20
山东	博山	37.9	12	蓬莱	25.0	25	日照	213.4	27
河南	新野	108.9	25	夏邑	34.5	25	虞城	149.2	27
湖北	天门	168.1*	25	枝江	43.2	26	罗田	188.0	24
湖南	江永	135.8	26	攸县	125.1	10	凤凰	227.6	02
广东	佛冈	116.1	23	珠海	306.3*	11	海丰	294.7*	12
广西	兴安	163.7	26	象州	133.4	27	环江	280.3	20
海南	珊瑚	142.2	02	琼海	251.2	01	昌江	85.9	24
重庆	梁平	86.4	24	璧山	108.8	09	璧山	140.6	23
四川	安岳	115.1	12	洪雅	146.7	13	青神	194.8	23
贵州	镇宁	87.9	23	册亨	154.4	28	松桃	196.3	03
云南	福贡	74.8	14	广南	100.7	10	河口	279.2	14
西藏	察隅	57.3	04	波密	40.5	14	米林	39.6	16
陕西	西乡	59.2	28	宁强	42.8	14	宁陕	98.5	26
甘肃	成县	52.9	24	灵台	39.5	21	华池	71.7	22
青海	门源	19.3	29	都兰	49.3	26	久治	25.5	26
宁夏	泾源	12.4	15	固原	28.4	22	银川	65.1	21
新疆	和静	25.8	28	阿合奇	62.9	30	昭苏	27.4	16

注:以 * 标注的数值为当月全国最大日降水量。

表 1.3.2c　2022 年第三季度全国各省(自治区、直辖市)各月最大日降水量概况

省(自治区、直辖市)	7月			8月			9月		
	站名	降水量/mm	出现日期	站名	降水量/mm	出现日期	站名	降水量/mm	出现日期
北京	朝阳	146.9	27	朝阳	63.1	22	朝阳	28.9	04
天津	津南区	140.3	03	塘沽	124.0	19	武清	6.3	05
河北	遵化	216.6	04	任县	298.7*	08	行唐	38.6	03
山西	新绛	122.6	16	五寨	136.8	09	安泽	63.6	10
内蒙古	扎兰屯	124.7	27	伊金霍洛旗	169.8	18	莫力达瓦达斡尔族自治旗	55.0	23
辽宁	阜新	177.2	28	普兰店	166.5	15	大连	173.2	16
吉林	双辽	154.7	13	天池	119.3	15	集安	90.7	16
黑龙江	孙吴	126.5	27	兰西	118.5	05	鸡东	57.6	17
上海	奉贤	68.7	30	青浦	87.1	02	浦东	89.9	15
江苏	东海	176.1	04	沭阳	146.3	16	盐城	113.1	15
浙江	嵊州	81.2	25	缙云	110.8	31	石浦	237.0*	14
安徽	亳州	248.2	05	泗县	83.5	23	九华山	46.3	14
福建	漳浦	135.6	05	将乐	82.2	07	三沙	62.0	01
江西	樟树	142.9	18	信丰	63.6	29	寻乌	45.6	07
山东	滕州	175.5	14	宁津	141.4	09	福山	167.0	15
河南	鹿邑	257.0	05	镇平	164.2	20	卢氏	20.1	19
湖北	孝感	133.0	20	三峡	179.7	27	秭归	63.7	12
湖南	南县	160.5	04	炎陵	44.3	07	永顺	36.4	12
广东	海丰	244.7	06	徐闻	167.3	25	雷州	170.8	30
广西	东兴	165.1	08	合浦	169.9	11	崇左	123.5	01
海南	三亚	421.6*	02	琼山	160.6	25	琼海	141.4	22
重庆	沙坪坝	104.3	18	开县	130.1	30	铜梁	125.4	20
四川	通江	203.1	22	通江	185.2	29	南江	122.0	19
贵州	普安	160.5	20	晴隆	75.7	31	册亨	77.3	16
云南	华坪	127.5	20	永平	106.5	05	泸西	181.6	16
西藏	当雄	32.3	21	墨竹工卡	33.5	31	尼木	35.6	14
陕西	镇巴	168.3	22	镇巴	177.8	29	镇巴	86.6	19
甘肃	康县	100.2	12	榆中	130.6	14	张家川	32.9	03
青海	曲麻莱	33.2	10	湟中	69.2	14	青海湖	30.2	02
宁夏	同心	70.0	02	海原	103.1	14	盐池	33.1	08
新疆	温泉	22.9	05	温宿	46.7	16	伊宁县	18.1	12

注:以*标注的数值为当月全国最大日降水量。

表 1.3.2d　2022 年第四季度全国各省(自治区、直辖市)各月最大日降水量概况

省(自治区、直辖市)	10月			11月			12月		
	站名	降水量/mm	出现日期	站名	降水量/mm	出现日期	站名	降水量/mm	出现日期
北京	昌平	6.8	02	平谷	28.4	12	朝阳	2.4	04
天津	大港	58.6	03	蓟县	29.4	12	/	/	/
河北	鸡泽	90.3	03	迁安	35.4	12	崇礼	1.2	21
山西	襄垣	92.9	03	方山	51.2	11	岢岚	4.7	21
内蒙古	科左后旗	28.7	09	敖汉旗	32.9	12	阿尔山	5.1	12
辽宁	长兴岛	50.7	09	熊岳	70.3	28	皮口	15.3	10
吉林	二道	52.4	10	东丰	43.3	12	罗子沟	8.9	23
黑龙江	拜泉	44.8	03	穆棱	34.6	12	同江	16.9	22
上海	崇明	13.1	07	宝山	39.0	17	春晓油田	31.9	04
江苏	沭阳	57.1	04	西连岛	50.5	22	昆山	19.3	09
浙江	石浦	32.9	27	庆元	59.4	30	庆元	37.6	03
安徽	界首	78.4	05	绩溪	52.4	28	南陵	15.1	04
福建	华安	26.2	08	南平	100.6	30	光泽	36.6	03
江西	广昌	36.9	06	峡江	112.8	27	资溪	31.6	03
山东	博兴	155.6	02	荣成	30.8	12	文登	20.9	22
河南	遂平	86.9	05	息县	28.0	28	郸城	4.4	26
湖北	郧西	91.4	04	金沙	52.7	29	通城	8.6	01
湖南	凤凰	34.0	27	醴陵	75.6	27	洪江	21.7	28
广东	徐闻	141.5	04	海丰	113.5	02	汕尾	48.0	17
广西	防城港	246.4*	01	东兴	146.2*	17	隆林	19.4	28
海南	定安	201.6	20	文昌	119.2	22	万宁	87.2*	01
重庆	城口	61.1	04	潼南	34.5	08	巴南	14.1	27
四川	开江	126.6	04	芦山	42.0	12	会理	13.1	27
贵州	晴隆	115.6	07	思南	24.7	29	锦屏	18.5	28
云南	凤庆	81.5	10	金平	43.6	26	福贡	53.7	27
西藏	察隅	66.0	25	波密	2.4	07	丁青	2.0	27
陕西	镇巴	153.5	04	绥德	47.5	11	临潼	10.6	25
甘肃	华池	50.5	03	两当	21.6	11	徽县	5.3	25
青海	囊谦	17.3	13	门源	6.8	11	玉树	3.2	25
宁夏	六盘山	20.6	03	泾源	13.2	11	西吉	2.4	11
新疆	乌恰	21.0	06	察布查尔	36.8	23	霍城	7.2	01

注:以 * 标注的数值为当月全国最大日降水量;/表示该月无降水。

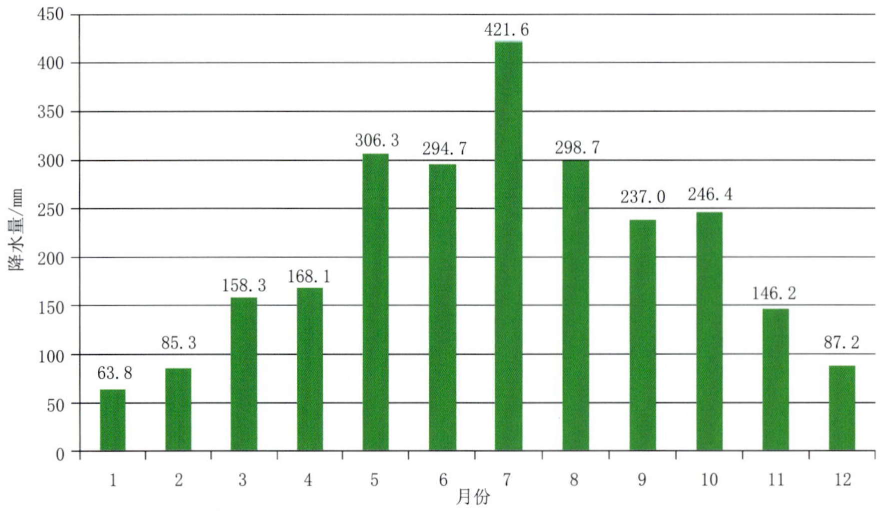

站点	广西靖西	广西岑溪	安徽石台	湖北天门	广东珠海	广东海丰	海南三亚	河北任县	浙江石浦	广西防城港	广西东兴	海南万宁
日期	16	19	17	25	11	12	02	08	14	01	17	01

图 1.3.16　2022 年 1—12 月全国最大日降水量直方图

(图下方表格为与横坐标月份对应的最大日降水量出现的站点和日期)

1.3.7　突破 61 a(1961—2021 年)日降水量历史纪录概况

表 1.3.3　2022 年突破 61 a(1961—2021 年)日降水量历史纪录概况

省(自治区、直辖市)	站名	2022 年		历史纪录	
		降水量/mm	出现时间(月-日)	降水量/mm	出现时间(年-月-日)
内蒙古	伊金霍洛旗	169.8	08-18	123.1	1961-07-22
	准格尔旗	131.4	08-18	91.1	2012-07-21
	河南	121.1	07-11	109.3	2002-06-08
黑龙江	孙吴	126.5	07-27	116.4	1999-07-27
新疆	阿合奇	62.9	05-30	57.2	1982-05-30
吉林	乾安	113.7	06-24	104.5	1966-07-29
	长白	106.3	08-15	93.5	1965-08-06
	九台	139.7	07-07	110.3	1998-07-29
	双辽	154.7	07-13	152.4	1994-07-13
宁夏	青铜峡	56.8	07-11	55.9	2002-08-14
	海原	103.1	08-14	81.9	2013-07-09
	同心	70.0	07-02	60.5	1985-08-16
辽宁	阜新	177.2	07-28	161.7	1994-07-13
青海	湟中	69.2	08-14	58.2	1992-08-05

续表

省(自治区、直辖市)	站名	2022 年		历史纪录	
		降水量/mm	出现时间(月-日)	降水量/mm	出现时间(年-月-日)
河北	巨鹿	201.3	08-08	185.6	1993-08-04
山西	右玉	91.2	08-18	74.0	1979-08-11
	大同	73.0	08-18	67.0	1973-08-20
	灵邱	81.8	08-18	80.9	1963-08-07
	五寨	136.8	08-09	126.0	1967-08-10
甘肃	榆中	130.6	08-14	98.1	1989-06-13
	金塔	88.0	08-13	37.3	2004-07-24
云南	普安	160.5	07-20	149.4	1974-10-04
	永平	106.5	08-05	91.3	2000-08-27
	泸西	181.6	09-16	149.2	1978-09-05
	河口	279.2	06-14	236.3	1983-08-01
贵州	松桃	196.3	06-03	185.1	2015-07-15
	从江	170.3	06-18	158.1	1996-07-16
河南	鹿邑	257.0	07-05	248.6	1999-07-06
湖南	江永	215.6	06-21	172.9	2002-07-01
	江华	137.7	06-13	134.7	1994-07-23
江西	玉山	267.8	06-20	211.3	2019-06-06
福建	松溪	225.6	06-18	160.1	1998-05-14
广西	龙胜	166.9	06-04	162.0	1976-05-15
	南丹	178.1	06-20	168.9	1983-06-21
	环江	280.3	06-20	221.3	2020-09-07
广东	韶关	286.4	06-19	208.8	1971-07-27
	韶关	234.5	06-21	208.8	1971-07-27
	英德	292.9	06-21	253.4	1997-05-08
	连平	211.6	07-05	205.6	2010-05-06
海南	三亚	421.6	07-02	327.5	1986-05-20

1.4　2022年干旱地区日降水量≥25.0 mm概况

表1.4.1　2022年干旱地区日降水量≥25.0 mm概况

省(自治区、直辖市)	站名	出现时间(月-日)	降水量/mm	省(自治区、直辖市)	站名	出现时间(月-日)	降水量/mm
内蒙古	新巴尔虎右旗	06-25	43.5	内蒙古	鄂托克旗	07-11	92.5
内蒙古	新巴尔虎左旗	07-18	37.0	内蒙古	鄂托克旗	08-10	28.3
内蒙古	东乌珠穆沁	08-02	25.9	内蒙古	鄂托克旗	08-18	61.4
内蒙古	东乌珠穆沁	08-04	26.3	内蒙古	鄂托克旗	08-21	36.8
内蒙古	巴彦诺尔公	07-19	25.7	内蒙古	杭锦旗	07-26	31.4
内蒙古	巴彦诺尔公	08-13	41.4	内蒙古	杭锦旗	08-14	27.3
内蒙古	阿右旗	08-13	26.9	内蒙古	杭锦旗	08-21	53.3
内蒙古	头道湖	06-21	29.7	内蒙古	鄂托克前旗	06-21	26.0
内蒙古	头道湖	08-08	50.6	内蒙古	锡林浩特	08-14	69.6
内蒙古	头道湖	08-21	26.1	青海	德令哈	05-27	39.1
内蒙古	头道湖	08-23	26.8	青海	都兰	05-26	49.3
内蒙古	二连浩特	08-01	29.1	青海	贵德	08-10	35.7
内蒙古	那仁宝力格	06-27	25.6	青海	循化	08-14	29.9
内蒙古	那仁宝力格	08-04	39.6	西藏	隆子	10-25	30.0
内蒙古	阿巴嘎旗	08-04	28.6	甘肃	永靖	08-10	26.6
内蒙古	阿巴嘎旗	08-14	31.6	甘肃	永靖	08-18	33.1
内蒙古	苏尼特左旗	08-14	29.4	新疆	塔城	11-22	25.0
内蒙古	镶黄旗	06-04	27.3	新疆	霍城	11-23	33.3
内蒙古	乌拉特中旗	08-01	38.7	新疆	沙湾	11-27	28.3
内蒙古	五原	08-01	39.7	新疆	察布查尔	11-23	36.8
内蒙古	五原	08-14	25.6	新疆	伊宁	11-23	31.2
内蒙古	大佘太	08-21	25.1	新疆	巴音布鲁克	08-12	34.5
内蒙古	固阳县气象局	07-29	29.1	新疆	和静	04-28	25.8
内蒙古	固阳县气象局	08-14	68.8	新疆	温宿	08-16	46.7
内蒙古	乌拉特前旗	07-26	36.1	新疆	吐尔尕特	05-05	33.5
内蒙古	乌拉特前旗	08-01	33.5	新疆	吐尔尕特	05-15	26.1
内蒙古	乌拉特前旗	08-02	43.3	新疆	乌恰	05-23	40.8
内蒙古	乌拉特前旗	08-21	47.1	新疆	乌恰	08-31	27.2
内蒙古	乌海	08-18	71.7	新疆	阿合奇	05-15	26.1
内蒙古	乌海	08-23	39.4	新疆	阿合奇	05-29	28.8
内蒙古	伊克乌素	08-21	46.5	新疆	阿合奇	05-30	62.9

续表

省(自治区、直辖市)	站名	出现时间(月-日)	降水量/mm	省(自治区、直辖市)	站名	出现时间(月-日)	降水量/mm
新疆	阿合奇	08-03	29.9	宁夏	盐池	07-11	40.2
新疆	阿合奇	08-10	29.3	宁夏	盐池	08-10	47.1
新疆	阿合奇	08-23	25.1	宁夏	盐池	08-18	33.4
新疆	岳普湖	08-05	25.1	宁夏	盐池	09-08	33.1
新疆	莎车	08-23	28.1	宁夏	同心	07-02	70.0
宁夏	惠农	06-21	38.1	甘肃	金塔	08-13	88.0
宁夏	惠农	08-08	34.8	甘肃	山丹	06-03	48.4
宁夏	贺兰	07-11	36.7	甘肃	武威	07-11	52.6
宁夏	贺兰	08-18	30.4	甘肃	民勤	08-01	41.3
宁夏	平罗	07-11	36.9	甘肃	皋兰	07-15	30.1
宁夏	吴忠	07-11	45.5	甘肃	兰州	07-11	32.4
宁夏	银川	06-21	65.1	甘肃	兰州	08-18	34.8
宁夏	银川	07-11	68.6	甘肃	兰州	08-22	37.3
宁夏	陶乐	07-11	29.3	甘肃	白银	08-04	40.2
宁夏	青铜峡	07-11	56.8	甘肃	白银	08-18	32.2
宁夏	灵武	07-11	53.0	甘肃	永靖	07-21	25.1

第2章　年度暴雨索引

2.1　全国各省(自治区、直辖市)暴雨索引(1—12月)

表2.1.1　2022年1月暴雨索引

序号	日期(月-日)	省(自治区、直辖市)	暴雨站数	大暴雨站数	特大暴雨站数	≥50 mm/d站数
1	01-16	广西	2			2
2	01-22	广西	1			1
3	01-23	湖南	1			1
4	01-28	湖南	1			1

表2.1.2　2022年2月暴雨索引

序号	日期(月-日)	省(自治区、直辖市)	暴雨站数	大暴雨站数	特大暴雨站数	≥50 mm/d站数
5	02-01	广东	1			1
6	02-03	福建	4			7
		广东	3			
7	02-04	西藏	1			1
8	02-17	海南	1			1
9	02-19	广东	14			38
		广西	24			
10	02-20	福建	3			49
		广东	36			
		广西	10			
11	02-21	广东	2			3
		海南	1			

表2.1.3　2022年3月暴雨索引

序号	日期(月-日)	省(自治区、直辖市)	暴雨站数	大暴雨站数	特大暴雨站数	≥50 mm/d站数
12	03-12	山西	1			1
13	03-14	浙江	2			3
		江西	1			

续表

序号	日期（月-日）	省（自治区、直辖市）	暴雨站数	大暴雨站数	特大暴雨站数	≥50 mm/d 站数
14	03-16	河南	1			9
		湖北	8			
15	03-17	江苏	1			67
		安徽	25	7		
		江西	1	1		
		河南	4			
		湖北	20	1		
		四川	7			
16	03-20	安徽	5			19
		河南	9			
		湖北	5			
17	03-21	上海	3			94
		江苏	13			
		浙江	9			
		安徽	40			
		江西	1			
		河南	6			
		湖北	22			
18	03-22	浙江	11			24
		安徽	1			
		福建	5	1		
		江西	4			
		广东	2			
19	03-23	福建	6			38
		江西	3			
		广东	25			
		广西	4			
20	03-24	广东	8			9
		广西	1			
21	03-25	江苏	7			74
		浙江	5			
		安徽	19	1		
		福建	6			
		江西	9			
		河南	3			
		湖北	20			
		广东	4			

续表

序号	日期（月-日）	省（自治区、直辖市）	暴雨站数	大暴雨站数	特大暴雨站数	≥50 mm/d站数
22	03-26	上海	1			8
		福建	3	1		
		湖南	1			
		广东	2			
23	03-27	福建	1			1
24	03-28	广东	3			3
25	03-30	福建	1			15
		江西	7			
		湖南	6			
		海南	1			
26	03-31	浙江	3			49
		福建	6			
		江西	34			
		湖南	3			
		广东	1			
		重庆	1			
		四川	1			

表 2.1.4　2022 年 4 月暴雨索引

序号	日期（月-日）	省（自治区、直辖市）	暴雨站数	人暴雨站数	特大暴雨站数	≥50 mm/d站数
27	04-01	福建	2			13
		广东	2			
		广西	4			
		海南	1	1		
		云南	3			
28	04-02	海南	1	1		2
29	04-04	云南	1			2
		西藏	1			
30	04-12	湖北	6			17
		湖南	1			
		重庆	3			
		四川	6	1		
31	04-13	上海	9			83
		江苏	5			

续表

序号	日期 (月-日)	省(自治区、直辖市)	暴雨 站数	大暴雨 站数	特大暴雨 站数	≥50 mm/d 站数
31	04-13	浙江	11			83
		安徽	16	1		
		江西	19	2		
		湖北	17			
		湖南	2			
		广西	1			
32	04-14	上海	4			6
		贵州	1			
		云南	1			
33	04-15	重庆	1			7
		四川	5			
		贵州	1			
34	04-16	江西	2			4
		湖南	1			
		广西	1			
35	04-17	海南	1			1
36	04-18	海南	3			3
37	04-22	江西	1			10
		湖南	4			
		广东	1			
		广西	3			
		海南	1			
38	04-23	浙江	1			16
		安徽	8	1		
		广东	1	1		
		广西	3			
		贵州	1			
39	04-24	福建	1			30
		湖北	7			
		广东	2			
		广西	2			
		重庆	5			
		四川	7			
		贵州	1			
		陕西	3			
		甘肃	2			

续表

序号	日期（月-日）	省(自治区、直辖市)	暴雨站数	大暴雨站数	特大暴雨站数	≥50 mm/d站数
40	04-25	江苏	11			86
		安徽	19			
		江西	14	1		
		河南	4	3		
		湖北	24	1		
		湖南	4			
		广西	2	1		
		贵州	2			
41	04-26	浙江	6			49
		安徽	2			
		福建	6			
		江西	18	3		
		湖南	6	1		
		广东	3			
		广西	3	1		
42	04-27	浙江	1			20
		福建	11	1		
		江西	3	1		
		贵州	3			
43	04-28	福建	2			25
		江西	2			
		湖北	4			
		湖南	9			
		重庆	5			
		四川	2			
		陕西	1			
44	04-29	江西	1			8
		广西	7			
45	04-30	湖南	4			11
		广东	1			
		广西	4			
		贵州	2			

表 2.1.5　2022 年 5 月暴雨索引

序号	日期(月-日)	省(自治区、直辖市)	暴雨站数	大暴雨站数	特大暴雨站数	≥50 mm/d 站数
46	05-01	广东	25	10		56
		广西	11			
		海南	5	3	1	
		重庆	1			
47	05-02	广东	1			1
48	05-04	海南	1	1		2
49	05-06	贵州	1			1
50	05-07	广西	3			9
		海南	3	2		
		贵州	1			
51	05-08	江西	1			12
		湖南	1			
		广西	8			
		海南	1			
		四川	1			
52	05-09	江西	1			45
		广西	1			
		重庆	9	2		
		四川	26	2		
		贵州	4			
53	05-10	福建	2			90
		江西	30			
		湖南	32	4		
		广东	5	1		
		广西	11	2		
		贵州	2			
		云南		1		
54	05-11	广东	16	6	1	26
		广西	1			
		四川	1			
		云南	1			
55	05-12	福建	15	3		82
		广东	30	6		
		广西	24	2		
		云南	2			

续表

序号	日期（月-日）	省（自治区、直辖市）	暴雨站数	大暴雨站数	特大暴雨站数	≥50 mm/d站数
56	05-13	福建	11	1		55
		湖南	1			
		广东	20	9		
		广西	3			
		海南	2			
		四川	3	1		
		云南	4			
57	05-14	广东	2			21
		海南	2	1		
		四川	16			
58	05-15	广东	20			23
		广西	1			
		海南	1			
		云南	1			
59	05-16	广东	2			2
60	05-18	海南		1		1
61	05-19	海南	1			2
		云南	1			
62	05-20	海南	1			3
		云南	2			
63	05-21	广东	1			3
		云南	2			
64	05-22	江西	2			42
		海南	1			
		贵州	27			
		云南	12			
65	05-23	江西	1			35
		湖南	14			
		广东	1			
		广西	14			
		海南	1			
		贵州	3			
		云南	1			
66	05-24	福建	3			14
		江西	3			

续表

序号	日期（月-日）	省(自治区、直辖市)	暴雨站数	大暴雨站数	特大暴雨站数	≥50 mm/d 站数
66	05-24	湖南	2			14
		广东		1		
		广西	3			
		海南	1			
		云南	1			
67	05-25	福建	1			14
		广东	1			
		广西	5			
		海南	4	1		
		四川	2			
68	05-26	福建	1			18
		江西	3			
		湖南	4			
		广东	1			
		广西	5			
		四川	1			
		贵州	3			
69	05-27	福建	2	2		32
		江西	1	1		
		湖南	1			
		广东	5	2		
		广西	11	2		
		云南	5			
70	05-28	浙江	14			41
		福建	2			
		江西	10	2		
		广东	4			
		广西	5	2		
		贵州	1	1		
71	05-29	上海	1			31
		浙江	10			
		安徽	5	2		
		江西	8	1		
		湖南	1			
		广西	1			
		贵州	1			
		云南	1			

续表

序号	日期（月-日）	省（自治区、直辖市）	暴雨站数	大暴雨站数	特大暴雨站数	≥50 mm/d站数
72	05-30	浙江	2			62
		福建	2			
		江西	11	1		
		湖南	22	2		
		广西	9			
		贵州	11	1		
		新疆	1			
73	05-31	福建	3			18
		江西	1			
		广东	2			
		广西	6	1		
		海南	1			
		四川	2			
		云南	2			

表 2.1.6　2022 年 6 月暴雨索引

序号	日期（月-日）	省（自治区、直辖市）	暴雨站数	大暴雨站数	特大暴雨站数	≥50 mm/d站数
74	06-01	浙江	10	1		30
		福建	3	1		
		江西	4	1		
		湖北	1			
		湖南	4			
		广西	1			
		海南	3			
		贵州	1			
75	06-02	浙江	2			33
		福建	7	1		
		江西	7	3		
		湖南	2	2		
		广东	1			
		重庆		1		
		贵州	6			
		云南	1			

续表

序号	日期（月-日）	省（自治区、直辖市）	暴雨站数	大暴雨站数	特大暴雨站数	≥50 mm/d 站数
76	06-03	浙江	1			56
		安徽	1			
		福建	2			
		江西	6	5		
		河南	1			
		湖北	3			
		湖南	10	3		
		广东	2	1		
		重庆	1	1		
		贵州	16	3		
77	06-04	内蒙古	1			54
		吉林	5			
		安徽	5	2		
		福建	4			
		江西	1			
		河南	5			
		湖北	6			
		湖南	2	2		
		广东	2			
		广西	6	5		
		重庆	1			
		四川	2			
		贵州	4	1		
78	06-05	内蒙古	6	1		150
		辽宁	2			
		吉林	6			
		上海	5	1		
		江苏	20	1		
		浙江	13	1		
		安徽	21	6		
		江西	13	2		
		河南	1			
		湖北	8			
		湖南	15	2		
		广东		1		

续表

序号	日期(月-日)	省(自治区、直辖市)	暴雨站数	大暴雨站数	特大暴雨站数	≥50 mm/d站数
78	06-05	广西	9	5		150
		重庆	2			
		四川	1			
		贵州	8			
79	06-06	辽宁	1			49
		吉林	1			
		浙江	2			
		福建	13	2		
		江西	1			
		湖南	3			
		广东	9	2		
		广西	8			
		云南	7			
80	06-07	福建	8	2		38
		江西	2			
		广东	17	1		
		广西	4	1		
		云南	3			
81	06-08	辽宁	1			38
		福建	6			
		广东	17	5		
		广西	2	1		
		海南	1			
		四川	1			
		云南	4			
82	06-09	浙江	2			47
		福建	16	3		
		湖南	1			
		广东	18	1		
		海南	2			
		四川	2			
		贵州	1			
		云南	1			
83	06-10	江苏	1			49
		浙江	16			

续表

序号	日期（月-日）	省（自治区、直辖市）	暴雨站数	大暴雨站数	特大暴雨站数	≥50 mm/d 站数
83	06-10	福建	3			49
		江西	5			
		广东	8			
		广西	9	3		
		海南	2			
		云南	1			
		陕西	1			
84	06-11	内蒙古	1			56
		福建	8	1		
		江西	1			
		湖南	1			
		广东	12	3		
		广西	16	5		
		云南	8			
85	06-12	北京	1			32
		河北	1			
		内蒙古	1			
		江西	3			
		湖南	1			
		广东	11	1	1	
		广西	8	3		
		贵州	1			
86	06-13	北京	1			90
		天津	1			
		河北	5	2		
		内蒙古	2			
		福建	20	3		
		江西	9	3		
		山东	1			
		湖南	8	2		
		广东	9	2		
		广西	15	3		
		四川	1			
		贵州	1			
		云南	2			

续表

序号	日期（月-日）	省（自治区、直辖市）	暴雨站数	大暴雨站数	特大暴雨站数	≥50 mm/d 站数
87	06-14	天津	1			70
		辽宁	3			
		福建	17			
		江西	4			
		山东	7			
		广东	27	4		
		广西	3			
		海南	1			
		云南	2		1	
88	06-15	黑龙江	1			21
		福建	8	1		
		广东	10			
		云南	1			
89	06-16	河北	1			30
		吉林	1			
		黑龙江	4			
		福建	7			
		广东	15	1		
		广西	1			
90	06-17	福建	10	2		42
		江西	6			
		山东	3			
		广东	1	2	1	
		广西	12	5		
91	06-18	内蒙古		1		72
		辽宁	1			
		吉林	4	1		
		黑龙江	1			
		浙江	4	2		
		安徽	1			
		福建	6	6		
		江西	14	2		
		湖北		1		
		湖南	2	1		
		广东	3	3		

续表

序号	日期（月-日）	省（自治区、直辖市）	暴雨站数	大暴雨站数	特大暴雨站数	≥50 mm/d站数
91	06-18	广西	6	2		72
		海南	1			
		贵州	4	6		
92	06-19	浙江	6	1		86
		福建	1			
		江西	19	17		
		湖北	6			
		湖南	9	2		
		广东	4	4	1	
		广西	1	1		
		海南	1			
		重庆		1		
		贵州	11			
		云南	1			
93	06-20	浙江	15	6		93
		福建	1	2		
		江西	8	4	2	
		湖北	1	2		
		湖南	5			
		广东	9	3		
		广西	19	10	1	
		四川	1			
		贵州	4			
94	06-21	黑龙江	2			40
		湖南	5	4		
		广东	9	3	1	
		广西	6	6		
		重庆	1			
		四川	1			
		贵州	1			
		宁夏	1			
95	06-22	河北	2			36
		内蒙古	5	1		
		辽宁	3			
		吉林	1			

续表

序号	日期 (月-日)	省(自治区、直辖市)	暴雨 站数	大暴雨 站数	特大暴雨 站数	≥50 mm/d 站数
95	06-22	安徽	1			36
		江西	1			
		湖南	1			
		广西	2			
		四川	3	2		
		贵州	2			
		云南	2			
		陕西	4			
		甘肃	6			
		河北	2			
96	06-23	河北	1			86
		辽宁	3			
		吉林	1			
		黑龙江		1		
		江苏	4			
		安徽	4			
		山东	18	1		
		河南	5			
		湖北	4			
		重庆	5	4		
		四川	21	8		
		云南	6			
97	06-24	吉林	1	2		54
		黑龙江	3			
		江苏	9	2		
		浙江	2			
		安徽	14	3		
		湖北	9	1		
		湖南	2			
		海南	1			
		重庆	2			
		云南	2	1		
98	06-25	黑龙江	2			4
		江苏	1			
		浙江		1		

续表

序号	日期（月-日）	省（自治区、直辖市）	暴雨站数	大暴雨站数	特大暴雨站数	≥50 mm/d 站数
99	06-26	河北	1	1		47
		辽宁	2			
		吉林	1			
		江苏		1		
		山东	14	4		
		广东	1			
		广西	1			
		四川	12	3		
		云南	1			
		陕西	5			
100	06-27	河北	2			145
		山西	1			
		内蒙古	2			
		辽宁	11			
		江苏	1	2		
		安徽	4	2		
		山东	24	29		
		河南	24	4		
		湖北	12			
		广西	1			
		重庆	11	4		
		四川	4	2		
		贵州	2			
		云南	3			
101	06-28	天津	1			72
		河北	13	1		
		吉林	2			
		黑龙江	1			
		江苏	3			
		安徽	13	2		
		山东	13	1		
		河南	2			
		湖北	13	1		
		湖南	1			
		广西	1			
		贵州	1	1		
		云南	2			

续表

序号	日期（月-日）	省(自治区、直辖市)	暴雨站数	大暴雨站数	特大暴雨站数	≥50 mm/d站数
102	06-29	北京	4			57
		河北	1	1		
		上海	1			
		江苏	2			
		浙江	2			
		安徽	2	1		
		福建	1			
		江西	7	5		
		山东	3			
		河南	2			
		广东	1			
		广西	16	5		
		贵州	1			
		云南	2			
103	06-30	河北	2	1		35
		山西	1			
		吉林		1		
		江苏	5			
		浙江	3			
		安徽	6			
		江西	1			
		山东	6			
		河南	3			
		广西	3			
		云南	2	1		

表 2.1.7　2022 年 7 月暴雨索引

序号	日期（月-日）	省(自治区、直辖市)	暴雨站数	大暴雨站数	特大暴雨站数	≥50 mm/d站数
104	07-01	北京	1			32
		河北	3	1		
		山西	1			
		辽宁	6	1		
		吉林	2			
		福建	1			

续表

序号	日期（月-日）	省（自治区、直辖市）	暴雨站数	大暴雨站数	特大暴雨站数	≥50 mm/d站数
104	07-01	江西	1			32
		山东	1			
		湖南	1			
		广东	1			
		海南	7	1		
		重庆	1			
		贵州	3			
105	07-02	河北	2			78
		山西	1			
		辽宁	4			
		福建	2			
		山东	3			
		河南	4			
		湖北	1			
		湖南	1			
		广东	25	10		
		海南	9	8	2	
		四川	1	1		
		贵州	1			
		云南	1			
		陕西	1			
		宁夏	1			
106	07-03	北京	5			105
		天津	2	2		
		河北	7			
		黑龙江	1			
		安徽	2			
		福建	5			
		山东	2			
		河南	13	1		
		湖南	1			
		广东	23	14		
		广西	21	2		
		海南	1			
		云南	3			

续表

序号	日期(月-日)	省(自治区、直辖市)	暴雨站数	大暴雨站数	特大暴雨站数	≥50 mm/d站数
107	07-04	天津	1			84
		河北	5	2		
		内蒙古	1			
		江苏	1	2		
		安徽	5			
		江西	2			
		山东	6			
		河南	1			
		湖北	3	1		
		湖南	18	5		
		广东	11	8		
		广西	7	3		
		重庆	1			
		云南	1			
108	07-05	河北	4			117
		山西	2			
		江苏	2			
		安徽	9	5		
		福建	4	3		
		江西	9	1		
		山东	1			
		河南	27	7	1	
		湖北	12			
		湖南	8			
		广东	6	6		
		广西	6	1		
		贵州	1			
		云南	1			
		陕西	1			
109	07-06	北京	1			144
		天津	6	1		
		河北	9	5		
		辽宁	5			
		江苏	4			
		安徽	3			

续表

序号	日期（月-日）	省（自治区、直辖市）	暴雨站数	大暴雨站数	特大暴雨站数	≥50 mm/d站数
109	07-06	福建	4			144
		江西	1			
		山东	40	25		
		河南	9	3		
		湖北	1			
		湖南	8			
		广东	12	3		
		广西	3	1		
110	07-07	辽宁	30	10		75
		吉林	8	4		
		黑龙江	1	1		
		湖北	1			
		湖南	1			
		广东	3	5		
		广西	9	1		
		云南	1			
111	07-08	内蒙古	1			8
		黑龙江	1			
		湖北	1			
		广西		2		
		海南	3			
112	07-09	内蒙古	1			4
		吉林	1			
		海南	2			
113	07-10	河北	1			26
		山西	6			
		江苏	2			
		安徽	2			
		山东	12			
		河南	1			
		陕西	2			
114	07-11	山西	21	2		45
		内蒙古	2	1		
		山东	2			
		四川	2			

续表

序号	日期（月-日）	省(自治区、直辖市)	暴雨站数	大暴雨站数	特大暴雨站数	≥50 mm/d站数
114	07-11	陕西	10			45
		甘肃	1			
		宁夏	4			
115	07-12	天津	1			83
		河北	18			
		山西	1			
		内蒙古	2			
		山东	27	17		
		海南	1			
		四川	2	1		
		陕西	9			
		甘肃	3	1		
116	07-13	山西	2			34
		内蒙古	2			
		辽宁	3			
		吉林	8	1		
		黑龙江	3			
		山东	2	2		
		河南	2			
		海南	2			
		四川	3	1		
		陕西	2			
		甘肃	1			
117	07-14	内蒙古	1			21
		吉林	3			
		黑龙江	1	1		
		江苏	1	1		
		安徽	2			
		山东	4	3		
		四川	1			
		陕西	2			
		甘肃	1			
118	07-15	山西	2			18
		黑龙江	1			
		江苏	2			

续表

序号	日期（月-日）	省(自治区、直辖市)	暴雨站数	大暴雨站数	特大暴雨站数	≥50 mm/d站数
118	07-15	福建	1			18
		海南	1			
		云南		1		
		陕西	7	1		
		甘肃	2			
119	07-16	河北	1			62
		山西	7	1		
		江苏	3			
		安徽	1			
		山东	6	3		
		河南	6	1		
		四川	9	3		
		云南	2			
		陕西	16	3		
120	07-17	辽宁	1			43
		吉林	1			
		黑龙江	1			
		江苏	16			
		安徽	3			
		江西	1			
		山东	6			
		湖北	7	1		
		湖南		1		
		重庆	2			
		四川	1			
		贵州		1		
		云南	1			
121	07-18	辽宁	1			50
		福建	1			
		江西	8	4		
		山东	1			
		湖南	11	1		
		广西	1			
		重庆	2	1		
		四川	6			
		贵州	13			

续表

序号	日期（月-日）	省(自治区、直辖市)	暴雨站数	大暴雨站数	特大暴雨站数	≥50 mm/d站数
122	07-19	浙江	1			51
		福建	1			
		江西	1			
		河南	2			
		湖北	5			
		广西	4	1		
		四川	6			
		贵州	12	1		
		云南	2			
		陕西	15			
123	07-20	辽宁	1			68
		江苏	2	1		
		安徽	1			
		山东	6			
		河南	4			
		湖北	13	4		
		湖南	2			
		广西	1			
		四川	2			
		贵州	14	4		
		云南	10	3		
124	07-21	吉林	3			4
		贵州	1			
125	07-22	河北	5			52
		山西	1			
		辽宁	1			
		安徽	1			
		山东	3			
		河南	18	4		
		海南	1			
		四川	4	5		
		陕西	6	2		
		甘肃	1			
126	07-23	北京	1			24
		内蒙古	2			

续表

序号	日期（月-日）	省（自治区、直辖市）	暴雨站数	大暴雨站数	特大暴雨站数	≥50 mm/d 站数
126	07-23	辽宁	2			24
		吉林	1			
		黑龙江		1		
		江苏	2			
		安徽	1			
		山东	11			
		湖北	1			
		四川	2			
127	07-24	辽宁	1			4
		吉林	2			
		黑龙江	1			
128	07-25	河北	1			5
		山西	1			
		浙江	1			
		河南	1			
		云南	1			
129	07-26	河北	4	1		20
		江苏	2			
		浙江	1			
		安徽	3			
		山东	3			
		河南	3			
		湖北	3			
130	07-27	北京	5	1		66
		河北	5			
		山西	9			
		内蒙古		1		
		黑龙江		1		
		山东	1			
		河南	12	1		
		湖北	3			
		重庆	4	1		
		四川	8			
		贵州	2			
		云南	1			
		陕西	8			
		甘肃	3			

续表

序号	日期（月-日）	省（自治区、直辖市）	暴雨站数	大暴雨站数	特大暴雨站数	≥50 mm/d站数
131	07-28	北京	3			54
		河北	18	6		
		内蒙古	1			
		辽宁	7	1		
		吉林	1			
		江苏	3			
		安徽	1			
		山东	3			
		河南	6			
		广西	1			
		贵州	1			
		云南	2			
132	07-29	河北		1		28
		辽宁	11	4		
		吉林	2			
		江苏	1			
		安徽	2	2		
		湖南	2			
		广西	1	1		
		贵州	1			
133	07-30	辽宁	1			21
		上海	1			
		江苏		2		
		浙江	1			
		安徽	2			
		山东	5	2		
		湖南	1			
		广东	2	1		
		云南	3			
134	07-31	安徽	1			4
		广西	1			
		贵州	1			
		云南	1			

表 2.1.8　2022 年 8 月暴雨索引

序号	日期（月-日）	省（自治区、直辖市）	暴雨站数	大暴雨站数	特大暴雨站数	≥50 mm/d 站数
135	08-01	黑龙江	1			6
		浙江	1			
		四川	2			
		云南	2			
136	08-02	上海	1			11
		江苏	1			
		浙江	1			
		福建	3			
		山东	1			
		四川	2			
		云南	2			
137	08-03	吉林	1			12
		福建	1			
		广东	9			
		四川	1			
138	08-04	北京	1			25
		吉林	1			
		广东	9	4		
		广西	1	1		
		四川	6	1		
		甘肃	1			
		北京	1			
139	08-05	北京	1			51
		河北	2			
		内蒙古	1			
		吉林	3			
		黑龙江	11	2		
		广东	9	3		
		广西	8	2		
		四川	3			
		云南	5	1		
140	08-06	北京	1			14
		河北	1			
		山西	1			

续表

序号	日期(月-日)	省(自治区、直辖市)	暴雨站数	大暴雨站数	特大暴雨站数	≥50 mm/d站数
140	08-06	上海	2			14
		浙江	4			
		广西	3			
		四川	2			
141	08-07	河北	2	1		24
		山西	3			
		内蒙古	1			
		辽宁	5	2		
		吉林	6			
		福建	3			
		海南	1			
142	08-08	河北	10	6	1	38
		山西	6			
		内蒙古	1			
		辽宁	2			
		江西	1			
		山东	6			
		河南	1			
		广东	1			
		海南	1			
		陕西	2			
143	08-09	山西	10	2		67
		山东	34	7		
		广东	6			
		海南	2			
		四川	1			
		陕西	4	1		
144	08-10	河北	7			61
		山西	5			
		山东	14	3		
		河南	1			
		广东	18	8		
		海南	3	1		
		云南	1			
145	08-11	山西	3			19
		上海	1			
		山东	3			

续表

序号	日期（月-日）	省（自治区、直辖市）	暴雨站数	大暴雨站数	特大暴雨站数	≥50 mm/d站数
145	08-11	广东	3			19
		广西	5	2		
		海南	1			
		陕西		1		
146	08-12	河北	1			13
		山西	1			
		山东	3			
		广东	2			
		广西	5			
		海南	1			
147	08-13	河北	2			16
		山西	1			
		黑龙江	1			
		山东	7	2		
		海南	1			
		云南	1			
		甘肃	1			
148	08-14	天津	1			33
		河北	1			
		山西	8			
		内蒙古	10			
		辽宁	1			
		广东	1			
		云南	1			
		陕西	2			
		甘肃	3	2		
		青海	2			
		宁夏		1		
		天津	1			
149	08-15	河北	1			25
		辽宁	6	6		
		吉林	7	2		
		安徽	1			
		海南		1		
		云南	1			

续表

序号	日期(月-日)	省(自治区、直辖市)	暴雨站数	大暴雨站数	特大暴雨站数	≥50 mm/d站数
150	08-16	江苏	2	1		6
		安徽	1			
		河南	1			
		重庆	1			
151	08-17	浙江	1			5
		广东	1			
		广西	2			
		海南	1			
152	08-18	天津		1		38
		河北	11	2		
		山西	15			
		内蒙古	3	3		
		广东	1			
		陕西	1			
		甘肃	1			
153	08-19	天津	5	1		47
		河北	3	6		
		山西	1			
		辽宁	4			
		吉林	1	1		
		黑龙江	11	1		
		山东	12			
		海南	1			
154	08-20	江苏	1			6
		河南	1	1		
		广东	2			
		云南	1			
155	08-21	内蒙古	4			13
		广东	3			
		广西	1	3		
		云南	1			
		甘肃	1			
156	08-22	北京	6			56
		天津	4			
		河北	15	7		

续表

序号	日期（月-日）	省（自治区、直辖市）	暴雨站数	大暴雨站数	特大暴雨站数	≥50 mm/d站数
156	08-22	山西	10			56
		辽宁	1			
		黑龙江	3			
		山东	5			
		河南	1			
		云南	1			
		甘肃	3			
157	08-23	江苏	3	1		6
		安徽	1			
		福建	1			
158	08-24	浙江	1			2
		云南	1			
159	08-25	安徽	1			31
		广东	6	1		
		广西	1	1		
		海南	8	7		
		四川	1	1		
		陕西	4			
160	08-26	浙江	4			18
		广东	1			
		广西	10	1		
		四川	1			
		云南	1			
161	08-27	江苏	1			14
		浙江	4			
		安徽	1			
		福建	1			
		河南	1			
		湖北	1	2		
		四川	2			
		云南		1		
162	08-28	山西	4			13
		四川	3			
		陕西	3			
		甘肃	2			
		青海	1			

续表

序号	日期 (月-日)	省(自治区、直辖市)	暴雨 站数	大暴雨 站数	特大暴雨 站数	≥50 mm/d 站数
163	08-29	安徽	1			26
		福建	1			
		江西	1			
		湖北	1			
		广东	1			
		重庆	1			
		四川	10	4		
		云南	2			
		陕西	3	1		
164	08-30	重庆	3	1		21
		四川	6	7		
		贵州	1			
		陕西	3			
165	08-31	黑龙江	1			14
		浙江	1	1		
		广东	1			
		广西	1			
		海南	1			
		重庆	1			
		四川	2			
		贵州	5			

表 2.1.9　2022 年 9 月暴雨索引

序号	日期 (月-日)	省(自治区、直辖市)	暴雨 站数	大暴雨 站数	特大暴雨 站数	≥50 mm/d 站数
166	09-01	福建	2			7
		广东	2	1		
		广西	1	1		
167	09-02	浙江	1	1		4
		云南	2			
168	09-03	浙江	4	1		5
169	09-04	浙江	2			13
		山东	4	2		
		云南	5			

续表

序号	日期(月-日)	省(自治区、直辖市)	暴雨站数	大暴雨站数	特大暴雨站数	≥50 mm/d站数
170	09-05	浙江	4			8
		云南	3	1		
171	09-06	黑龙江	1			1
172	09-07	海南	2			2
173	09-08	广东	14	1		24
		广西	5	1		
		海南	3			
174	09-09	广东	2			5
		广西	1			
		海南	2			
175	09-10	山西	1			4
		广西	2			
		云南	1			
176	09-11	吉林	1			4
		山东	1			
		云南	2			
177	09-12	浙江	1			4
		湖北	1			
		云南	2			
178	09-13	江苏	5			18
		浙江	9	2		
		四川	1			
		云南	1			
179	09-14	上海	1			27
		浙江	5	11		
		山东	4			
		四川	6			
180	09-15	辽宁	5	1		87
		上海	11			
		江苏	24	1		
		浙江	5	1		
		山东	12	15		
		四川	5			
		贵州	3			
		云南	4			

续表

序号	日期(月-日)	省(自治区、直辖市)	暴雨站数	大暴雨站数	特大暴雨站数	≥50 mm/d站数
181	09-16	辽宁	23	6		50
		吉林	3			
		山东	5	4		
		广西	1			
		贵州	1			
		云南	6	1		
182	09-17	吉林	2			7
		黑龙江	2			
		云南	2	1		
183	09-18	广东	1			1
184	09-19	四川	3	1		11
		贵州	1			
		陕西	6			
185	09-20	福建	1			33
		广西	1			
		海南	1			
		重庆	10	1		
		四川	16	1		
		云南	1			
		陕西	1			
186	09-21	海南	4			6
		贵州	1			
		云南		1		
187	09-22	辽宁	1			7
		海南	4	1		
		贵州	1			
188	09-23	内蒙古	1			7
		辽宁	1			
		吉林	2			
		海南	1			
		云南	2			
189	09-24	海南	1			1
190	09-25	海南	1			1
191	09-26	海南		1		1
192	09-27	海南	9	1		10

续表

序号	日期 (月-日)	省(自治区、直辖市)	暴雨 站数	大暴雨 站数	特大暴雨 站数	≥50 mm/d 站数
193	09-28	广东	3			13
		海南	9			
		云南	1			
194	09-29	广东	4	2		7
		海南	1			
195	09-30	广东	9	5		15
		广西	1			

表 2.1.10　2022 年 10 月暴雨索引

序号	日期 (月-日)	省(自治区、直辖市)	暴雨 站数	大暴雨 站数	特大暴雨 站数	≥50 mm/d 站数
196	10-01	河北	33			57
		山西	6			
		山东	8			
		广东	1			
		广西	2	3		
		海南	2	1		
		陕西	1			
197	10-02	河北	6			65
		山西	4			
		山东	44	9		
		河南	2			
198	10-03	天津	1			84
		河北	16			
		山西	11			
		山东	36			
		四川	4			
		陕西	15			
		甘肃	1			
199	10-04	江苏	3			44
		河南	5			
		湖北	3			
		广东		1		
		海南	2			
		重庆	3			

续表

序号	日期(月-日)	省(自治区、直辖市)	暴雨站数	大暴雨站数	特大暴雨站数	≥50 mm/d站数
199	10-04	四川	11	2		44
		云南	1			
		陕西	9	4		
200	10-05	安徽	7			41
		河南	28			
		湖北	1			
		四川	3			
		云南	1			
		陕西	1			
201	10-06	安徽	1			24
		河南	11			
		湖北	7			
		重庆	1			
		四川	2			
		西藏	1			
		陕西	1			
202	10-07	广东	1			6
		海南	3	1		
		贵州		1		
203	10-08	海南	1			3
		云南	2			
204	10-09	辽宁	1			3
		海南	1			
		云南	1			
205	10-10	吉林	1			3
		海南	1			
		云南	1			
206	10-13	海南	1			1
207	10-14	海南	1			1
208	10-19	海南	5	3		8
209	10-20	海南	3	6		9
210	10-21	海南	4	1		5
211	10-25	海南	2			6
		云南	1			
		西藏	3			

表 2.1.11　2022 年 11 月暴雨索引

序号	日期 (月-日)	省(自治区、直辖市)	暴雨 站数	大暴雨 站数	特大暴雨 站数	≥50 mm/d 站数
212	11-02	广东	5	1		6
213	11-03	广东	1			1
214	11-06	广东	2			2
215	11-11	山西	1			1
216	11-12	辽宁	5			5
217	11-16	福建	3			7
		江西	2			
		湖南	2			
218	11-17	广西	1	1		2
219	11-18	江西	2			2
220	11-21	海南	1			1
221	11-22	江苏	1			7
		广东	1			
		海南	3	2		
222	11-23	广东	2			2
223	11-24	福建	9			30
		江西	2			
		广东	11			
		广西	7			
		海南	1			
224	11-25	福建	8			31
		江西	6			
		广东	9			
		广西	8			
225	11-27	福建	9			40
		江西	29	1		
		湖南	1			
226	11-28	辽宁	3			7
		浙江	1			
		安徽	2			
		江西	1			
227	11-29	浙江	1			12
		福建	1			
		江西	8			
		湖北	2			

续表

序号	日期（月-日）	省（自治区、直辖市）	暴雨站数	大暴雨站数	特大暴雨站数	≥50 mm/d站数
228	11-30	浙江	1			18
		福建	12	1		
		江西	3			
		湖南	1			

表 2.1.12 2022 年 12 月暴雨索引

序号	日期（月-日）	省（自治区、直辖市）	暴雨站数	大暴雨站数	特大暴雨站数	≥50 mm/d站数
229	12-01	海南	1			1
230	12-27	云南	1			1

2.2 单站连续性暴雨索引

表 2.2.1 2022 年全国单站连续性暴雨索引

序号	月份	起止日	省（自治区、直辖市）	站名	日期	降水量/mm
1	5	8—9	广西	灵川	8	66.5
					9	53.2
					10	71.9
2		10—11	广东	佛冈	10	105.4
					11	242.5
3		10—12		新丰	10	51.6
					11	69.0
					12	76.3
3				龙门	10	83.5
					11	93.5
					12	112.0
4		11—13		紫金	11	51.4
					12	91.4
					13	63.2
5				台山	11	64.2
					12	166.3
					13	55.1
6				斗门	11	233.1
					12	143.4
					13	70.8

续表

序号	月份	起止日	省(自治区、直辖市)	站名	日期	降水量/mm
7	5	11—13	广东	珠海	11	306.3
					12	158.3
					13	66.9
8				深圳	11	51.2
					12	120.7
					13	59.5
9		11—15		恩平	11	63.9
					12	57.0
					13	153.2
					14	65.2
					15	86.2
10		12—14		惠来	12	62.7
					13	163.6
					14	53.3
11		26—28	广西	昭平	26	96.6
					27	60.4
					28	113.6
12		26—29		蒙山	26	61.9
					27	62.0
					28	101.0
					29	51.1
13	6	1—3	浙江	开化	1	126.1
					2	91.3
					3	54.7
14		2—3	重庆	酉阳	2	122.4
					3	136.0
15		4—5	广西	融水	4	136.6
					5	118.1
16				桂林	4	103.5
					5	118.9
17		6—8	福建	龙岩	6	103.3
					7	67.9
					8	56.1
18				云霄	6	68.4
					7	91.2
					8	66.6

续表

序号	月份	起止日	省(自治区、直辖市)	站名	日期	降水量/mm
19	6	6—8	广东	惠东	6	70.2
					7	61.6
					8	61.8
20				海丰	6	59.5
					7	84.3
					8	68.5
21		7—9		汕尾	7	216.1
					8	75.1
					9	65.2
22				陆丰	7	50.7
					8	75.3
					9	54.4
23		10—12	广东	新丰	10	64.5
					11	63.7
					12	85.5
24		11—13	福建	长汀	11	126.8
					12	9.3
					13	146.6
25			广西	富川	11	74.0
					12	58.1
					13	60.5
26		12—14	江西	全南	12	70.0
					13	115.5
					14	83.9
27			广东	翁源	12	69.7
					13	185.7
					14	96.5
28			广东	连平	12	66.7
					13	161.4
					14	65.3
29				和平	12	91.3
					13	84.9
					14	74.3
30				龙门	12	59.5
					13	81.5
					14	74.5

续表

序号	月份	起止日	省(自治区、直辖市)	站名	日期	降水量/mm
31	6	14—16	广东	清远	14	59.1
					15	53.5
					16	52.3
32				博罗	14	55.7
					15	52.1
					16	60.2
33		18—20	江西	万年	18	55.4
					19	111.0
					20	87.6
34				乐平	18	73.5
					19	172.0
					20	51.1
35				德兴	18	68.5
					19	171.4
					20	176.9
36			江西	上饶县	18	153.0
					19	84.5
					20	83.2
37				上饶	18	125.0
					19	75.0
					20	53.5
38			福建	浦城	18	89.4
					19	66.4
					20	153.0
39				武夷山	18	138.5
					19	46.7
					20	104.7
40		18—21	广西	兴安	18	176.9
					19	138.4
					20	74.5
					21	60.9
41			广东	英德	18	113.1
					19	132.8
					20	58.3
					21	292.9
42		19—20	江西	三清山	19	135.3
					20	272.0

续表

序号	月份	起止日	省(自治区、直辖市)	站名	日期	降水量/mm
43	6	19—20	江西	婺源	19	201.0
					20	216.6
44				浮梁	19	200.5
					20	151.0
45			浙江	开化	19	156.5
					20	130.2
46		19—21	湖南	汝城	19	62.8
					20	78.2
					21	51.6
47			广东	乐昌	19	90.3
					20	96.2
					21	53.0
48				仁化	19	120.5
					20	87.4
					21	94.8
49				南雄	19	84.0
					20	58.4
					21	88.2
50				韶关	19	286.4
					20	107.7
					21	234.5
51				始兴	19	124.0
					20	65.0
					21	132.3
52		19—20	江西	景德镇	19	213.2
					20	108.0
53		20—22	广西	灵川	20	145.8
					21	80.5
					22	58.4
54		27—28	山东	招远	27	114.7
					28	116.6
55	7	2—3	广东	新会	2	107.1
					3	183.8
56		2—4		丰顺	2	57.3
					3	74.8
					4	53.9

续表

序号	月份	起止日	省(自治区、直辖市)	站名	日期	降水量/mm
57	7	2—4	广东	阳春	2	121.5
					3	166.1
					4	52.0
58				鹤山	2	75.5
					3	96.9
					4	53.5
59		3—4		清远	3	149.1
					4	109.1
60		4—6	山东	单县	4	54.6
					5	65.1
					6	68.3
61		4—5	广东	翁源	4	129.4
					5	233.4
62				新丰	4	109.7
					5	166.9
63		4—6	广西	浦北	4	160.3
					5	0.1
					6	106.4
64		5—6	广东	饶平	5	138.0
					6	118.3
65				海丰	5	124.2
					6	244.7
66		11—13	四川	天全	11	50.2
					12	93.7
					13	58.3
67	8	9—12	广东	上川岛	9	82.3
					10	104.4
					11	59.1
					12	62.3
68		13—15	浙江	余姚	13	88.8
					14	147.2
					15	76.7
69		15—16	辽宁	长海	15	127.6
					16	118.2
70			山东	长岛	15	123.5
					16	100.9

续表

序号	月份	起止日	省(自治区、直辖市)	站名	日期	降水量/mm
71	8	15—16	山东	蓬莱	15	121.0
					16	117.6
72				栖霞	15	127.3
					16	135.1
73				莱西	15	104.4
					16	112.7
74	9	26—27	海南	西沙	26	100.8
					27	111.2
75		28—30	广东	雷州	28	74.5
					29	121.1
					30	170.8
76		9月28日—10月1日		湛江	28	88.3
					29	117.4
					30	164.3
					1	59.2
77	10	1—3	河北	威县	1	63.6
					2	51.2
					3	86.3
78				馆陶	1	52.0
					2	55.1
					3	52.0
79		4—6	四川	宣汉	4	62.3
					5	77.7
					6	52.3
80		19—21	海南	屯昌	19	128.0
					20	128.8
					21	108.3

2.3　区域性暴雨日索引

表 2.3.1　2022 年全国区域性暴雨日索引

序号	日期（月-日）	区域	暴雨站数	大暴雨站数	特大暴雨站数	≥50 mm/d 站数	暴雨中心		
							降水量/mm	地点	
								省(自治区、直辖市)	站名
1	02-19	华南地区	38			38	85.3	广西	岑溪
2	02-20	华南地区	49			49	83.2	广东	南澳
3	03-17	江淮地区 江汉东部 江南北部	51	9		60	158.3	安徽	石台
4	03-20	黄淮南部 江淮地区 江汉地区	20			20	96.1	湖北	宜城
5	03-21	黄淮南部 江淮地区 江汉地区 江南北部	94			94	76.3	安徽	贵池
6	03-22	江南地区	24	1		25	101.2	福建	松溪
7	03-23	华南地区	38			38	82.5	江西	全南
8	03-25	黄淮地区 江淮地区 江汉地区 江南地区	73	1		74	102.9	安徽	天柱山
9	03-31	江南地区 西南东部	48			48	86.0	江西	丰城
10	04-12	西南东部 江南西部 江汉西部	16	1		17	115.1	四川	安岳
11	04-13	江淮地区 江汉地区 江南地区	80	3		83	143.6	江西	南昌
12	04-24	西南东部 西北东部 江汉西部	25			25	98.1	湖北	远安
13	04-25	黄淮地区 江淮地区 江汉地区 江南地区	74	5		79	168.1	湖北	天门

续表

序号	日期（月-日）	区域	暴雨站数	大暴雨站数	特大暴雨站数	≥50 mm/d站数	暴雨中心		
							降水量/mm	地点	
								省(自治区、直辖市)	站名
14	04-26	江南地区 华南北部	44	5		49	163.7	广西	兴安
15	04-27	江南南部	15	2		17	112.1	江西	兴国
16	04-28	西南东部 西北东部 江汉地区 江南地区	25			25	80.0	湖南	南县
17	05-01	华南地区	41	13	1	55	251.2	海南	琼海
18	05-09	西南东部	40	4		44	139.4	四川	峨眉山
19	05-10	江南地区 华南地区	82	8		90	125.1	湖南	攸县
20	05-11	华南地区	16	6	1	23	306.3	广东	珠海
21	05-12	江南地区 华南地区	69	11		80	166.3	广东	台山
22	05-13	江南地区 华南地区	36	10		46	163.6	广东	惠来
23	05-14	西南东部	16			16	80.4	四川	新津
24	05-15	西南东部 江南地区 华南地区	22			22	93.1	广东	阳春
25	05-22	云贵高原 江南南部 华南北部	42			42	84.6	贵州	贞丰
26	05-23	西南东部 江南地区 华南地区	35			35	97.9	湖南	宁远
27	05-26	西南东部 江南地区 华南地区	18			18	96.6	广西	昭平
28	05-27	华南地区	25	7		32	170.2	广东	平远
29	05-28	江南地区 华南地区 西南东部	36	5		41	154.4	贵州	册亨
30	05-29	江南地区	27	3		30	135.1	江西	武宁

续表

序号	日期（月-日）	区域	暴雨站数	大暴雨站数	特大暴雨站数	≥50 mm/d 站数	暴雨中心		
							降水量/mm	地点	
								省(自治区、直辖市)	站名
31	05-30	江南地区 华南西部 西南东部	57	4		61	127.3	贵州	惠水
32	06-01	江南地区 西南东部	27	3		30	126.1	浙江	开化
33	06-02	江南地区 西南东部	25	7		32	227.6	湖南	凤凰
34	06-03	江南地区 西南东部	43	13		56	223.4	江西	宜丰
35	06-04	黄淮西部 江淮地区 江汉地区 江南地区 华南北部 西南东部	38	10		48	166.9	广西	龙胜
36	06-05	江淮地区 江南地区 华南西部 西南东部	116	19		135	135.7	江西	婺源
37	06-06	江南南部 华南地区	43	4		47	159.5	广东	阳山
38	06-07	华南地区	34	4		38	136.3	广西	上林
39	06-08	江南东部 华南地区	26	6		32	175.0	广东	高州
40	06-09	江南地区 华南地区	43	4		47	163.6	广东	信宜
41	06-10	江南地区 华南地区 云贵高原	44	3		47	125.3	广西	天等
42	06-11	江南南部 华南地区 西南南部	46	9		55	182.1	广东	台山
43	06-12	华南地区	24	4	1	29	294.7	广东	海丰
44	06-13	江南南部 华南地区	64	13		77	185.7	广东	翁源
45	06-14	江南南部 华南地区	52	4		56	112.5	广东	封开

续表

序号	日期（月-日）	区域	暴雨站数	大暴雨站数	特大暴雨站数	≥50 mm/d站数	暴雨中心		
							降水量/mm	地点	
								省(自治区、直辖市)	站名
46	06-15	华南地区	18	1		19	107.5	福建	龙湖
47	06-16	华南地区	23	1		24	103.2	福建	五华
48	06-17	江南地区 华南地区	29	9	1	39	271.2	广东	龙门
49	06-18	江南地区 华南北部 西南东部	40	23		63	227.6	浙江	庆元
50	06-19	江汉东部 江南地区 华南北部 西南东部	58	26	1	85	286.4	广东	韶关
51	06-20	江南地区 华南地区 西南东部	63	27	3	93	280.3	广西	环江
52	06-21	江南地区 华南北部	23	13	1	37	292.9	广东	英德
53	06-22	东北南部 内蒙古中部 华北地区 西北东部 西南东部	24	3		27	126.3	四川	广元
54	06-23	东北地区 华北南部 黄淮地区 江淮地区 江汉地区 西南东部	72	14		86	194.8	四川	青神
55	06-24	江淮地区 江汉东部 江南北部	40	7		47	188.0	湖北	罗田
56	06-26	华北南部 黄淮地区 西北东部 西南东部	35	9		44	199.5	山东	高密

续表

序号	日期（月-日）	区域	暴雨站数	大暴雨站数	特大暴雨站数	≥50 mm/d站数	暴雨中心		
							降水量/mm	地点	
								省（自治区、直辖市）	站名
57	06-27	东北南部 华北地区 黄淮地区 江淮西部 江汉地区 西南东部	98	43		141	213.4	山东	日照
58	06-28	华北东部 黄淮东部 江淮地区 江汉东部	65	6		71	127.0	安徽	蚌埠
59	06-29	江南地区 华南地区	35	11		46	159.5	广西	宜山
60	06-30	华北东部 黄淮东部 江淮东部 江南东部	26	2		28	112.6	河北	武安
61	07-01	东北地区 华北东部	14	2		16	142.5	辽宁	宽甸
62	07-02	华南南部	37	18	2	57	421.6	海南	三亚
63	07-03	华南地区	51	16		67	230.4	广东	海康
		华北地区 黄淮西部	30	3		33	140.3	天津	津南区
64	07-04	华北东部 黄淮东部 江淮西部 江汉东部 江南地区 华南地区	62	21		83	176.1	江苏	东海
65	07-05	华北地区 黄淮地区 江淮地区 江汉地区 江南地区 华南地区	93	23	1	117	257.0	河南	鹿邑

续表

序号	日期(月-日)	区域	暴雨站数	大暴雨站数	特大暴雨站数	≥50 mm/d站数	暴雨中心		
							降水量/mm	地点	
								省(自治区、直辖市)	站名
66	07-06	黄淮地区 华北东部 东北南部 江南地区 华南地区	106	38		144	244.7	广东	海丰
67	07-07	江南地区 华南地区	15	6		21	228.9	广东	茂名
		东北地区	39	15		54	139.7	吉林	九台
68	07-10	华北地区 黄淮地区	26			26	93.0	山西	古交
69	07-11	华北地区 西北东部	42	3		45	121.1	内蒙古	河南
70	07-12	华北地区 黄淮北部 西北东部	60	18		78	151.5	山东	临邑
71	07-13	东北地区	16	1		17	154.7	吉林	双辽
72	07-16	西北东部 华北南部 黄淮北部	41	8		49	126.2	山东	阳谷
73	07-17	长江流域 黄淮东部	37	3		40	115.1	湖南	大庸
74	07-18	西南东部 江南地区 华南西部	43	6		49	142.9	江西	樟树
75	07-19	西北东部 西南东部 华南西部 江汉地区	49	2		51	116.6	贵州	白云
76	07-20	黄淮地区 江淮地区 江汉地区 江南北部 云贵高原	55	12		67	160.5	贵州	普安

续表

序号	日期（月-日）	区域	暴雨站数	大暴雨站数	特大暴雨站数	≥50 mm/d 站数	暴雨中心		
							降水量/mm	地点	
								省（自治区、直辖市）	站名
77	07-22	华北地区 黄淮地区 西北东部 西南东部	40	11		51	203.1	四川	通江
78	07-27	华北地区 黄淮西部 西北东部 西南东部 江汉西部	61	3		64	146.9	北京	朝阳
79	07-28	东北西部 华北东部 黄淮地区 江汉地区	43	7		50	177.2	辽宁	阜新
80	07-29	东北地区	13	5		18	128.5	辽宁	黑山
81	08-04	华南地区	10	5		15	130.0	广东	揭西
82	08-05	东北地区	15	2		17	118.5	黑龙江	兰西
		华南地区 云贵高原	25	6		31	149.6	广西	涠洲岛
83	08-07	东北地区 华北北部	17	3		20	129.8	辽宁	瓦房店
84	08-08	华北地区 黄淮北部	27	6	1	34	298.7	河北	任县
85	08-09	华北地区 黄淮北部 西北东部	48	10		58	142.6	陕西	清涧
86	08-10	华北地区 黄淮北部	27	3		30	114.1	山东	安丘
		华南地区	21	9		30	160.1	广东	吴川
87	08-14	西北东部 华北地区 东北南部 内蒙古中部	28	3		31	130.6	甘肃	榆中
88	08-15	东北地区	14	8		22	166.5	辽宁	新金
89	08-18	西北东部 华北地区 内蒙古地区	31	6		37	169.8	内蒙古	伊金霍洛旗

续表

序号	日期（月-日）	区域	暴雨站数	大暴雨站数	特大暴雨站数	≥50 mm/d 站数	暴雨中心		
							降水量/mm	地点	
								省(自治区、直辖市)	站名
90	08-19	东北地区 华北东部 黄淮东部	37	9		46	192.5	河北	昌黎
91	08-22	华北地区	40	7		47	165.5	河北	泊头
92	08-25	华南南部	15	9		24	167.3	广东	徐闻
93	08-29	西南东部 西北东部	15	5		20	185.2	四川	通江
94	08-30	西南东部 西北东部	12	8		20	183.8	四川	达川
95	09-08	华南地区	22	2		24	109.0	广东	海康
96	09-13	江南东部	14	2		16	110.9	浙江	嵊县
97	09-14	江南东部	6	11		17	237.0	浙江	石浦
98	09-15	江南东部 江淮东部 黄淮东部 东北南部	57	18		75	167.0	山东	福山
99	09-16	东北地区 山东半岛	31	10		41	173.2	辽宁	大连
100	09-20	西南东部 西北东部	28	2		30	125.4	重庆	铜梁
101	09-30	华南地区	10	5		15	170.8	广东	海康
102	10-01	华北地区	48			48	77.8	河北	鸡泽
103	10-02	华北南部 黄淮北部	56	9		65	155.6	山东	博兴
104	10-03	华北地区 黄淮地区 西北东部 西南东部	84			84	98.8	山东	淄川
105	10-04	西南东部 西北东部 江汉西部 黄淮地区	34	6		40	153.5	陕西	镇巴

续表

序号	日期（月-日）	区域	暴雨站数	大暴雨站数	特大暴雨站数	≥50 mm/d 站数	暴雨中心		
							降水量/mm	地点	
								省（自治区、直辖市）	站名
106	10-05	西南东部 西北东部 江汉西部 黄淮地区 江淮地区	40			40	86.9	河南	遂平
107	10-06	黄淮南部 江淮地区 江汉地区 西南东部	23			23	73.8	湖北	枣阳
108	11-24	江南南部 华南地区	30			30	91.6	广东	怀集
109	11-25	江南南部 华南地区	31			31	89.7	江西	安远
110	11-27	江南地区	39	1		40	112.8	江西	峡江
111	11-30	江南地区	17	1		18	100.6	福建	南平

2.4　主要暴雨过程索引

表 2.4.1　2022 年全国主要暴雨过程索引

序号	月份	暴雨过程		过程累积最大降水量			备注
		起止日	区域	降水量/mm	地点		
					省（自治区、直辖市）	站名	
1	3	16—17	黄淮南部 江淮地区 江汉地区 江南北部	158	安徽	石台	
2	4	12—13	江淮地区 江汉地区 江南地区 西南东部	144	江西	南昌	

续表

<table>
<tr><th rowspan="3">序号</th><th rowspan="3">月份</th><th colspan="2">暴雨过程</th><th colspan="3">过程累积最大降水量</th><th rowspan="3">备注</th></tr>
<tr><th rowspan="2">起止日</th><th rowspan="2">区域</th><th rowspan="2">降水量/mm</th><th colspan="2">地点</th></tr>
<tr><th>省(自治区、直辖市)</th><th>站名</th></tr>
<tr><td>3</td><td rowspan="2">4</td><td>24—27</td><td>黄淮南部
江淮地区
江汉地区
江南地区
华南北部
西南东部
西北东部</td><td>264</td><td>广西</td><td>兴安</td><td></td></tr>
<tr><td>4</td><td>4月30日—5月1日</td><td>江南地区
华南地区
西南东部</td><td>256</td><td>海南</td><td>琼海</td><td></td></tr>
<tr><td>5</td><td rowspan="2">5</td><td>9—15</td><td>江南地区
华南地区
西南东部
西南南部</td><td>628</td><td>广东</td><td>珠海</td><td>重大暴雨事件1</td></tr>
<tr><td>6</td><td>26—31</td><td>江南地区
华南地区
西南东部
西南南部</td><td>382</td><td>广西</td><td>昭平</td><td>重大暴雨事件2</td></tr>
<tr><td>7</td><td rowspan="4">6</td><td>1—7</td><td>黄淮西部
江淮地区
江汉地区
江南地区
华南地区
西南东部
西南南部</td><td>432</td><td>广东</td><td>海丰</td><td>重大暴雨事件3</td></tr>
<tr><td>8</td><td>8—12</td><td>江南地区
华南地区
西南东部
西南南部</td><td>481</td><td>广东</td><td>海丰</td><td>重大暴雨事件4</td></tr>
<tr><td>9</td><td>13—16</td><td>江南南部
华南地区
西南东部
西南南部</td><td>336</td><td>广东</td><td>翁源</td><td>重大暴雨事件5</td></tr>
<tr><td>10</td><td>17—21</td><td>江淮西部
江汉地区
江南地区
华南地区
西南东部</td><td>688</td><td>广东</td><td>韶关</td><td>重大暴雨事件6</td></tr>
</table>

续表

序号	月份	暴雨过程		过程累积最大降水量			备注
		起止日	区域	降水量/mm	地点		
					省（自治区、直辖市）	站名	
11	6	22—24	东北地区 华北地区 黄淮地区 江淮地区 江汉地区 江南北部 西南东部 西北东部	195	四川	青神	
12		6 月 26 日—7 月 2 日	内蒙古地区 东北地区 华北地区 黄淮地区 江淮地区 江汉地区 江南地区 华南地区 西北东部 西南东部 西南南部	342	山东	崂山	重大暴雨事件 7
13	7	1—7	内蒙古地区 东北地区 华北地区 黄淮地区 江淮地区 江汉地区 江南地区 华南地区 西北东部 西南东部 西南南部	588	广东	海丰	重大暴雨事件 8 2203 号台风 “暹芭”(Chaba)
14		11—14	华北地区 黄淮地区 西北东部 四川盆地	243	四川	天全	重大暴雨事件 9
15		15—20	黄淮地区 江淮地区 江汉地区 江南地区 华南地区 西南东部 西南南部 西北东部	220	贵州	普安	
16		22—23	华北地区 黄淮地区 江汉地区 西南东部 西北东部	203	四川	通江	

续表

<table>
<tr><th rowspan="3">序号</th><th rowspan="3">月份</th><th colspan="2">暴雨过程</th><th colspan="3">过程累积最大降水量</th><th rowspan="3">备注</th></tr>
<tr><th rowspan="2">起止日</th><th rowspan="2">区域</th><th rowspan="2">降水量/
mm</th><th colspan="2">地点</th></tr>
<tr><th>省(自治区、
直辖市)</th><th>站名</th></tr>
<tr><td>17</td><td>7</td><td>27—29</td><td>东北地区
华北地区
黄淮地区
江淮地区
江汉地区
江南地区
西南东部
西南南部
西北东部</td><td>216</td><td>辽宁</td><td>阜新</td><td></td></tr>
<tr><td>18</td><td rowspan="9">8</td><td>3—5</td><td>华南地区
西南东部
西南南部</td><td>231</td><td>广东</td><td>揭西</td><td>热带低压(TD2201)</td></tr>
<tr><td>19</td><td>5</td><td>东北地区</td><td>118</td><td>黑龙江</td><td>兰西</td><td></td></tr>
<tr><td>20</td><td>7—10</td><td>东北地区
华北地区
黄淮北部
西北东部</td><td>318</td><td>河北</td><td>任县</td><td></td></tr>
<tr><td>21</td><td>9—12</td><td>华南地区</td><td>308</td><td>广东</td><td>上川岛</td><td>2207 号热带风暴
“木兰”(Mulan)</td></tr>
<tr><td>22</td><td>14—15</td><td>东北地区
华北地区
西北东部
内蒙古中部</td><td>214</td><td>辽宁</td><td>庄河</td><td></td></tr>
<tr><td>23</td><td>18—19</td><td>东北地区
华北地区
黄淮北部
西北东部
内蒙古西部</td><td>243</td><td>河北</td><td>滦县</td><td></td></tr>
<tr><td>24</td><td>22—23</td><td>华北地区
黄淮东部</td><td>166</td><td>河北</td><td>泊头</td><td></td></tr>
<tr><td>25</td><td>25—26</td><td>华南地区</td><td>217</td><td>广西</td><td>东兴</td><td>2209 号台风
“马鞍”(Ma-on)</td></tr>
<tr><td>26</td><td>28—30</td><td>华北南部
黄淮地区
江汉西部
西南东部
西北东部</td><td>236</td><td>陕西</td><td>镇巴</td><td></td></tr>
</table>

续表

序号	月份	暴雨过程		过程累积最大降水量			备注
		起止日	区域	降水量/mm	地点		
					省(自治区、直辖市)	站名	
27	9	8—9	华南地区	148	海南	文昌	
28		13—16	江南东部 江淮东部 黄淮东部 东北地区	313	浙江	石浦	2212 号强台风“梅花”(Muifa)
29		19—20	江汉西部 西南东部 西北东部	146	四川	通江	
30		9 月 27 日—10 月 1 日	华南地区	431	广东	湛江	2216 号超强台风“奥鹿”(Noru)
31	10	1—6	华北地区 黄淮地区 江淮地区 江汉地区 西南东部 西北东部	287	陕西	镇巴	重大暴雨事件 10

第3章　主要暴雨过程

本章对2022年31次主要暴雨过程的基本天气形势和降水演变特征进行简要叙述，并给出过程每天的降水量分布图及过程总降水量分布图。

3.1　3月主要暴雨过程(No. 1)

第1次主要暴雨过程(No. 1)：3月16—17日

3月16日，500 hPa西北地区至四川盆地有西风槽形成发展，中低层四川盆地有西南低涡形成，低涡东部有暖切变伸展至黄淮西部地区，受其影响，湖北大部出现降水，江汉平原西部、鄂西南局部出现暴雨(图3.1.1)；17日，500 hPa西风槽快速东移至华中地区至云贵高原上空，中低层西南低涡也快速东移至华中地区，700 hPa江南北部有20 m/s以上的低空急流发展，受其影响，黄淮南部、江淮地区、江汉东部及江南北部出现降水，暴雨集中出现在湖北东部及安徽南部，皖南部分地区出现大暴雨(图3.1.2)。图3.1.3为此次暴雨过程总降水量分布。

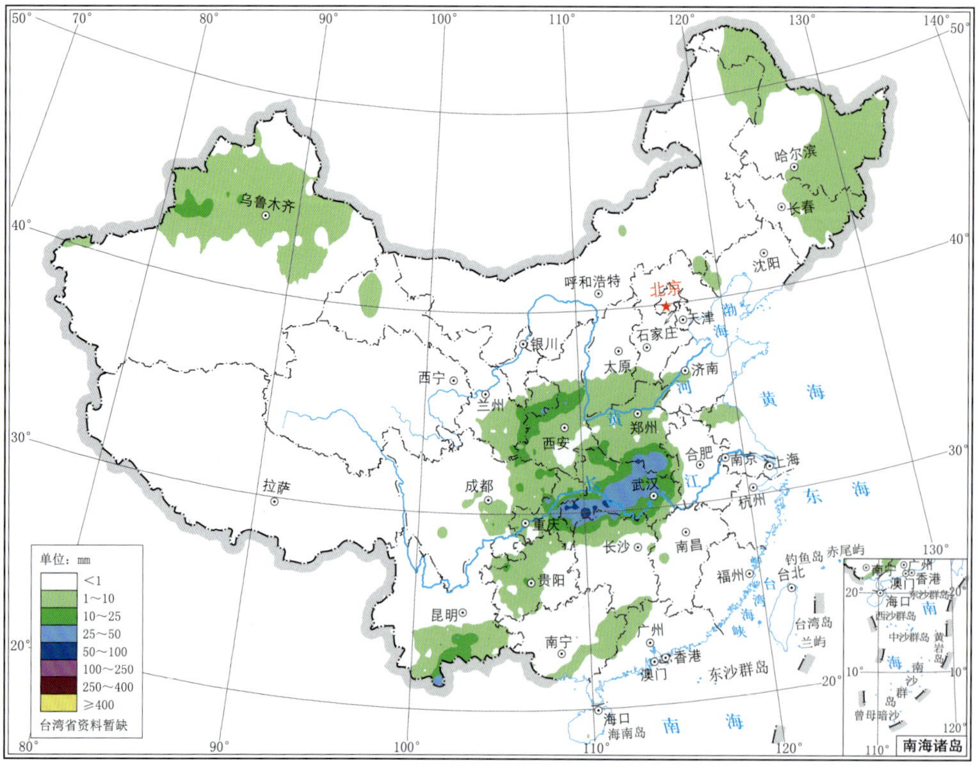

图3.1.1　2022年3月16日全国降水量分布

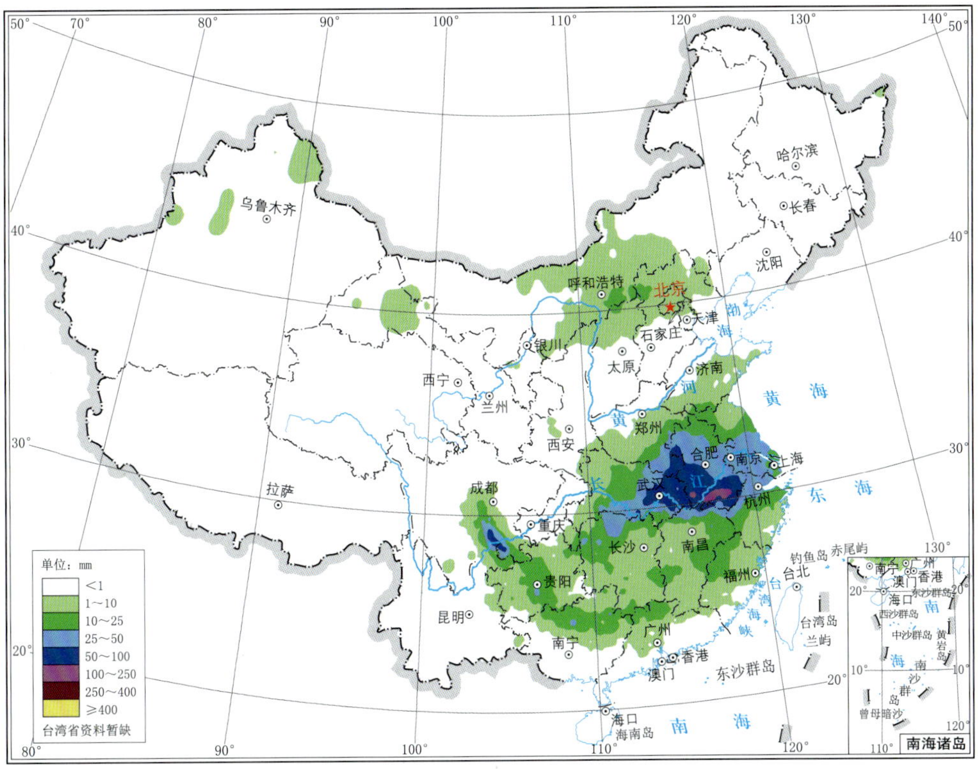

图 3.1.2　2022 年 3 月 17 日全国降水量分布

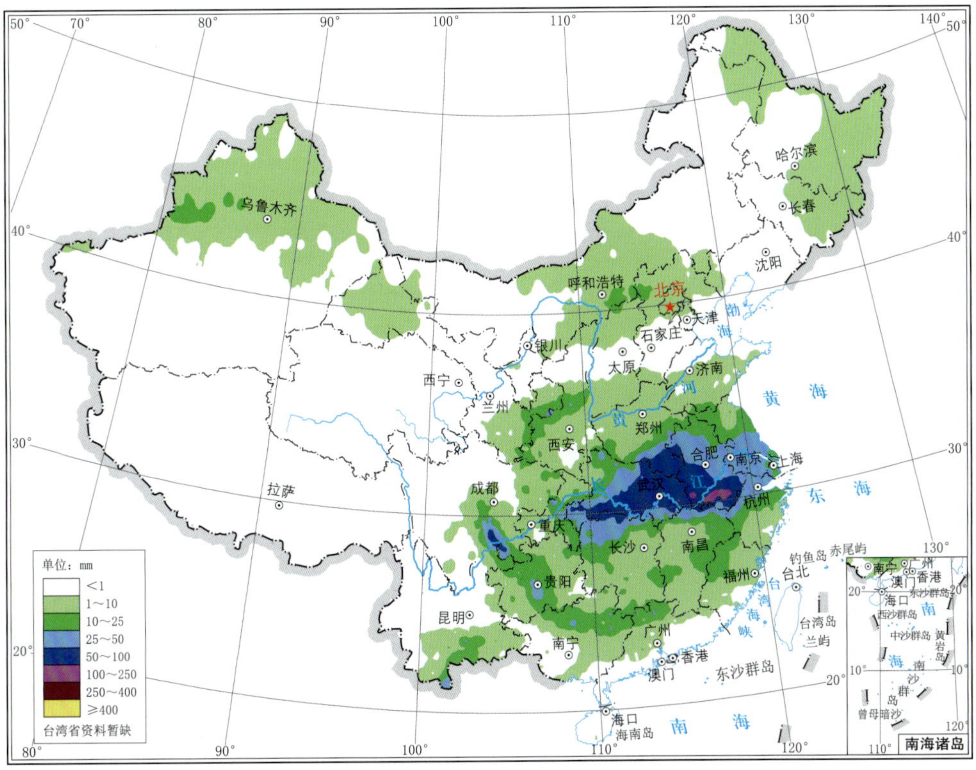

图 3.1.3　2022 年 3 月 16—17 日全国降水量分布

3.2　4月主要暴雨过程(No. 2—No. 4)

第2次主要暴雨过程(No. 2):4月12—13日

4月12日,500 hPa 青藏高原东侧有短波槽东移至四川盆地发展形成低涡,中低层四川盆地有西南低涡形成,受其影响,西南地区东部、江南西部、江汉西部出现降水,部分地区出现暴雨,川东局部出现大暴雨(图3.2.1);13日,500 hPa 华中地区有短波槽发展,中低层西南低涡快速发展东移至长江中游地区,江南多切变发展,受其影响,江南地区、江淮西部、江汉东部出现降水,暴雨主要出现在江南北部,局部出现大暴雨(图3.2.2)。图3.2.3为此次暴雨过程总降水量分布。

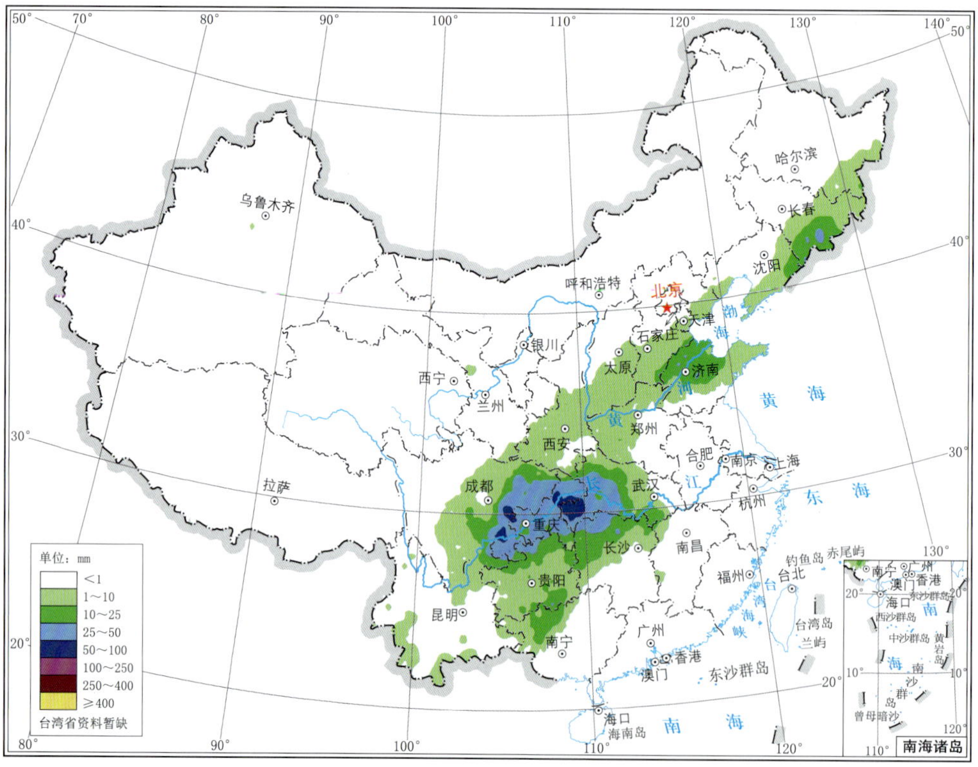

图3.2.1　2022年4月12日全国降水量分布

第3次主要暴雨过程(No. 3):4月24—27日

4月24日,500 hPa 青藏高原东侧及四川盆地有低涡短波槽形成发展,中低层四川盆地有西南低涡形成,受其影响,西南地区东部、西北地区东南部及湖北西部出现降水,部分地区出现暴雨(图3.2.4);25日,500 hPa 短波槽快速东移至华中地区,中低层西南低涡也随之快速发展东移至鄂豫皖交界地区,江南地区西南低空急流明显发展,受其影响,黄淮南部、江淮地区、江汉地区、江南北部出现较大范围降水,暴雨分布范围较广,局部出现大暴雨(图3.2.5);26日,500 hPa 短波槽东移南压,中低层低涡东移入海,江南地区有明显切变发展,低空急流东移至东南沿海地区,受其影响,江南地区及华南北部出现暴雨、局部大暴雨(图3.2.6);27日,500 hPa 短波槽快速东移入海,中低层江南南部有切变维持,受其影响,江南南部部分地区出现暴雨、局部大暴雨(图3.2.7)。图3.2.8为此次暴雨过程总降水量分布。

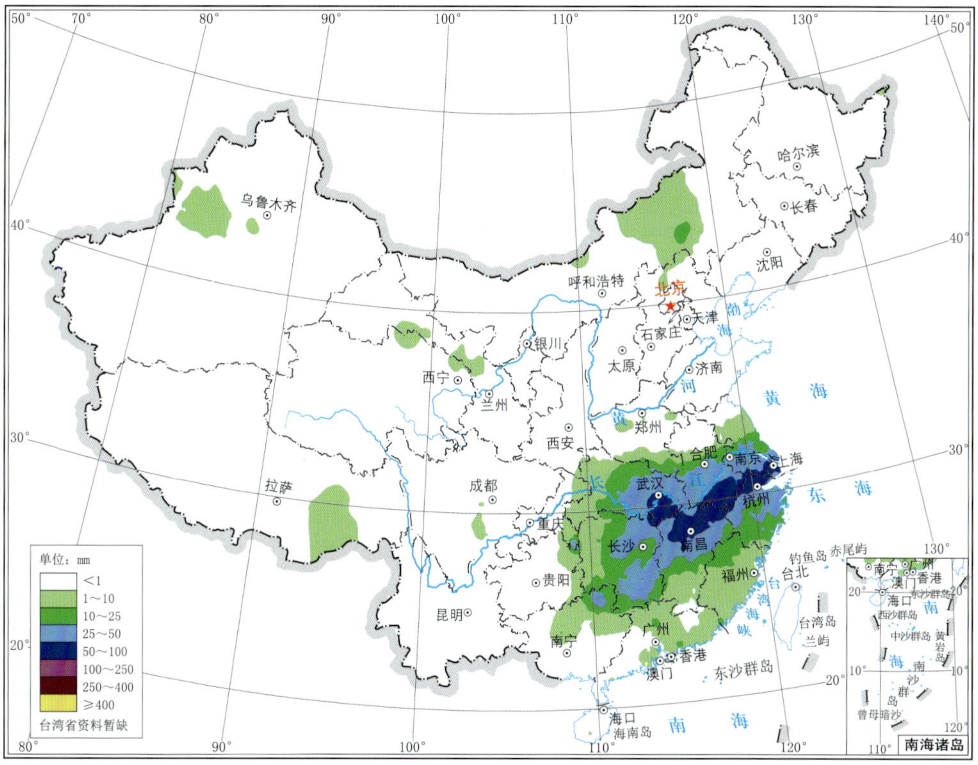

图 3.2.2　2022 年 4 月 13 日全国降水量分布

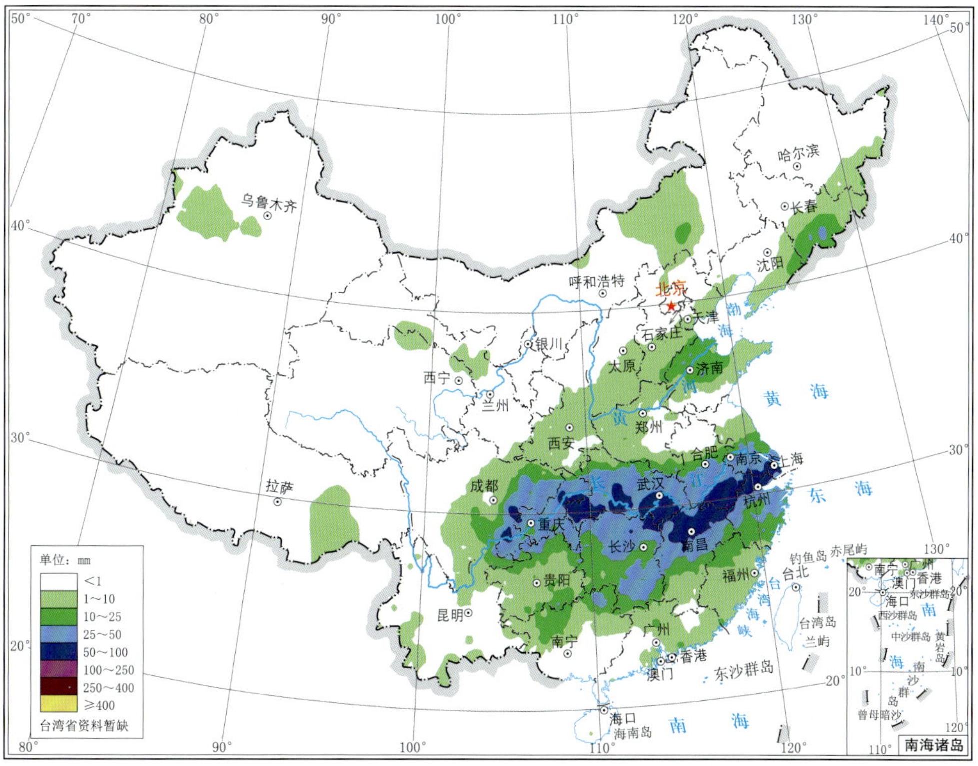

图 3.2.3　2022 年 4 月 12—13 日全国降水量分布

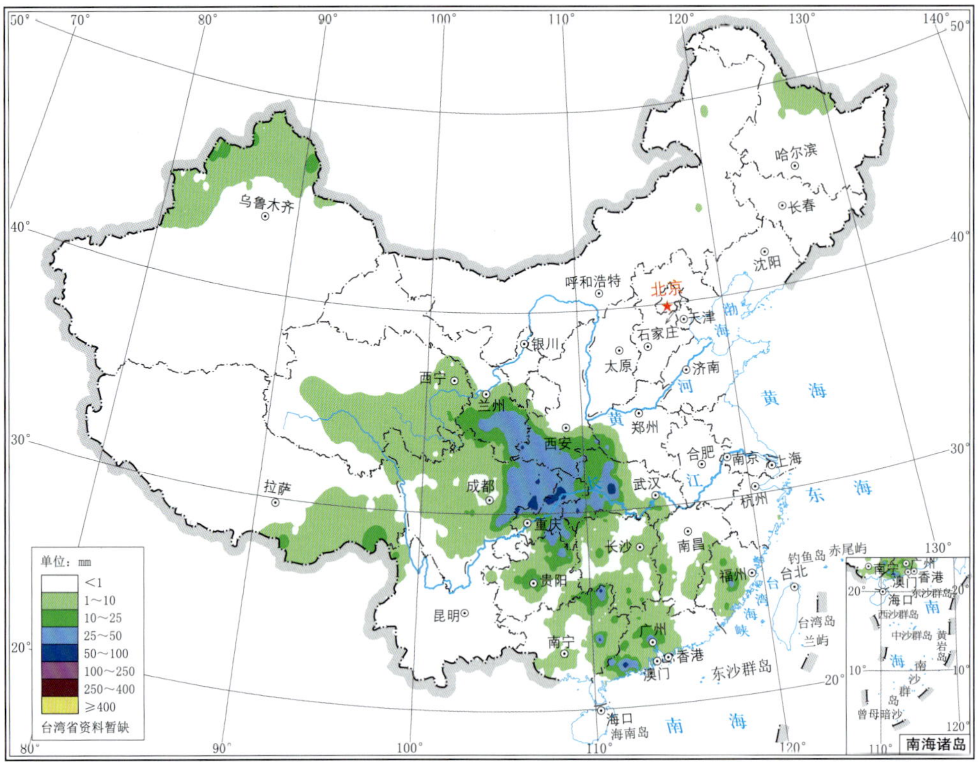

图 3.2.4　2022 年 4 月 24 日全国降水量分布

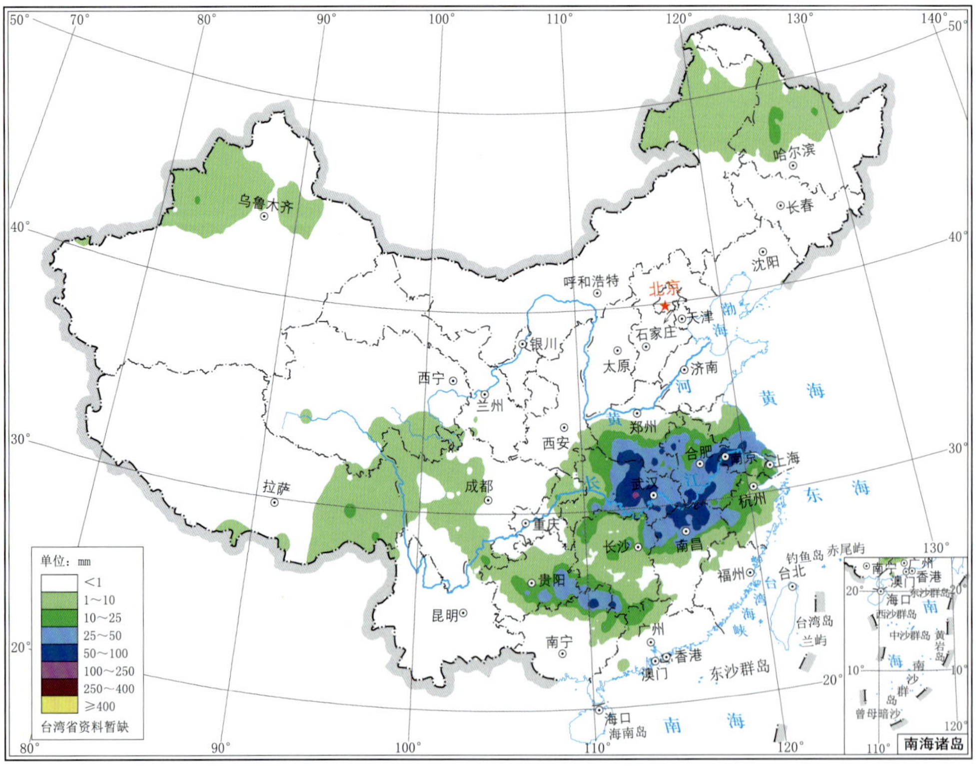

图 3.2.5　2022 年 4 月 25 日全国降水量分布

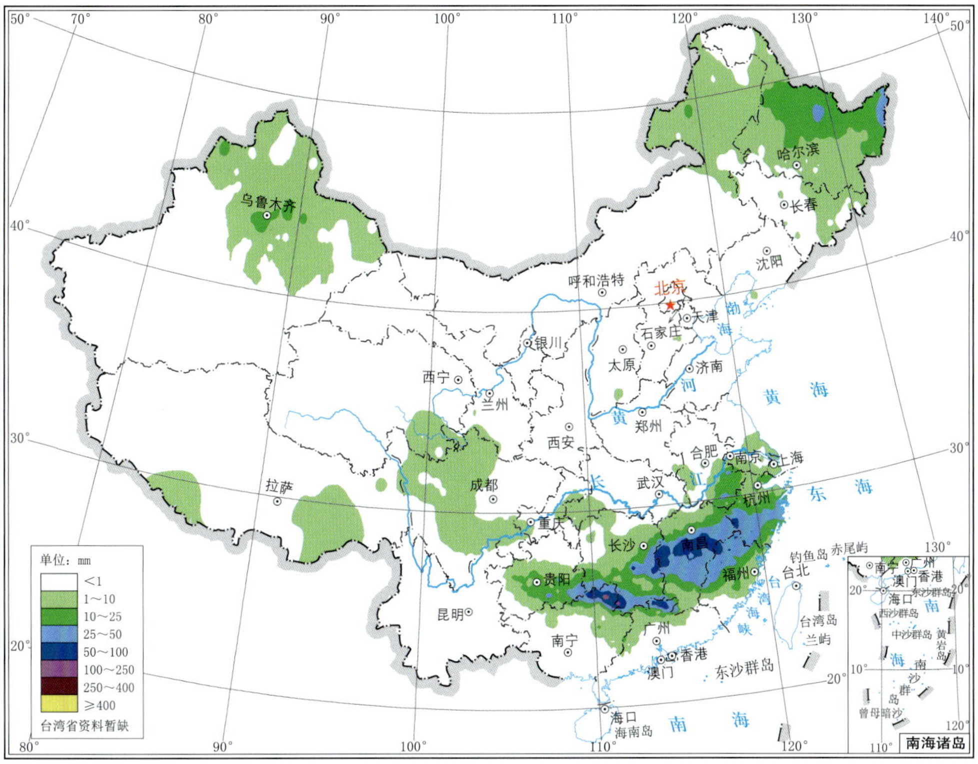

图 3.2.6　2022 年 4 月 26 日全国降水量分布

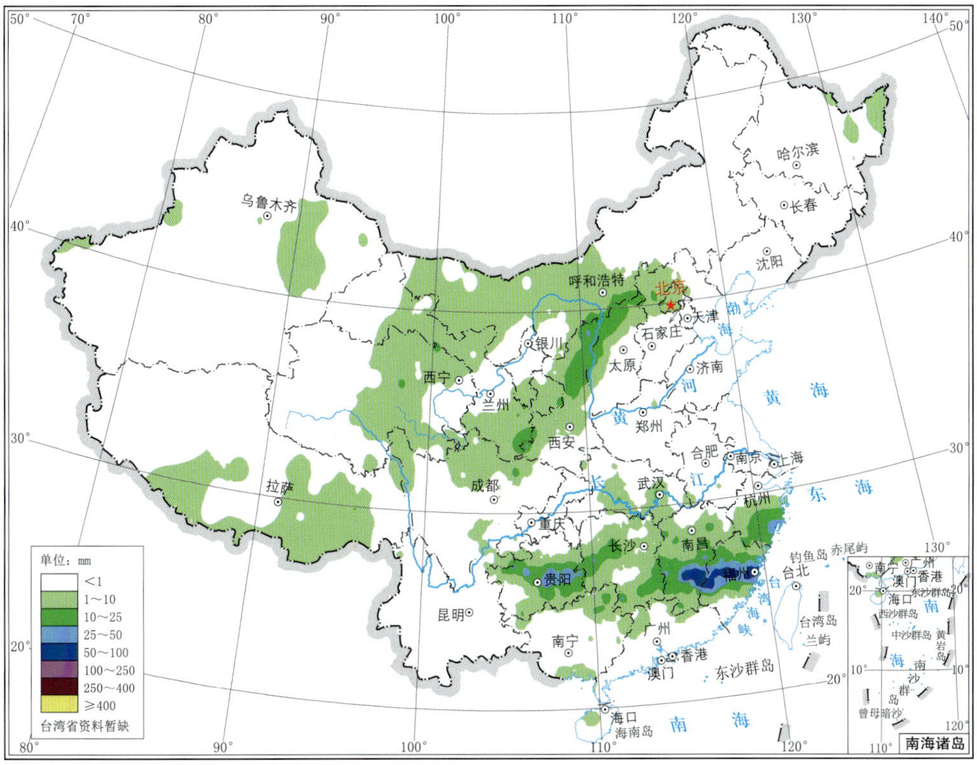

图 3.2.7　2022 年 4 月 27 日全国降水量分布

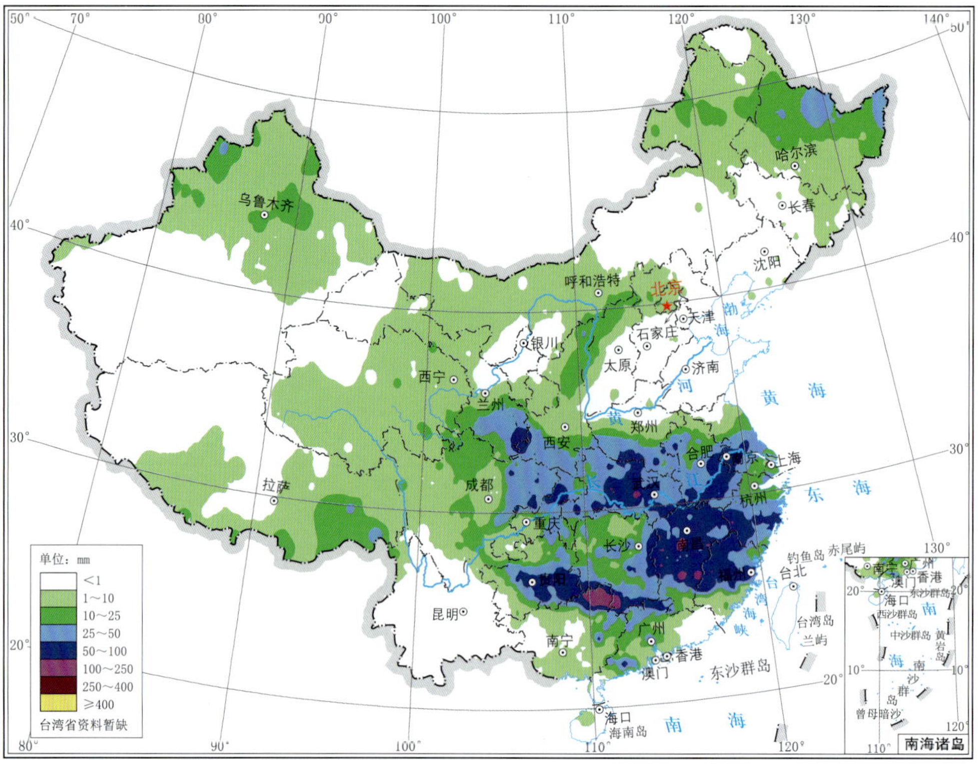

图 3.2.8　2022 年 4 月 24—27 日全国降水量分布

第 4 次主要暴雨过程(No. 4):4 月 30 日—5 月 1 日

4 月 30 日,500 hPa 西南地区东部有弱短波槽形成,700 hPa 四川盆地南部有低涡东移至贵州、重庆交界区域,850 hPa 云南北部有低涡东移至贵州南部,受其影响,西南地区东部、江南地区及华南西部出现较大范围降水,暴雨分布较为零散(图 3.2.9);5 月 1 日,500 hPa 短波槽缓慢东移南压,中低层江南南部至华南地区有切变发展加强,受其影响,降水区南压至江南南部和华南地区,暴雨主要出现在华南地区,广东部分地区及海南东部出现大暴雨,海南琼海出现 251.2 mm 的特大暴雨(图 3.2.10)。图 3.2.11 为此次暴雨过程总降水量分布。

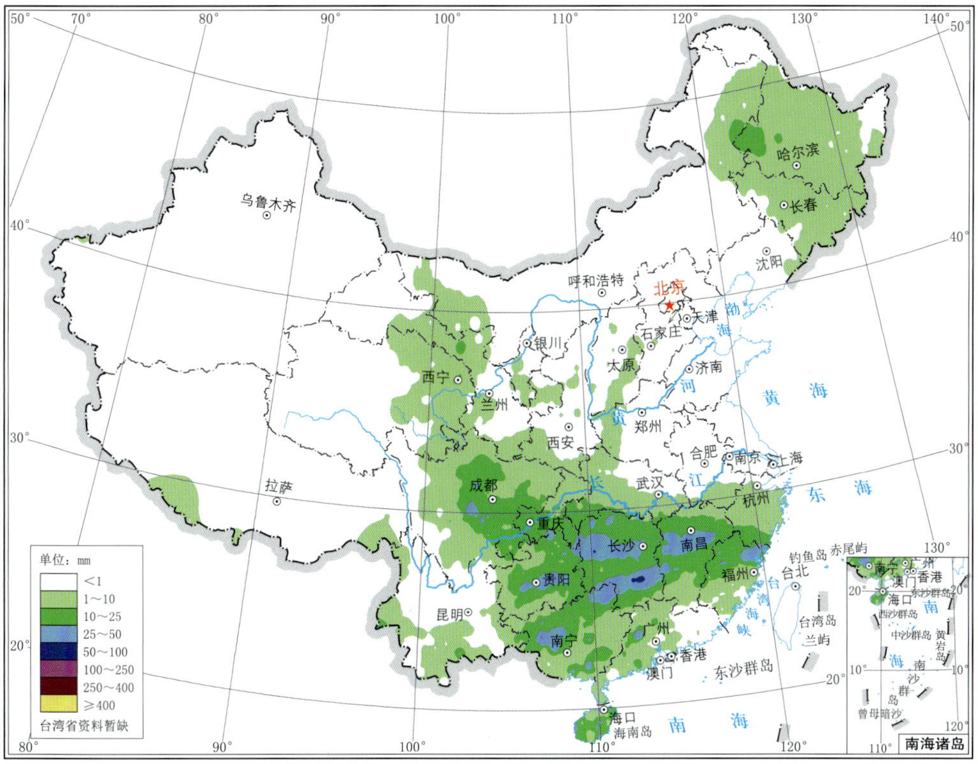

图 3.2.9　2022 年 4 月 30 日全国降水量分布

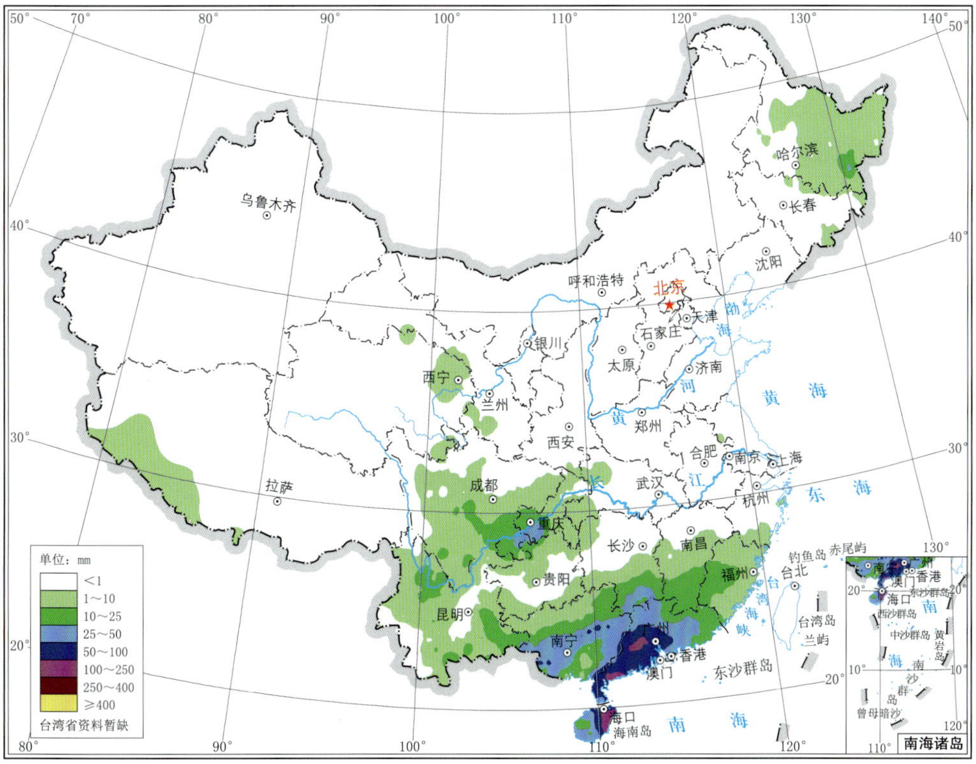

图 3.2.10　2022 年 5 月 1 日全国降水量分布

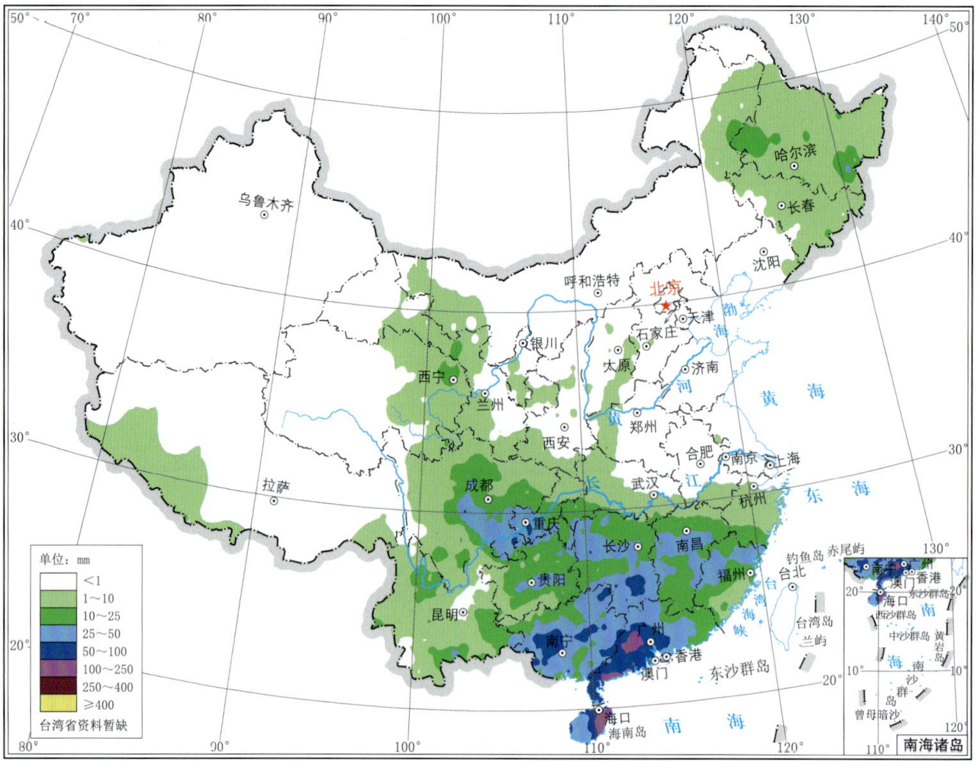

图 3.2.11　2022 年 4 月 30 日—5 月 1 日全国降水量分布

3.3　5 月主要暴雨过程(No. 5—No. 6)

第 5 次主要暴雨过程(No. 5):5 月 9—15 日

5 月 9 日,500 hPa 青藏高原东部有短波槽发展东移至四川盆地,中低层四川盆地有西南低涡生成,850 hPa 贵州北部至江南北部有切变形成,受其影响,西南地区东部、江南北部及广西北部出现降水,暴雨主要集中在四川盆地西部及南部,局部出现大暴雨(图 3.3.1);10 日,500 hPa 短波槽快速东移发展,中低层西南低涡向东南方向移动至江南西部,低涡南侧西南暖湿气流发展加强,受其影响,江南、华南出现大范围降水,暴雨分布范围较广,局部出现大暴雨(图 3.3.2);11 日,500 hPa 短波槽进一步东移南压至东南沿海地区,850 hPa 江南南部至华南北部有切变维持,受其影响,江南东部、华南地区出现降水,暴雨主要出现在广东,多站出现大暴雨,其中珠海出现 306.3 mm 的特大暴雨(图 3.3.3);12 日,500 hPa 云贵高原上空又有短波槽发展东移,850 hPa 广西上空有低涡形成,江南切变线发展加强,受其影响,江南南部、华南地区出现大范围降水,暴雨呈东西向带状分布,部分地区出现大暴雨(图 3.3.4);13 日,500 hPa 江南北部、云贵高原有短波槽东移南压,中低层江南南部、华南北部切变线发展加强,受其影响,江南大部、华南地区降水维持,暴雨主要出现在华南南部及福建沿海地区,广东沿海多站出现大暴雨(图 3.3.5);14—15 日,500 hPa 短波槽进一步东移南压,中低层华南南部切变维持,受其影响,华南沿海地区出现暴雨(图 3.3.6、图 3.3.7)。图 3.3.8 为此次暴雨过程总降水量分布。

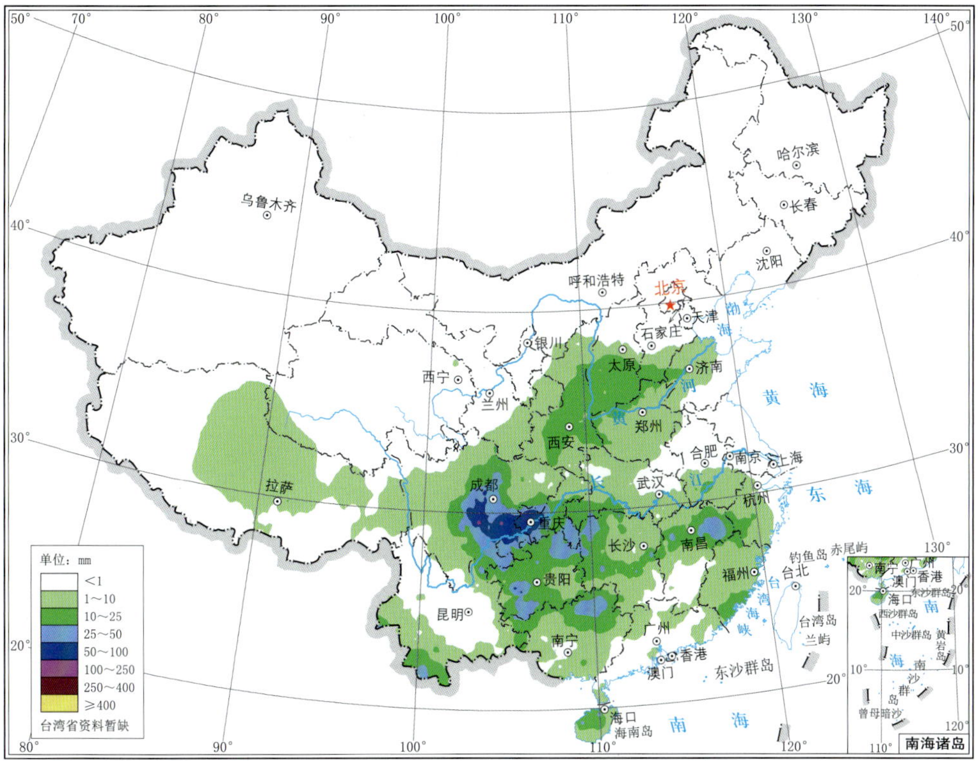

图 3.3.1　2022 年 5 月 9 日全国降水量分布

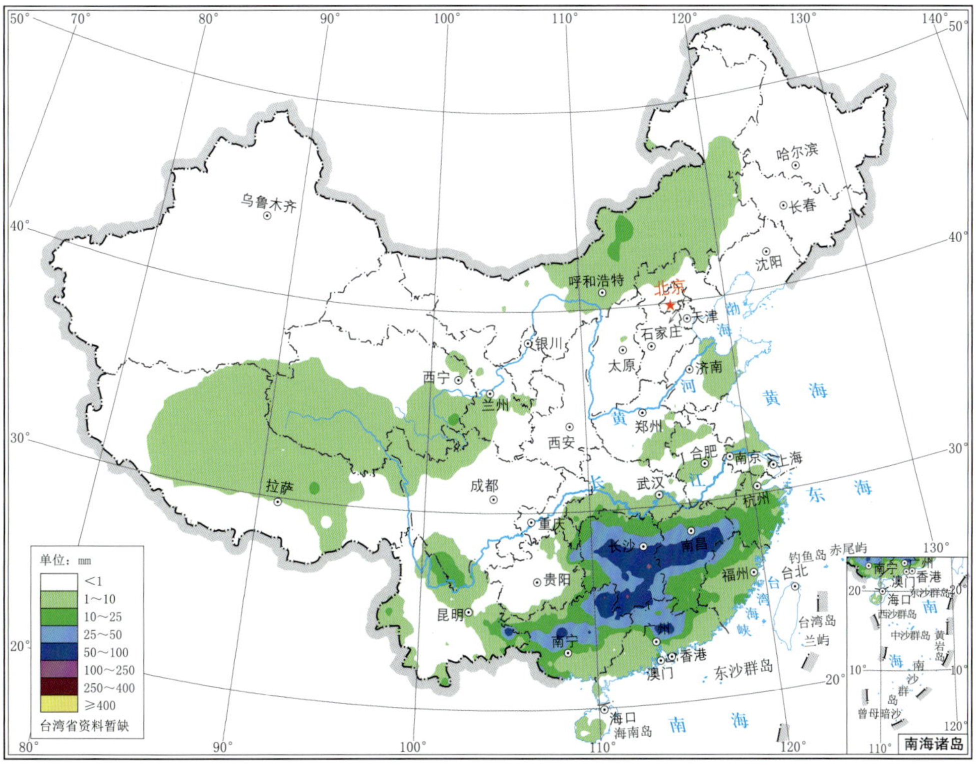

图 3.3.2　2022 年 5 月 10 日全国降水量分布

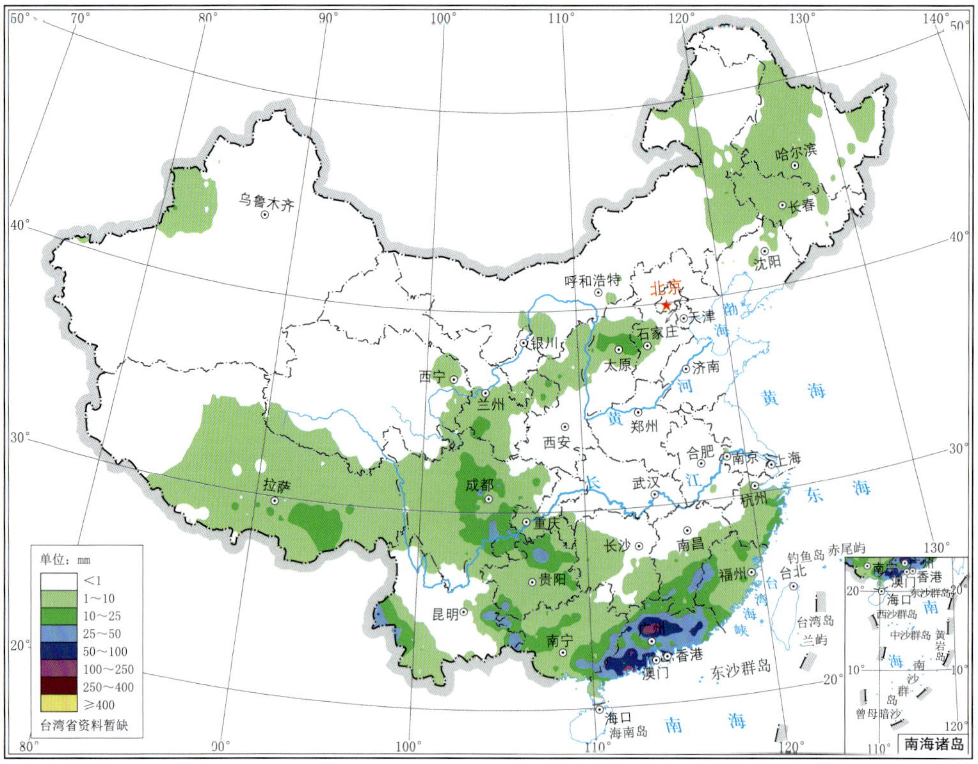

图 3.3.3　2022 年 5 月 11 日全国降水量分布

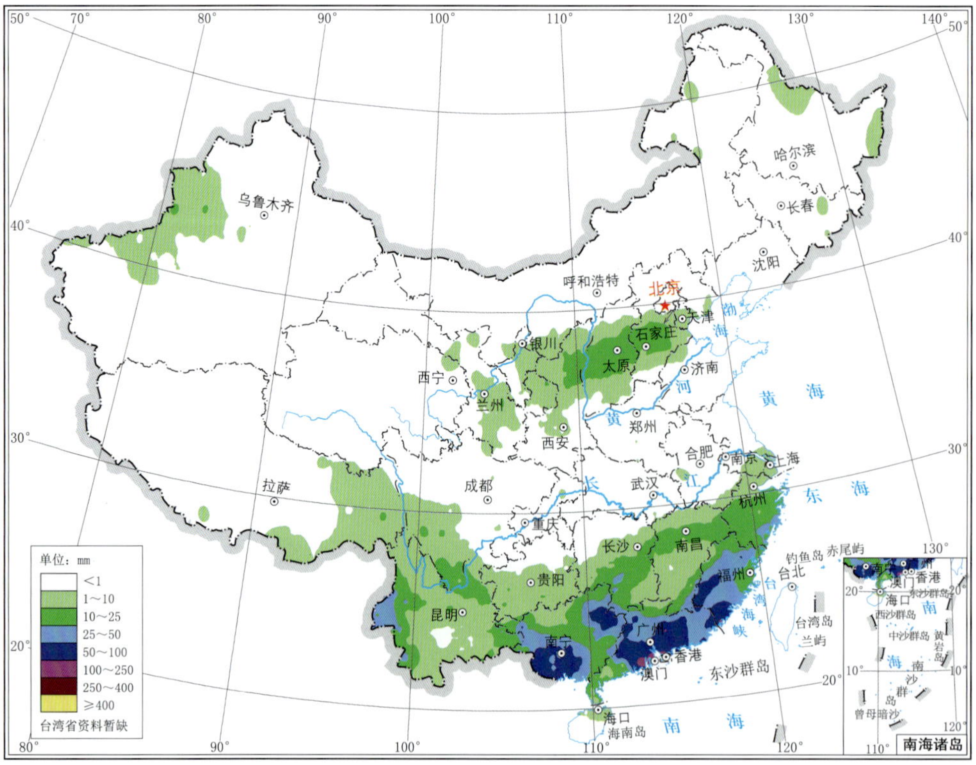

图 3.3.4　2022 年 5 月 12 日全国降水量分布

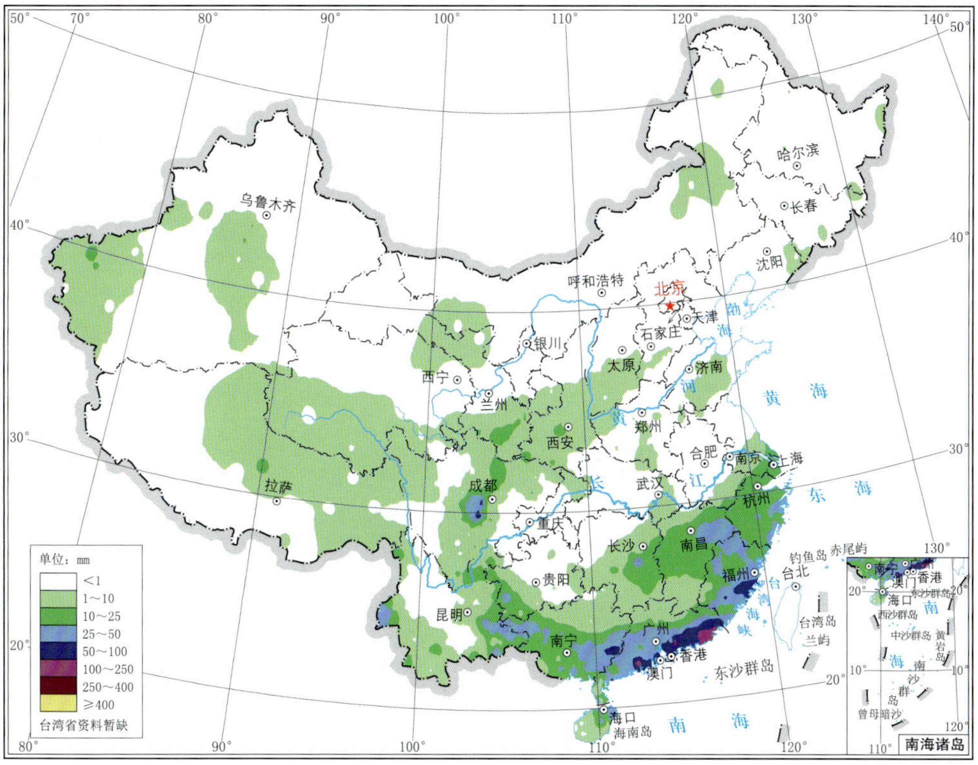

图 3.3.5　2022 年 5 月 13 日全国降水量分布

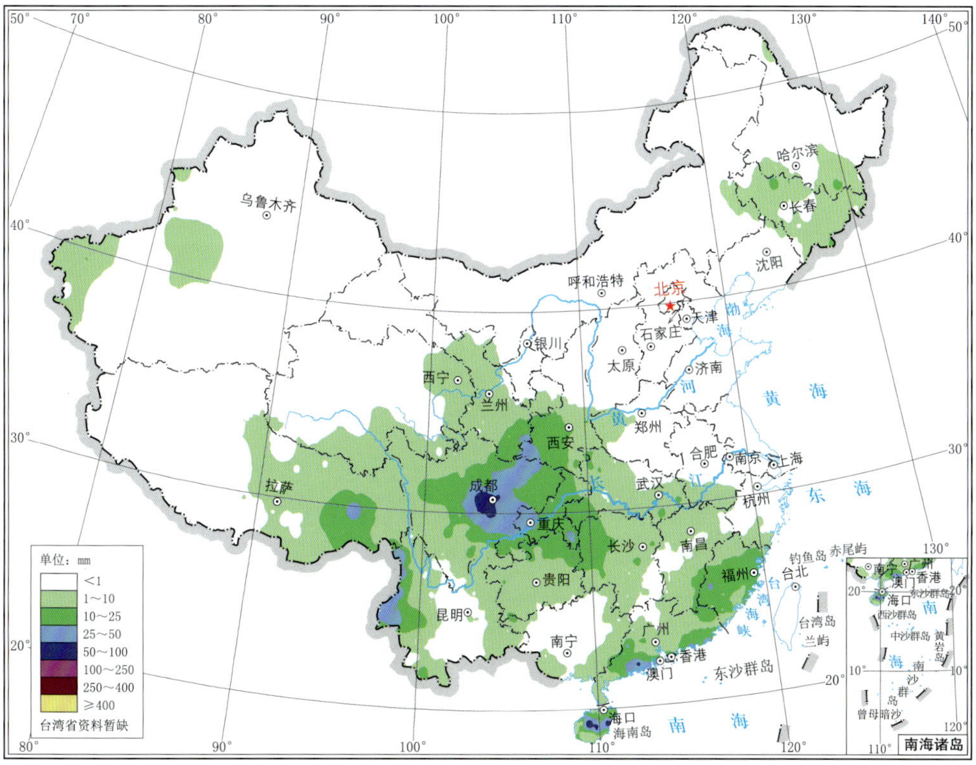

图 3.3.6　2022 年 5 月 14 日全国降水量分布

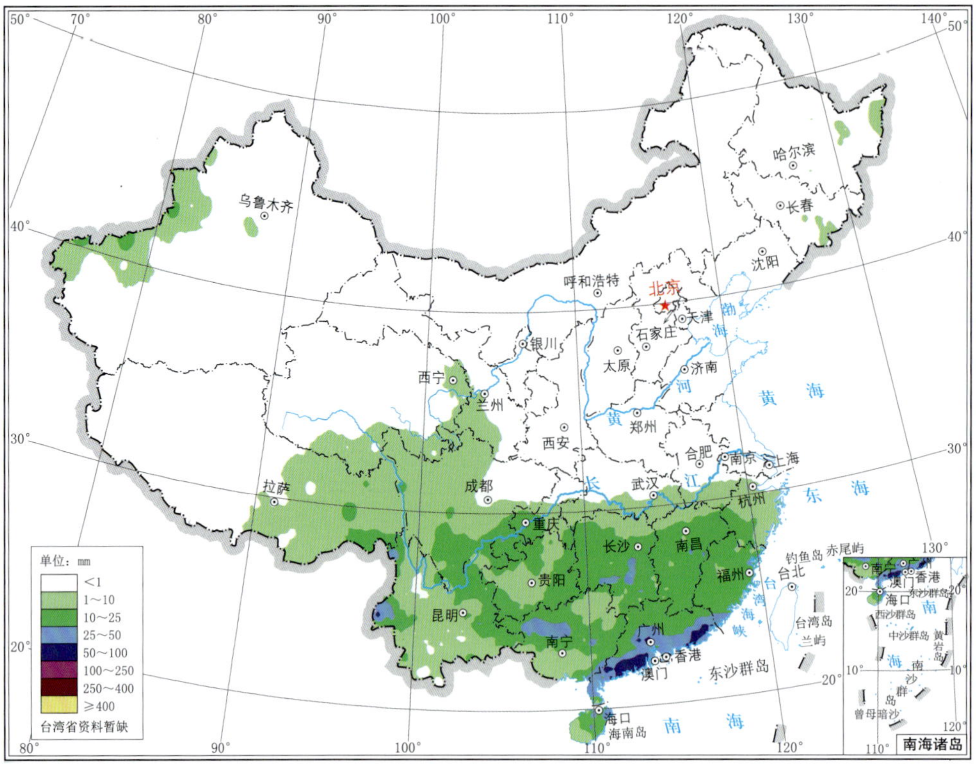

图 3.3.7　2022 年 5 月 15 日全国降水量分布

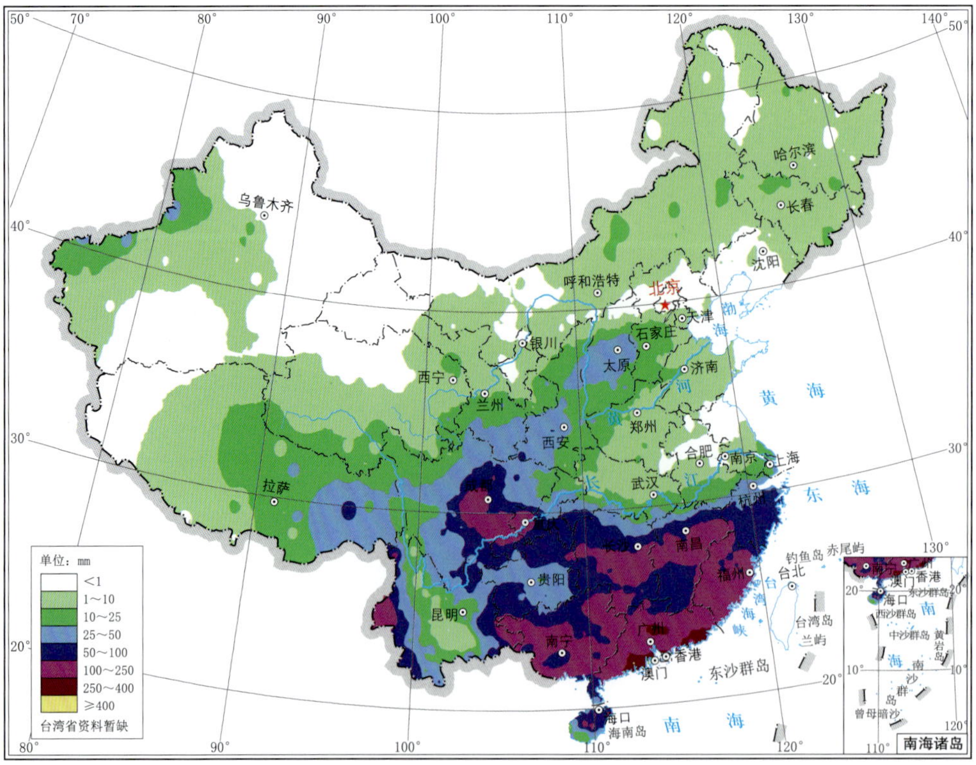

图 3.3.8　2022 年 5 月 9—15 日全国降水量分布

第 6 次主要暴雨过程(No. 6):5 月 26—31 日

5 月 26 日,500 hPa 江南地区有西风槽发展,中低层江南地区、华南西部有切变活动,受其影响,西南地区东部、江南地区及华南北部出现降水,暴雨分布较为零散(图 3.3.9);27 日,500 hPa 江南地区西风槽东移南压至华南地区,850 hPa 华南西部有低涡形成,低涡东侧至江南南部有切变形成,受其影响,华南地区出现降水,暴雨主要出现在华南北部,局部地区出现大暴雨(图 3.3.10);28 日,500 hPa 四川盆地及云贵高原又有短波槽发展东移,中低层江淮地区、云贵高原都有切变发展,受其影响,江南地区、华南地区及贵州省出现降水,浙江中部及浙赣闽交界地区出现暴雨,江西东北部局部出现大暴雨,另外,华南局部、贵州局部也出现暴雨到大暴雨(图 3.3.11);29 日,500 hPa 四川盆地又有短波槽发展东移,中低层江淮地区至贵州北部有切变发展,受其影响,江南北部出现降水,暴雨主要现在江西北部至浙江北部一线,局部出现大暴雨(图 3.3.12);30 日,500 hPa 云贵高原上空有短波槽发展东移至华南西部,中低层切变线南压至江南中部到华南西部一线,受其影响,江南地区、华南西部、贵州南部出现降水,暴雨从江西东北部伸展至广西西部,局部出现大暴雨(图 3.3.13);31 日,500 hPa 华南西部短波槽东移减弱,中低层切变线也随之南压,逐渐减弱,受其影响,雨区南压至江南南部和华南地区,部分地区出现暴雨,广西局部出现大暴雨(图 3.3.14)。图 3.3.15 为此次暴雨过程总降水量分布。

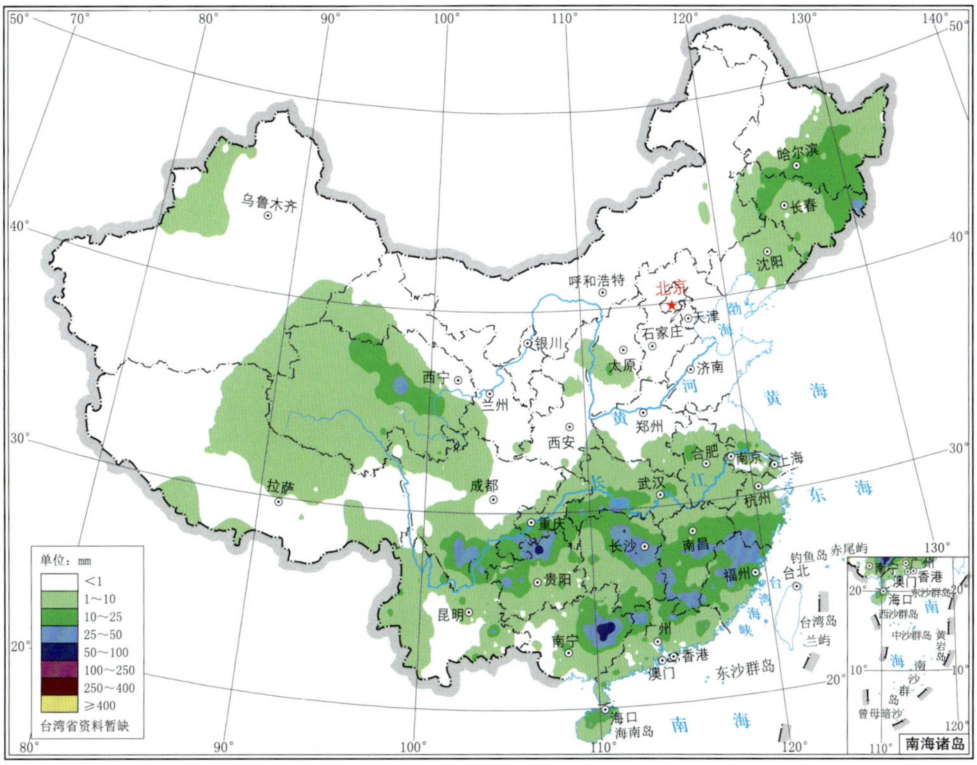

图 3.3.9　2022 年 5 月 26 日全国降水量分布

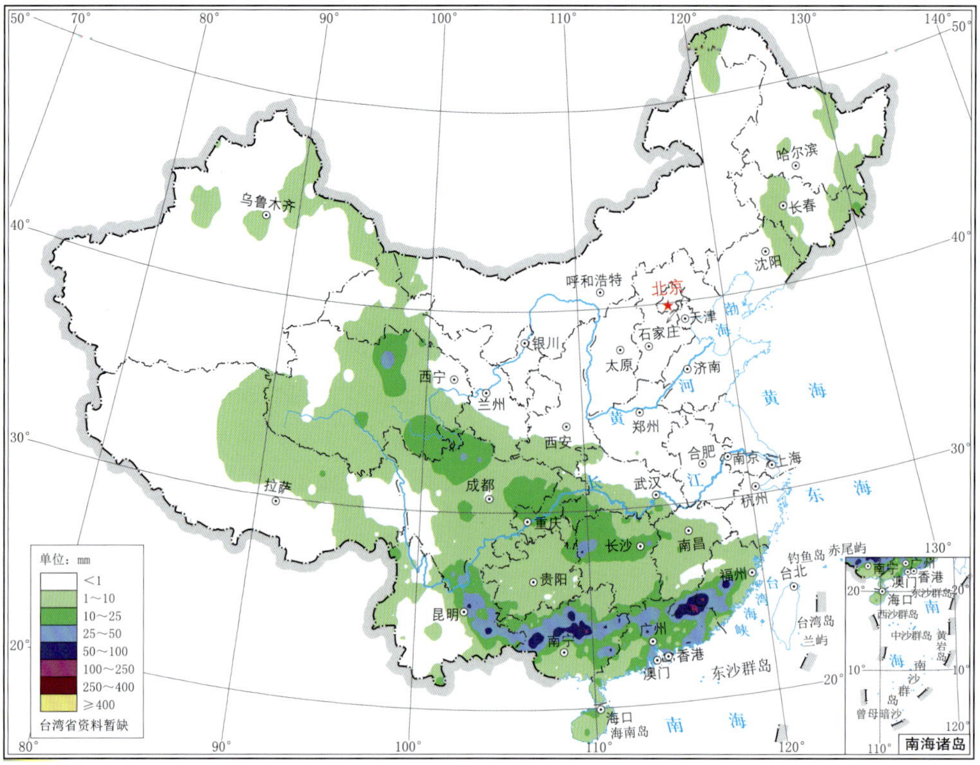

图 3.3.10　2022 年 5 月 27 日全国降水量分布

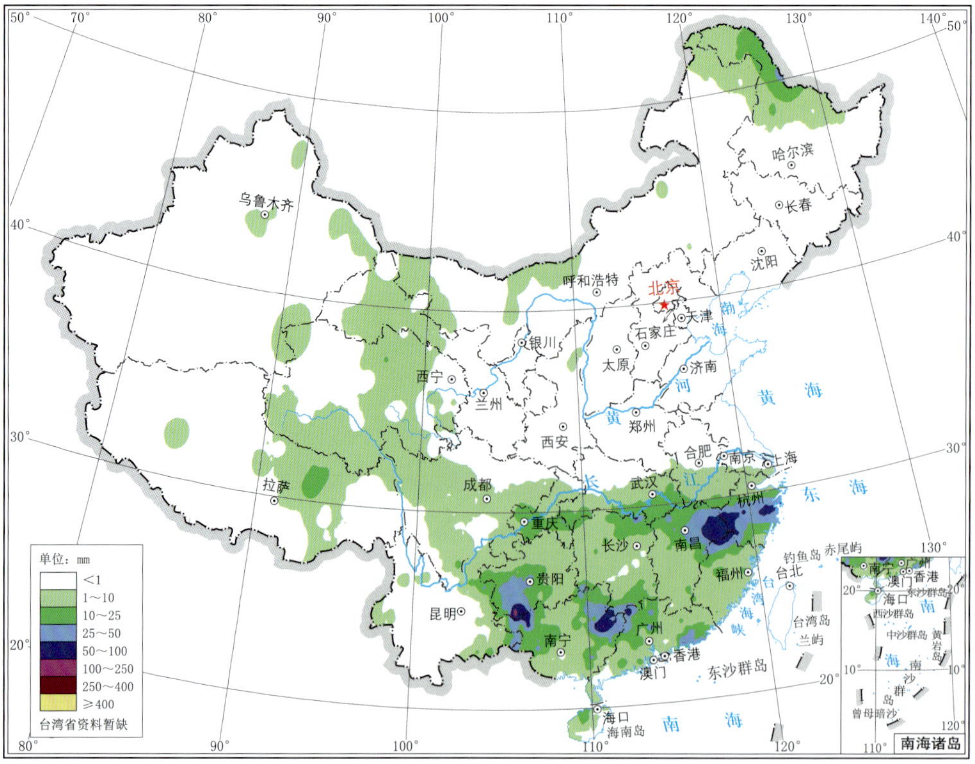

图 3.3.11　2022 年 5 月 28 日全国降水量分布

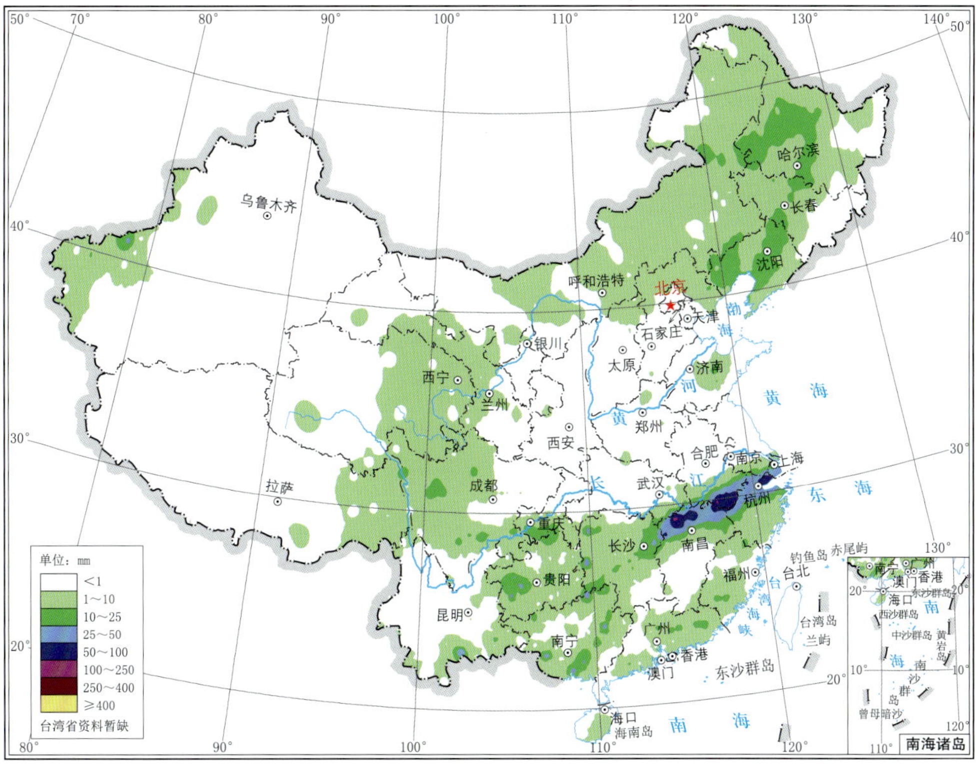

图 3.3.12　2022 年 5 月 29 日全国降水量分布

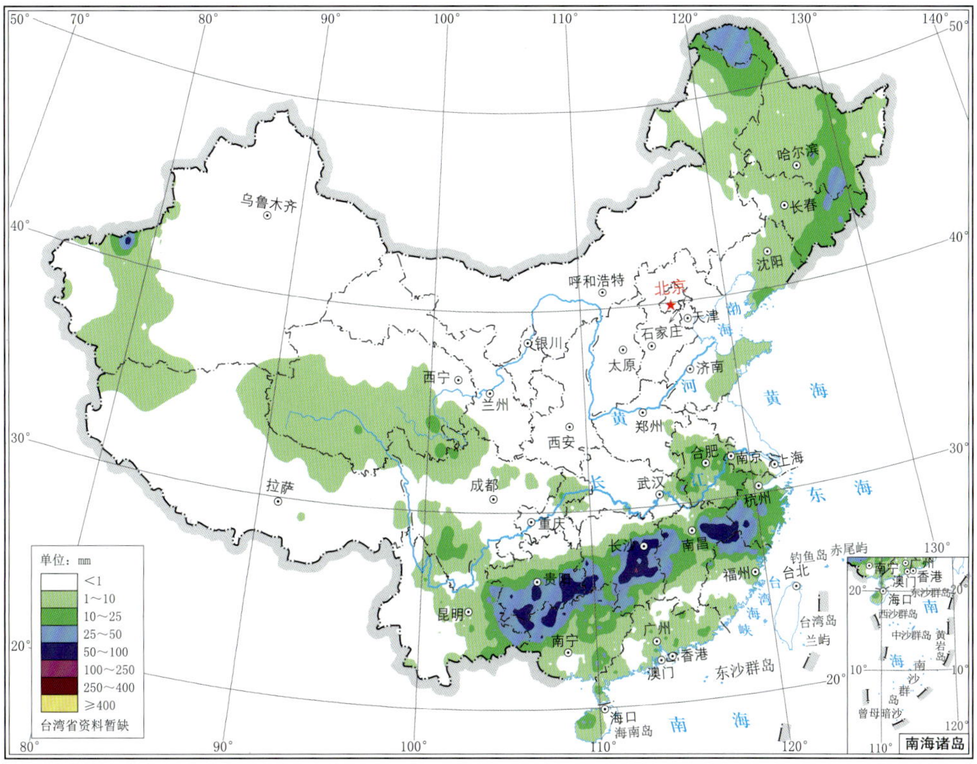

图 3.3.13　2022 年 5 月 30 日全国降水量分布

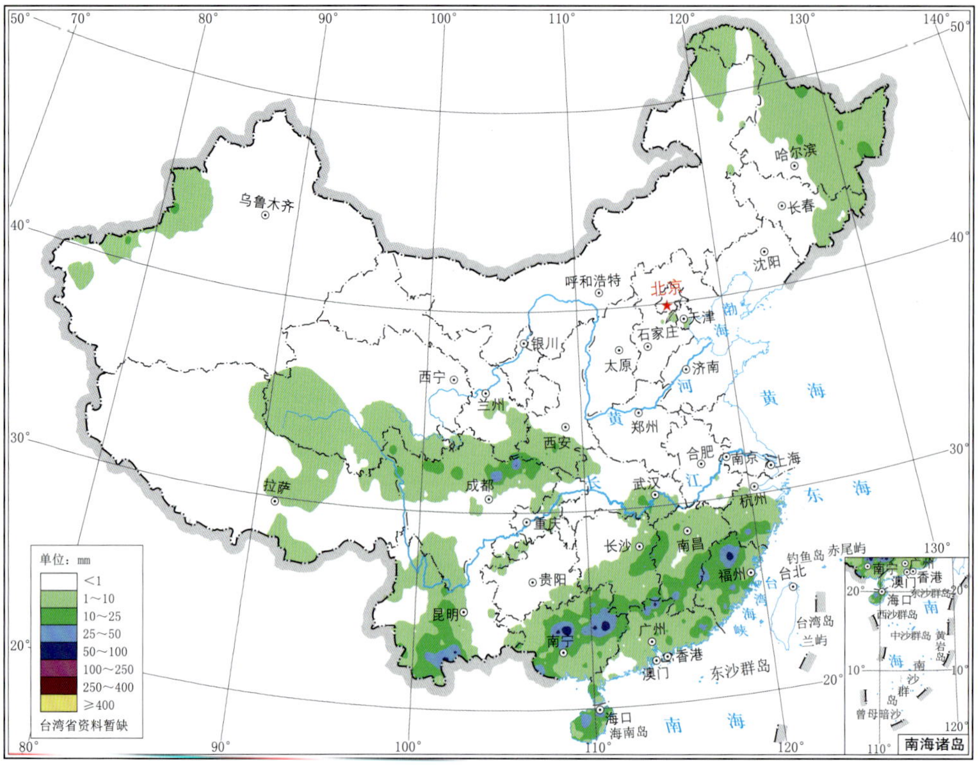

图 3.3.14　2022 年 5 月 31 日全国降水量分布

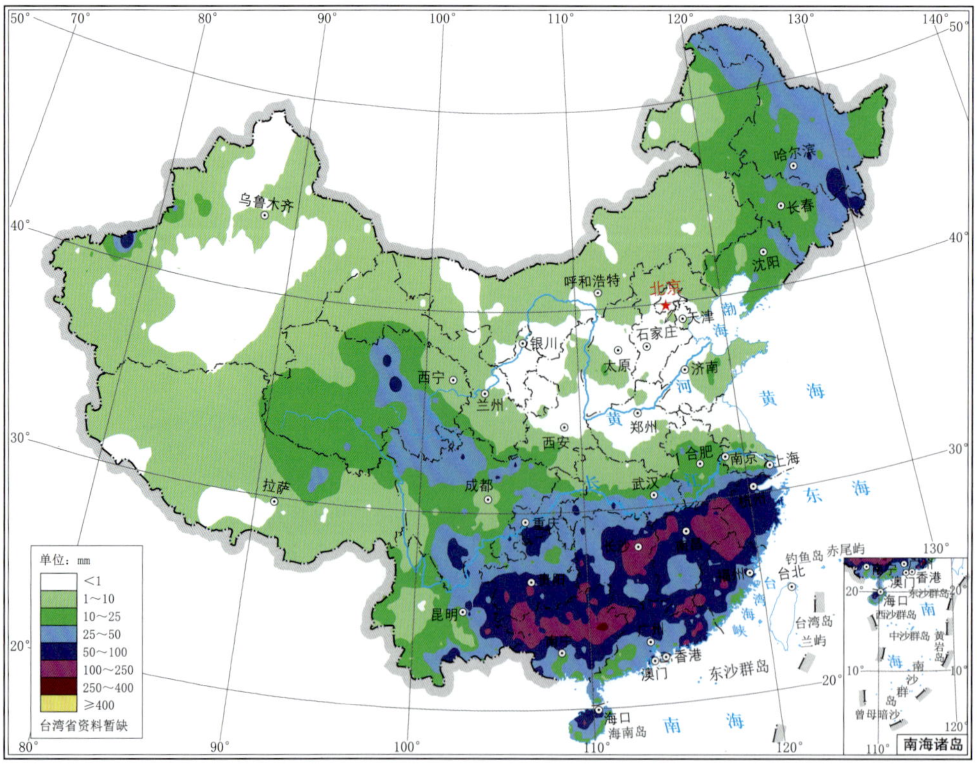

图 3.3.15　2022 年 5 月 26—31 日全国降水量分布

3.4　6 月主要暴雨过程(No. 7—No. 12)

第 7 次主要暴雨过程(No. 7):6 月 1—7 日

6 月 1 日,500 hPa 四川盆地有短波槽发展,中低层四川盆地有西南低涡生成,低涡东侧至江南北部有切变形成,受其影响,西南地区东部及江南地区出现降水,暴雨分布较为零散,江西、浙江局部出现大暴雨(图 3.4.1);2 日,500 hPa 四川盆地短波槽缓慢东移,中低层四川盆地西南低涡发展加强、缓慢东移,低涡东侧至江南北部切变发展加强,受其影响,降水仍然出现在西南地区东部及江南地区,暴雨分布范围有所扩大,重庆、湖南、江西、福建局部都出现大暴雨(图 3.4.2);3 日,500 hPa 四川盆地短波槽缓慢东移南压至云贵高原,中低层西南低涡缓慢东移南压至贵州北部,低涡东侧至江南北部切变维持加强,受其影响,降水出现在贵州及江南地区,江西北部至贵州中部出现近东西向暴雨带,湘渝黔交界地区及赣西北出现大暴雨(图 3.4.3);4 日,500 hPa 云贵高原短波槽继续缓慢东移至华南西部,同时黄淮地区有短波槽发展,中低层贵州上空的低涡缓慢东移,同时黄淮西部也有低涡生成,受其影响,黄淮西部、江淮地区、江汉地区、江南地区、华南北部及西南东部出现大范围降水,暴雨分布较为零散,多地局部出现大暴雨(图 3.4.4);5 日,500 hPa 长江下游至华南西部有短波槽发展加强,中低层江南北部至贵州南部有显著的切变线发展,受其影响,江淮地区、江南地区、华南西部及西南东部出现大范围降水,暴雨带自长江下游地区呈东北—西南向伸展至贵州南部、广西北部,多地局部出现大暴雨(图 3.4.5);6 日,500 hPa 短波槽东移南

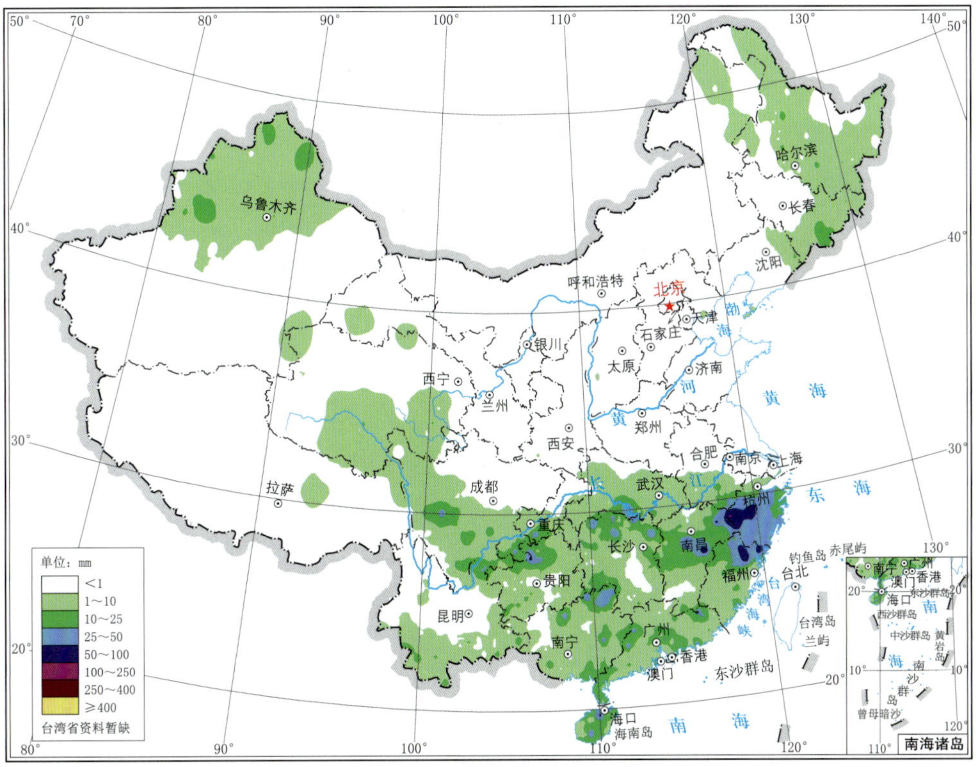

图 3.4.1　2022 年 6 月 1 日全国降水量分布

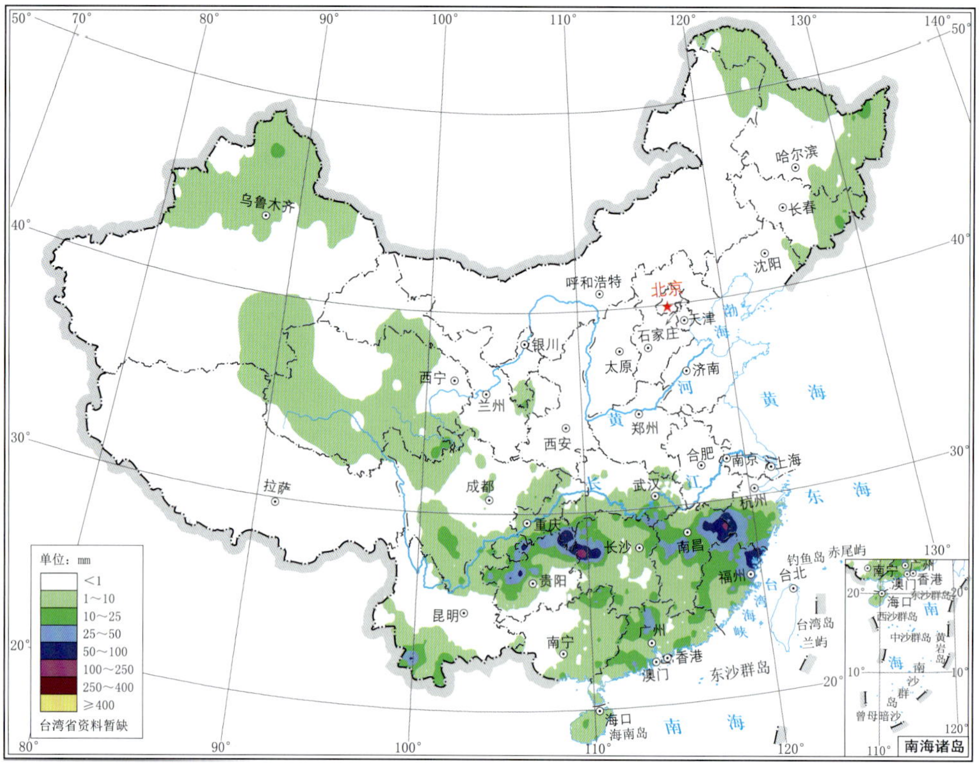

图 3.4.2　2022 年 6 月 2 日全国降水量分布

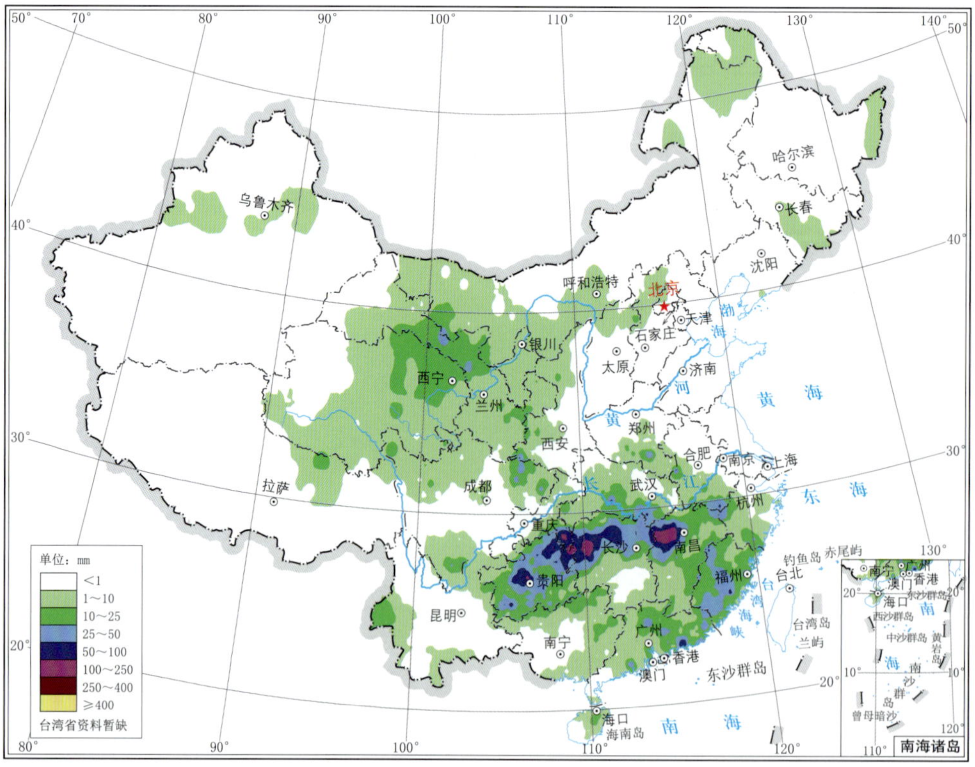

图 3.4.3　2022 年 6 月 3 日全国降水量分布

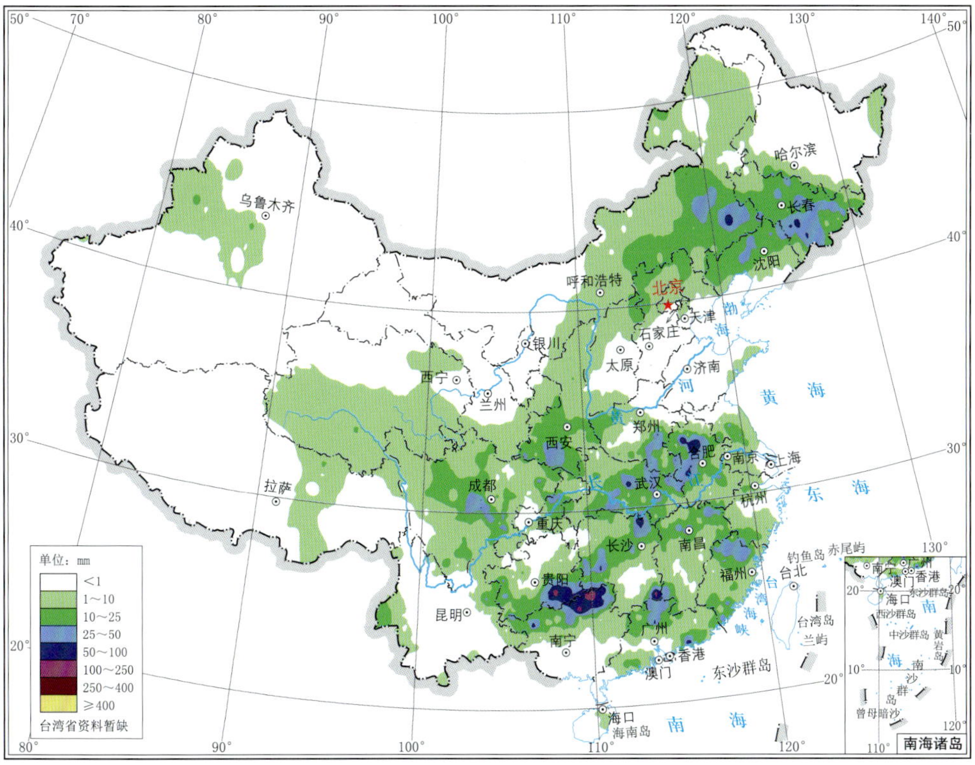

图 3.4.4　2022 年 6 月 4 日全国降水量分布

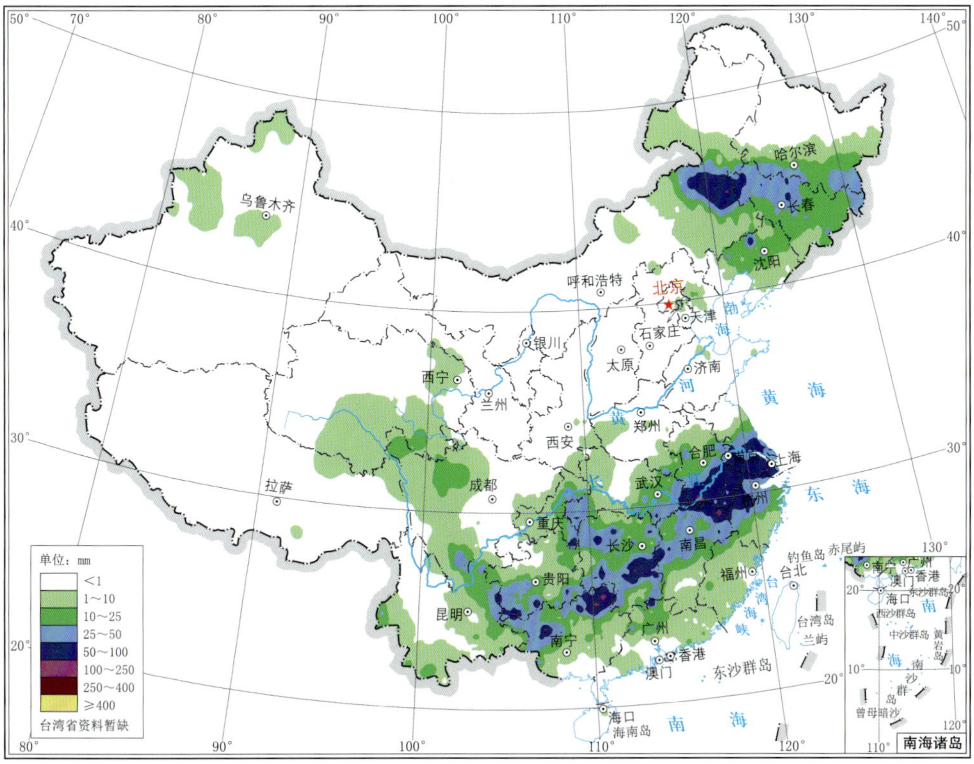

图 3.4.5　2022 年 6 月 5 日全国降水量分布

压至华南地区,中低层切变线也随之东移南压至华南地区,受其影响,华南地区及江南南部部分地区出现降水,部分地区出现暴雨到大暴雨(图 3.4.6);7 日,500 hPa 短波槽东移南压至华南地区,中低层切变线也随之东移南压至华南地区,受其影响,华南地区及江南南部部分地区出现降水,部分地区出现暴雨到大暴雨(图 3.4.7)。图 3.4.8 为此次暴雨过程总降水量分布。

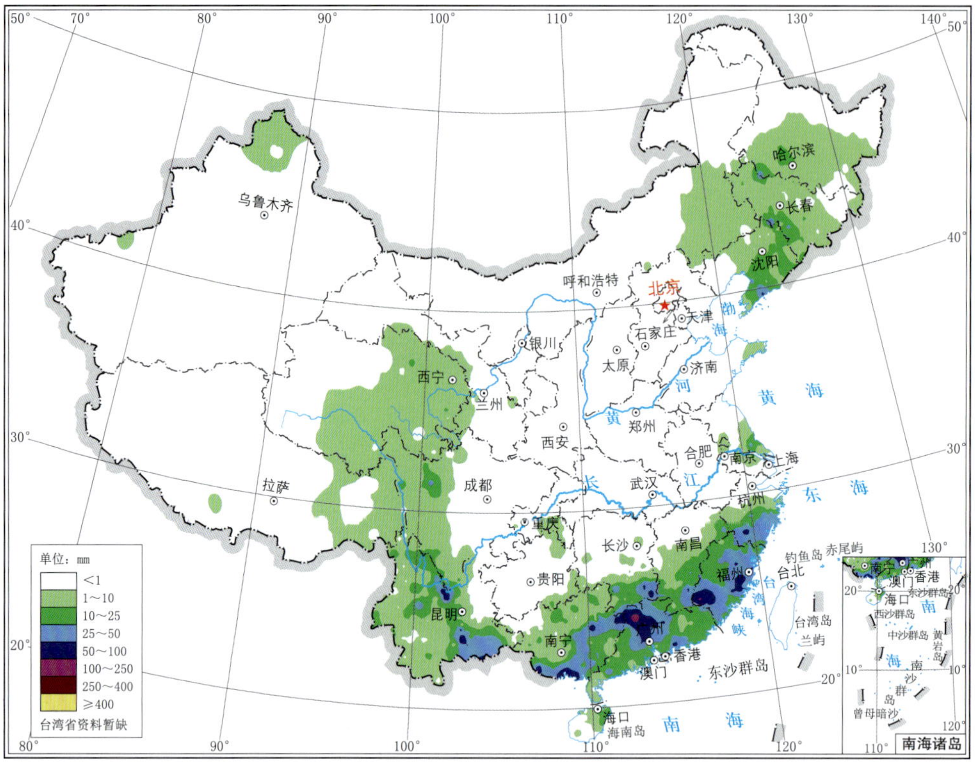

图 3.4.6 2022 年 6 月 6 日全国降水量分布

第 8 次主要暴雨过程(No. 8):6 月 8—12 日

6 月 8 日,500 hPa 华南至北部湾地区有南支短波槽活动,中低层广西上空有低涡形成,江南南部至北部湾有显著切变发展,受其影响,华南大部及福建出现降水,暴雨主要出现在东南沿海地区,广东沿海局部出现大暴雨(图 3.4.9);9 日,500 hPa 华南短波槽缓慢东移到广东上空,中低层华南低涡移动至江南中部地区,受其影响,江南中东部、华南大部出现降水,部分地区出现暴雨,局部出现大暴雨(图 3.4.10);10 日,500 hPa 长江下游地区及云贵高原又有新的短波槽形成,江南地区低涡向东北方向移动,同时云贵高原上空也有低涡形成并东移到华南西部,受其影响,华南地区、江南大部、云贵高原部分地区出现降水,暴雨分布范围较广但不集中,广西局部出现大暴雨(图 3.4.11);11 日,500 hPa 广西上空有低涡生成,中低层该区域也有低涡发展,低涡东北侧至江南南部有切变形成,受其影响,华南地区、江南南部、云南东部出现降水,暴雨分布范围较广但不集中,华南局部出现大暴雨(图 3.4.12);12 日,500 hPa 华南地区有短波槽形成,中低层华南低涡减弱消失,江南南部切变维持,受其影响,华南地区出现暴雨到大暴雨,广东海丰出现 295.0 mm 的特大暴雨(图 3.4.13)。图 3.4.14 为此次暴雨过程总降水量分布。

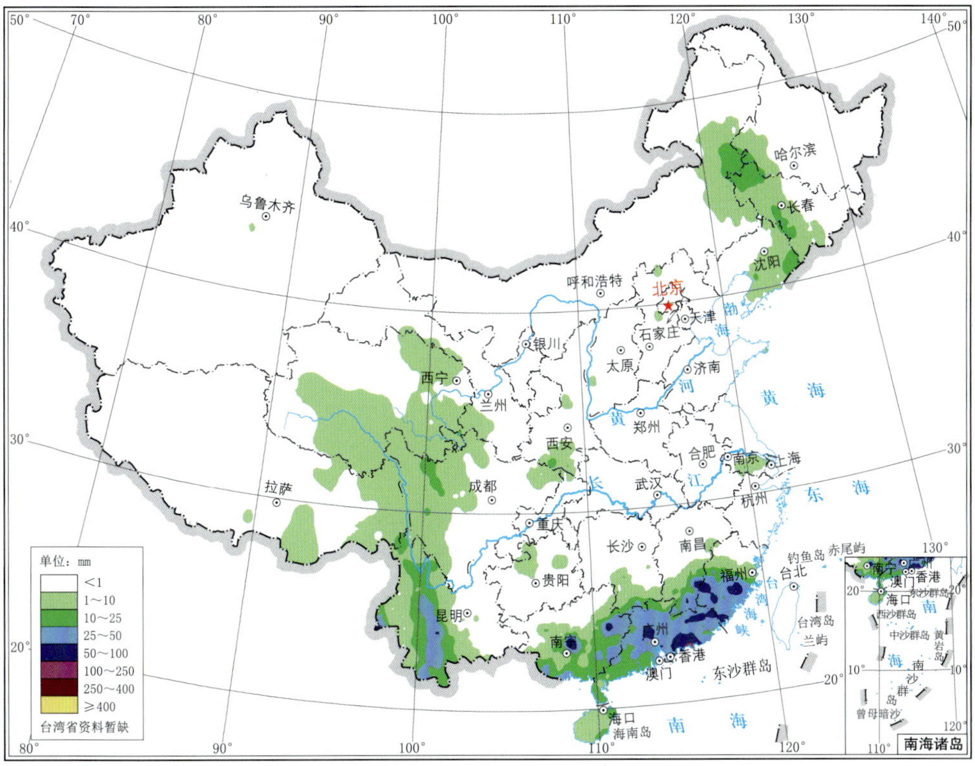

图 3.4.7　2022 年 6 月 7 日全国降水量分布

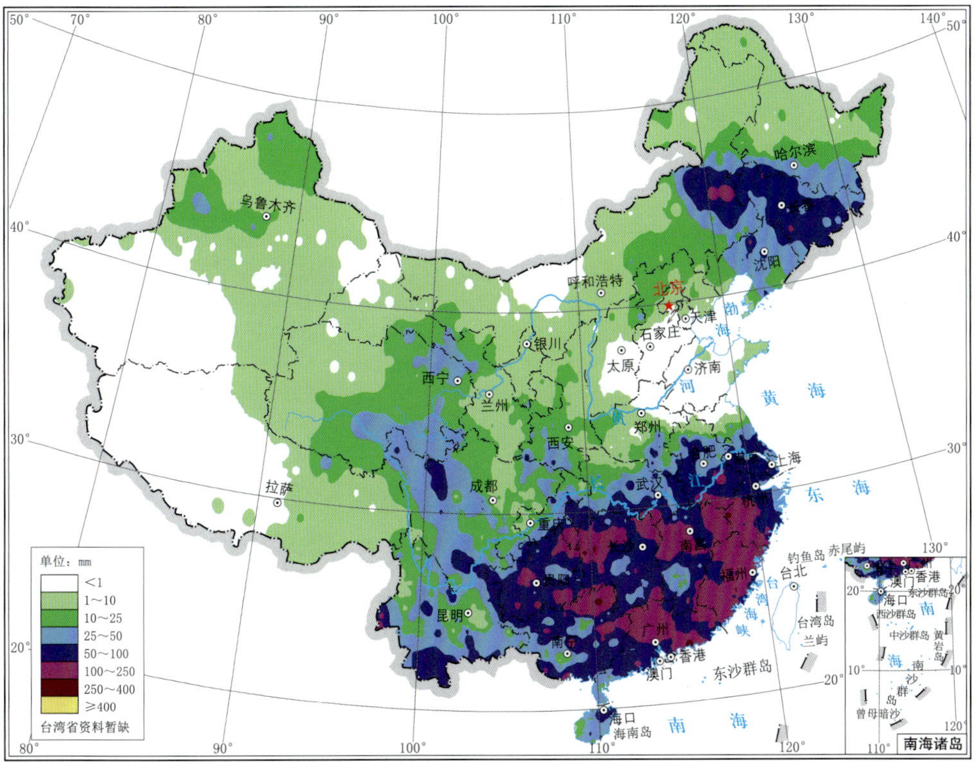

图 3.4.8　2022 年 6 月 1—7 日全国降水量分布

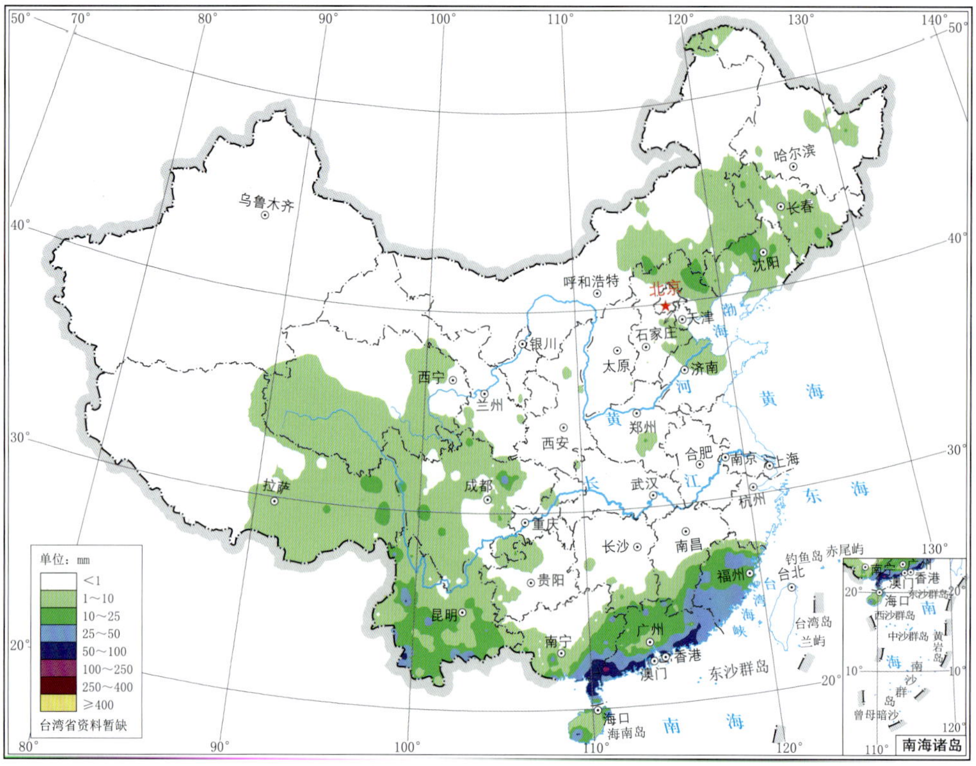

图 3.4.9　2022 年 6 月 8 日全国降水量分布

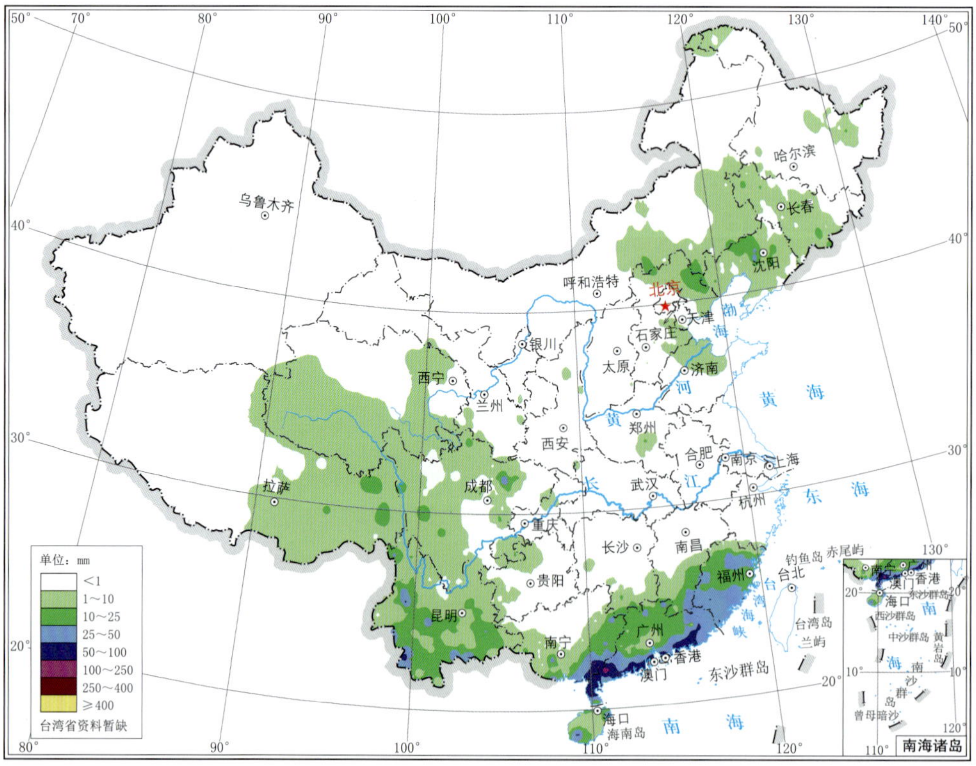

图 3.4.10　2022 年 6 月 9 日全国降水量分布

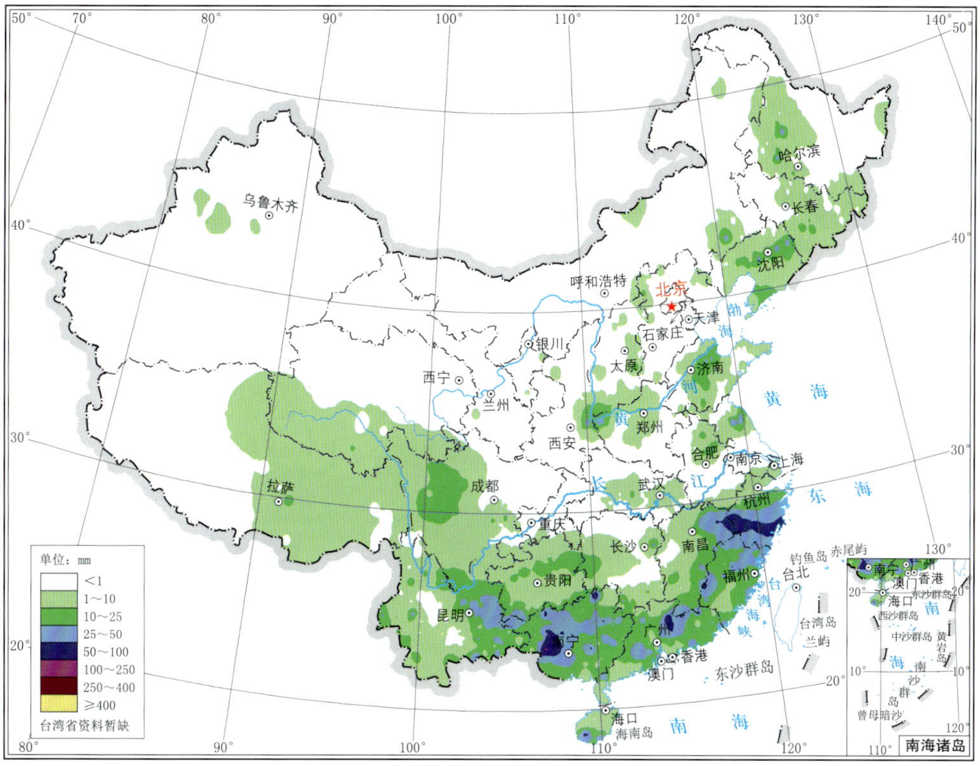

图 3.4.11　2022 年 6 月 10 日全国降水量分布

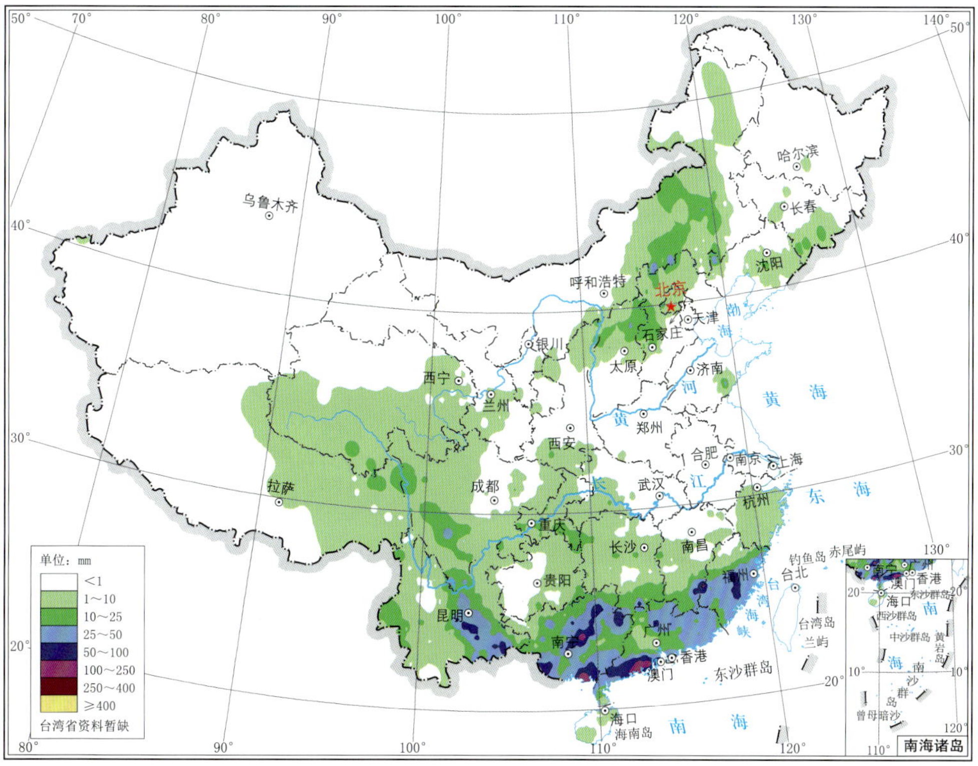

图 3.4.12　2022 年 6 月 11 日全国降水量分布

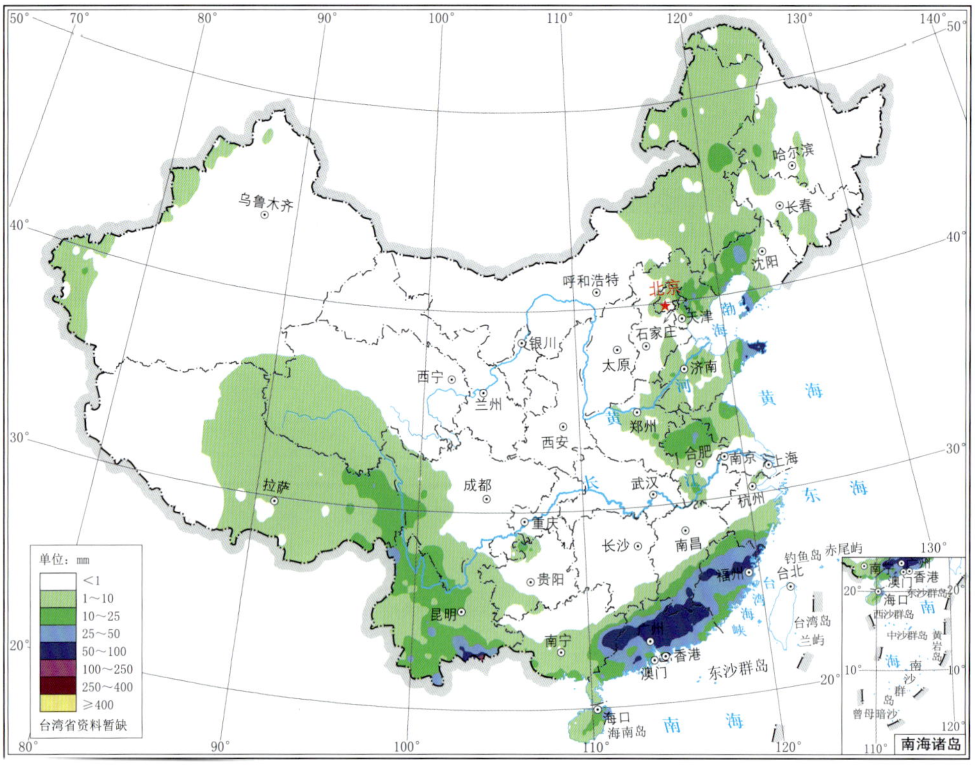

图 3.4.16　2022 年 6 月 14 日全国降水量分布

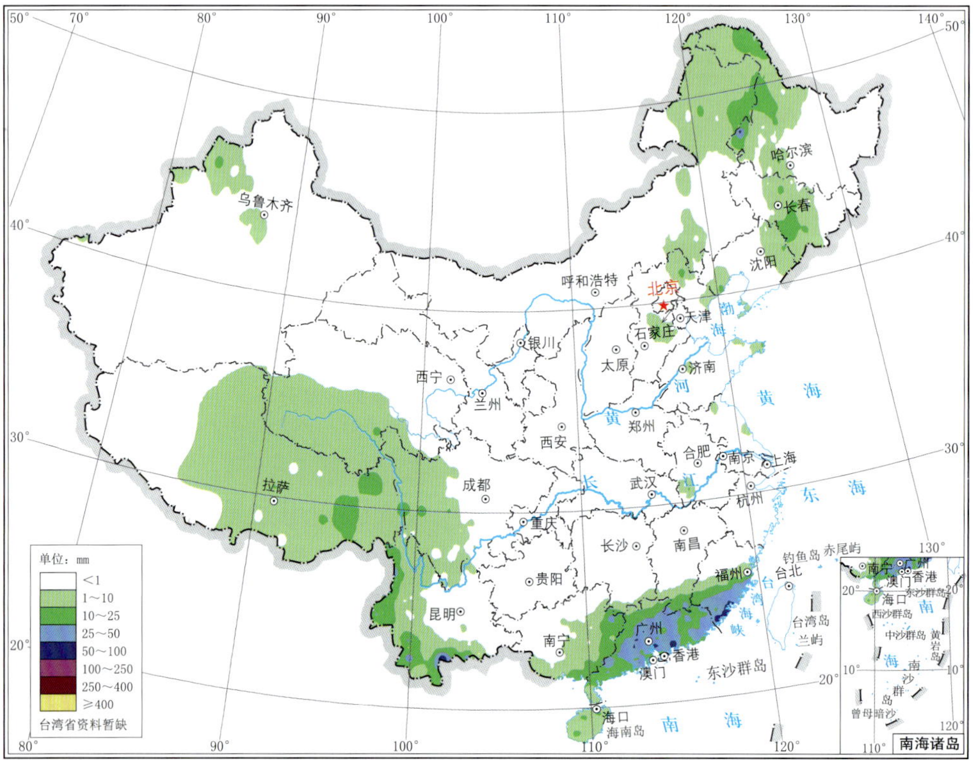

图 3.4.17　2022 年 6 月 15 日全国降水量分布

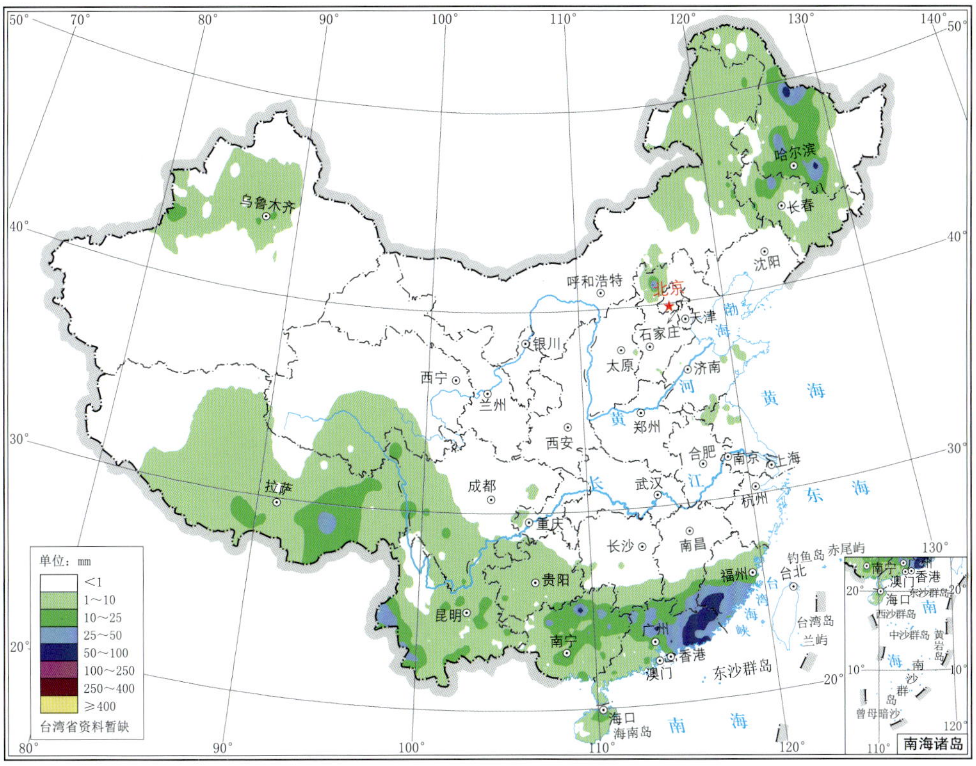

图 3.4.18　2022 年 6 月 16 日全国降水量分布

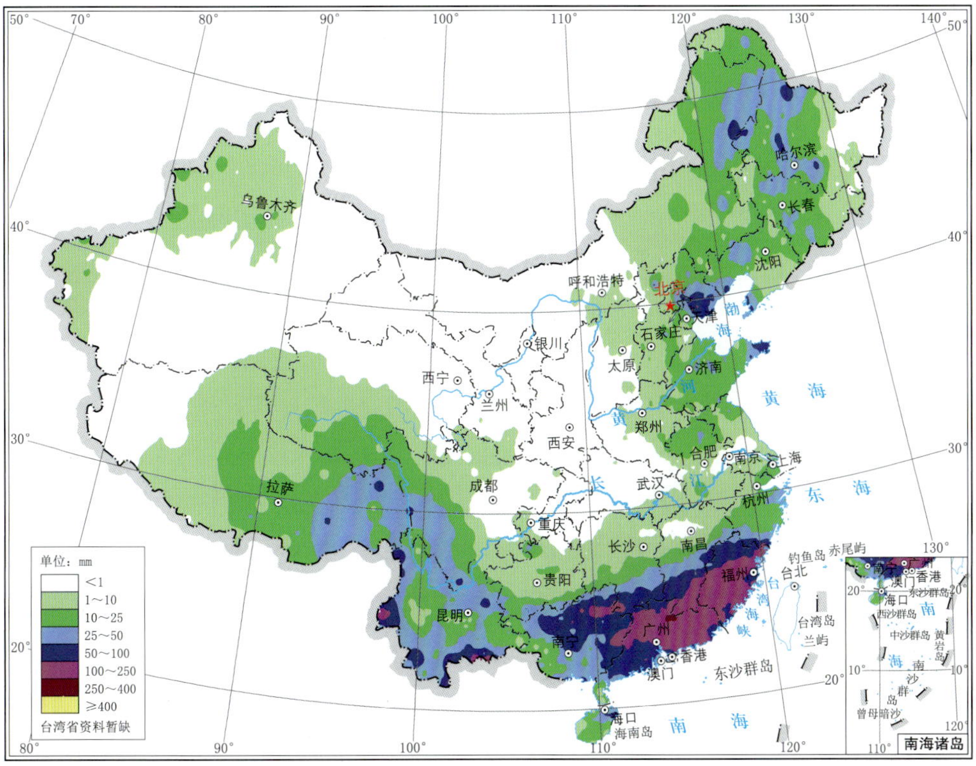

图 3.4.19　2022 年 6 月 13—16 日全国降水量分布

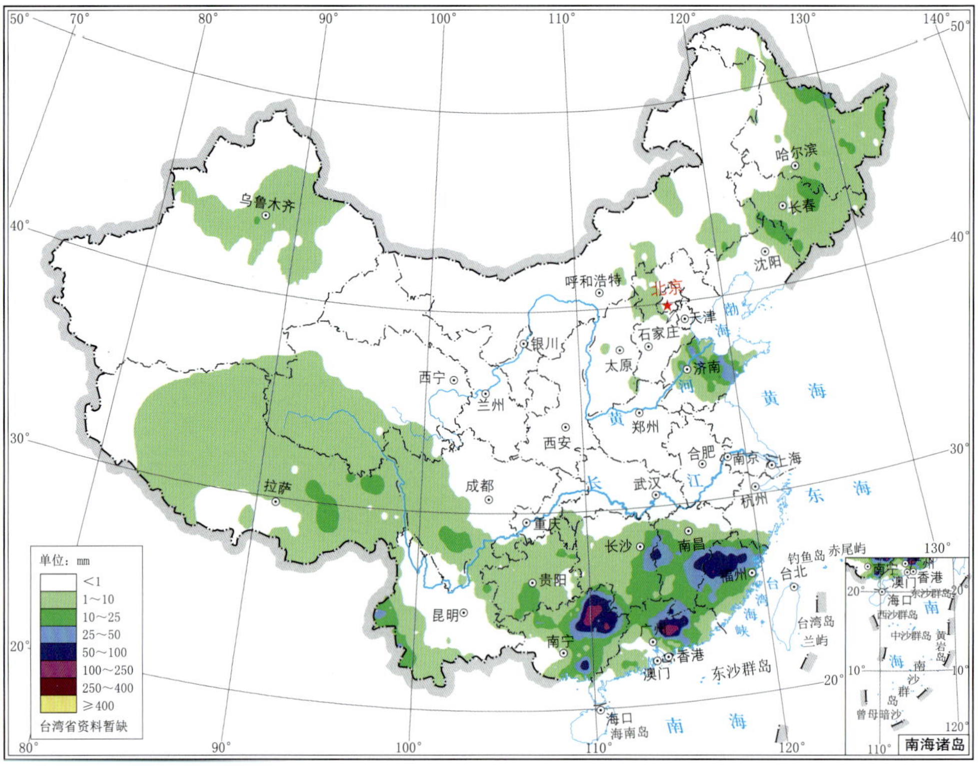

图 3.4.20　2022 年 6 月 17 日全国降水量分布

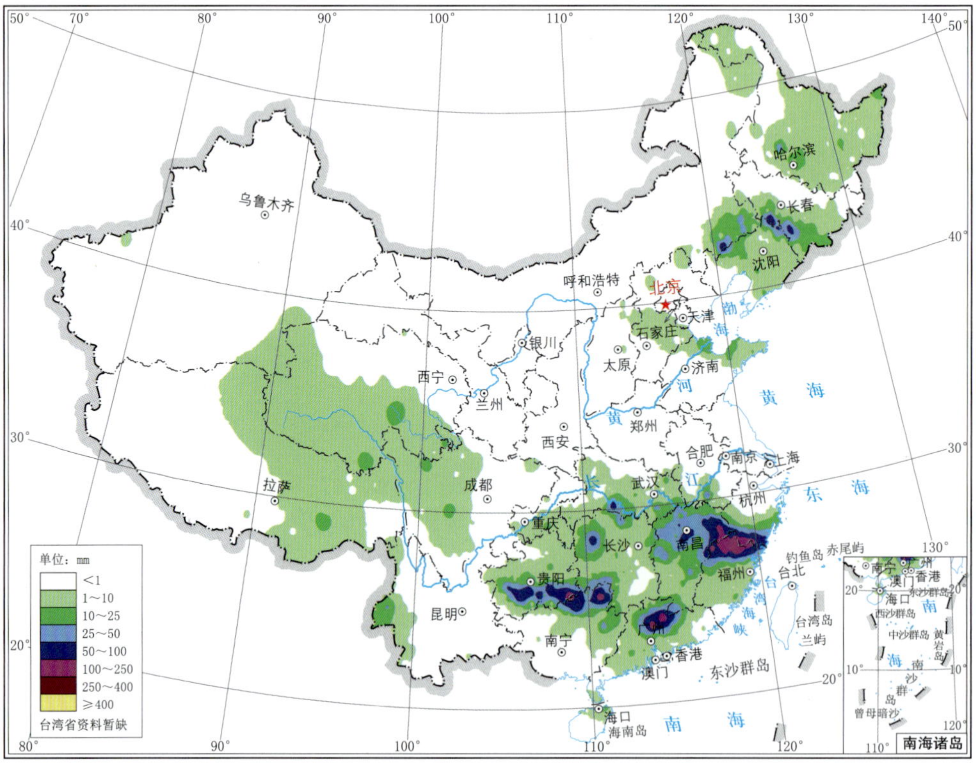

图 3.4.21　2022 年 6 月 18 日全国降水量分布

中低层西南低涡东移至湘鄂渝交界的区域，低涡东侧的切变线北抬至长江中下游地区，低涡南侧的切变线也东移发展，华南地区有 20 m/s 的低空急流发展，受其影响，雨区进一步北抬，江汉平原至浙江西部、贵州中部至广东北部分别出现近东西向的暴雨带，江西北部多站出现大暴雨，广东北部部分地区出现大暴雨，其中广东韶关出现 286.4 mm 的特大暴雨（图 3.4.22）；20 日，500 hPa 短波槽缓慢东移至华南西部，江南东北部有短波槽发展，中低层低涡继续缓慢东移，低涡东侧和南侧的切变线维持少动，西南低空急流发展旺盛，受其影响，降水主要出现在江南地区和华南北部，江西北部至浙江南部、广西北部至广东北部分别出现近东西向的暴雨带，暴雨带中多站出现大暴雨，其中广西环江、江西三清山、玉山分别出现 280.3 mm、272.0 mm、267.8 mm 的特大暴雨（图 3.4.23）；21 日，500 hPa 华南短波槽继续缓慢东移，中低层低涡切变线减弱东移，西南低空急流发展旺盛，受其影响，湖南、广西、广东交界的区域出现暴雨到大暴雨，其中广东英德出现 292.9 mm 的特大暴雨（图 3.4.24）。图 3.4.25 为此次暴雨过程总降水量分布。

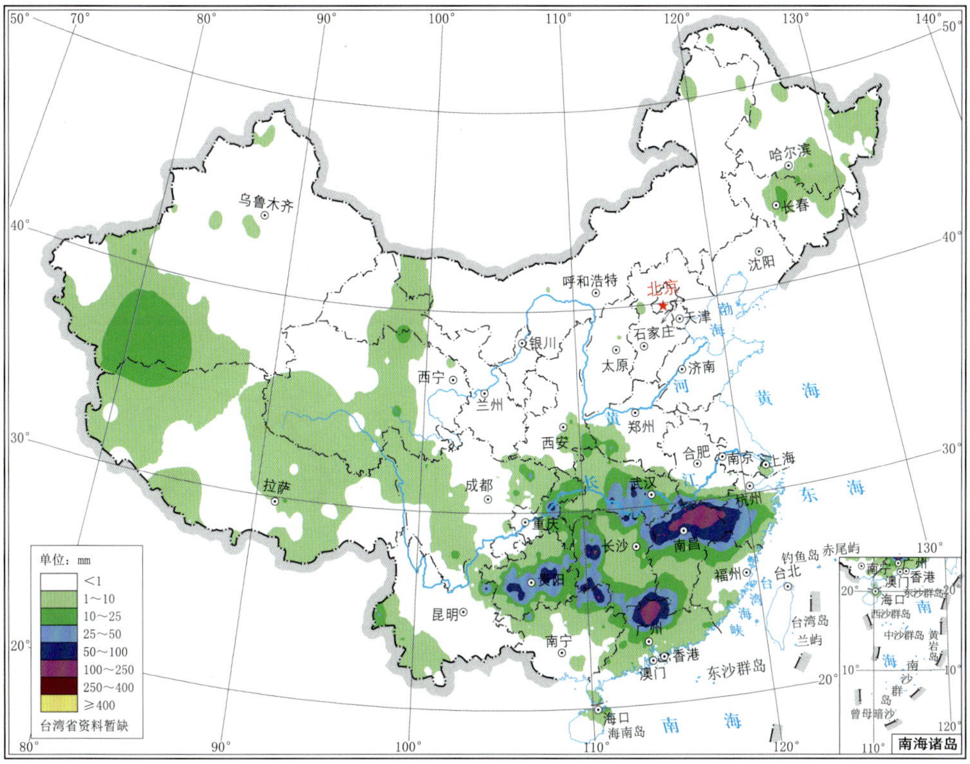

图 3.4.22　2022 年 6 月 19 日全国降水量分布

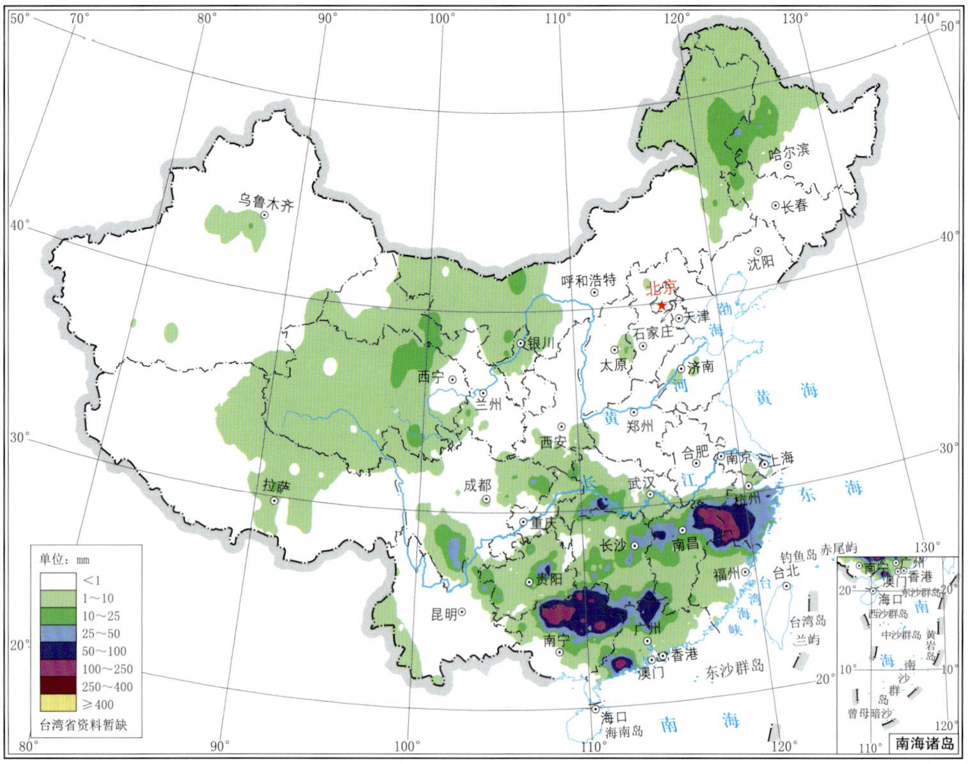

图 3.4.23　2022 年 6 月 20 日全国降水量分布

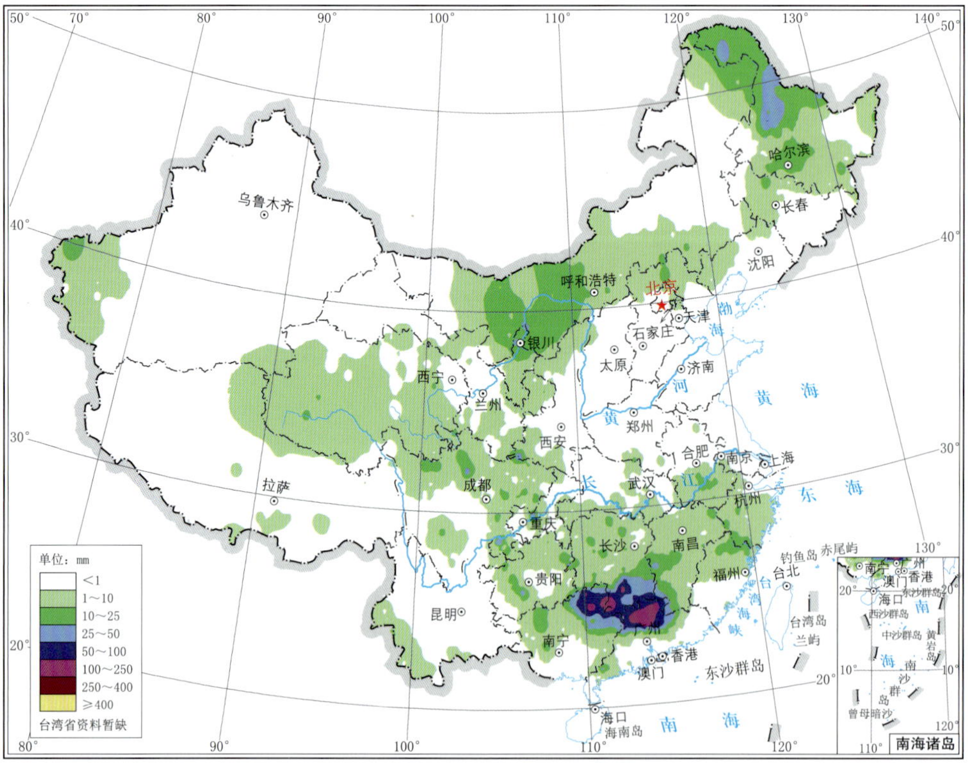

图 3.4.24　2022 年 6 月 21 日全国降水量分布

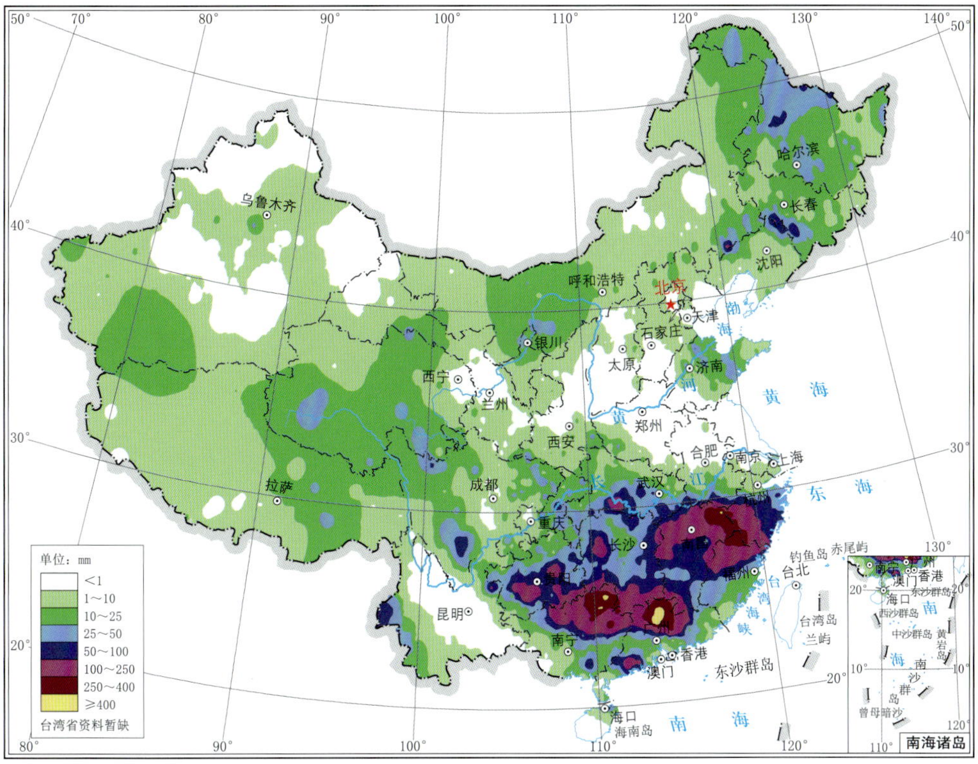

图 3.4.25　2022 年 6 月 17—21 日全国降水量分布

第 11 次主要暴雨过程(No. 11):6 月 22—24 日

6 月 22 日,500 hPa 内蒙古中部至河套地区有短波槽发展东移,中低层该区域有切变线东移南压,受其影响,东北地区南部经华北北部至四川盆地北部出现东北—西南向的雨带,暴雨分布较为零散,内蒙古、四川局部地区出现大暴雨(图 3.4.26);23 日,500 hPa 短波槽东移南压,东北地区南部至四川盆地多短波槽活动,700 hPa 东北地区南部至黄淮西部有切变线形成,同时四川盆地也有切变线形成,850 hPa 东北地区南部至黄淮北部、黄淮西部至江汉西部有切变活动,四川盆地则有低涡形成,受其影响,雨带整体东移南压,山东中部至四川盆地西部出现东北—西南向的暴雨带,四川盆地多站出现大暴雨(图 3.4.27);24 日,500 hPa 东北地区有低涡形成,江淮地区至江南北部有短波槽活动,中低层东北地区有低涡形成,江淮地区至江汉地区有切变线形成,受其影响,东北地区出现降水,局部出现暴雨到大暴雨,同时长江中下游地区出现近东西向的暴雨带,局部出现大暴雨(图 3.4.28)。图 3.4.29 为此次暴雨过程总降水量分布。

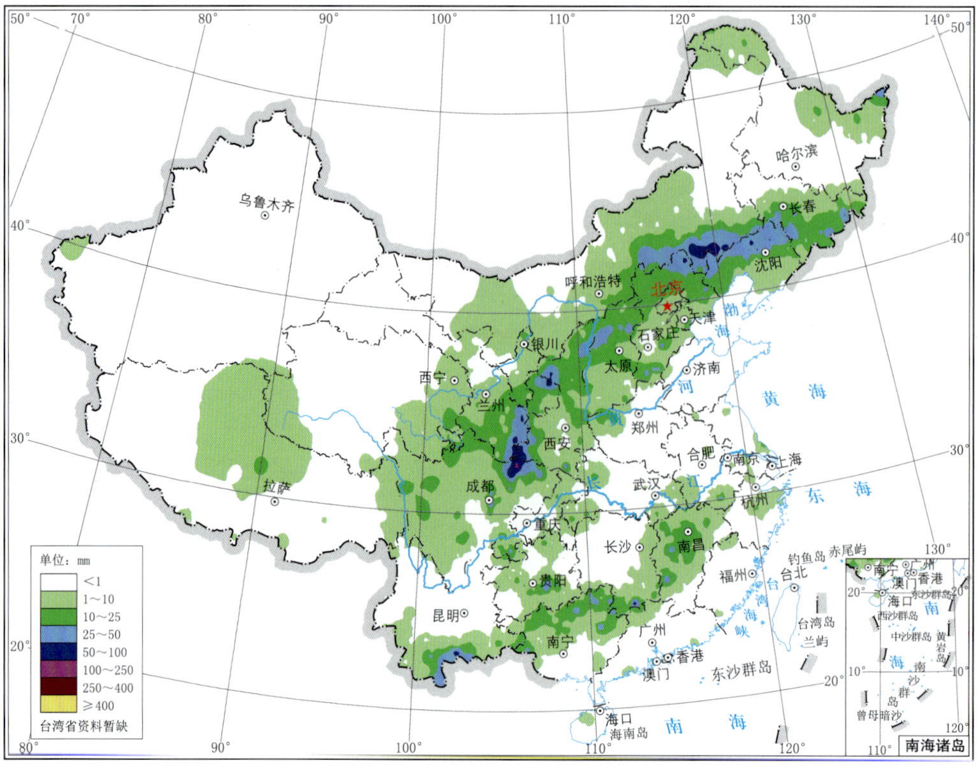

图 3.4.26　2022 年 6 月 22 日全国降水量分布

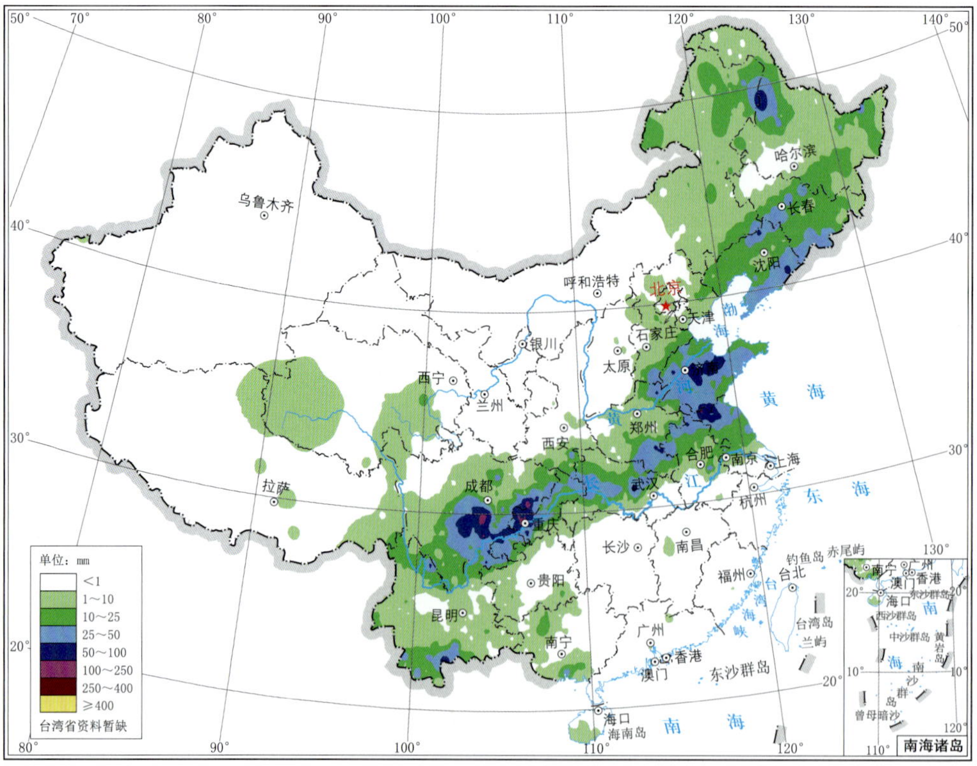

图 3.4.27　2022 年 6 月 23 日全国降水量分布

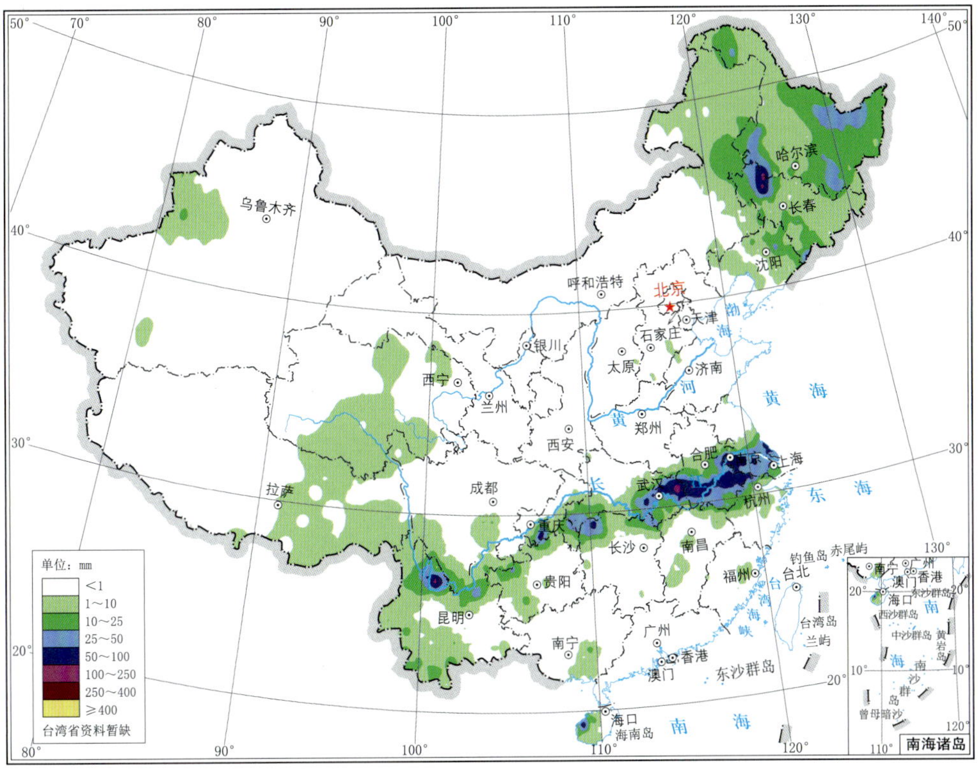

图 3.4.28　2022 年 6 月 24 日全国降水量分布

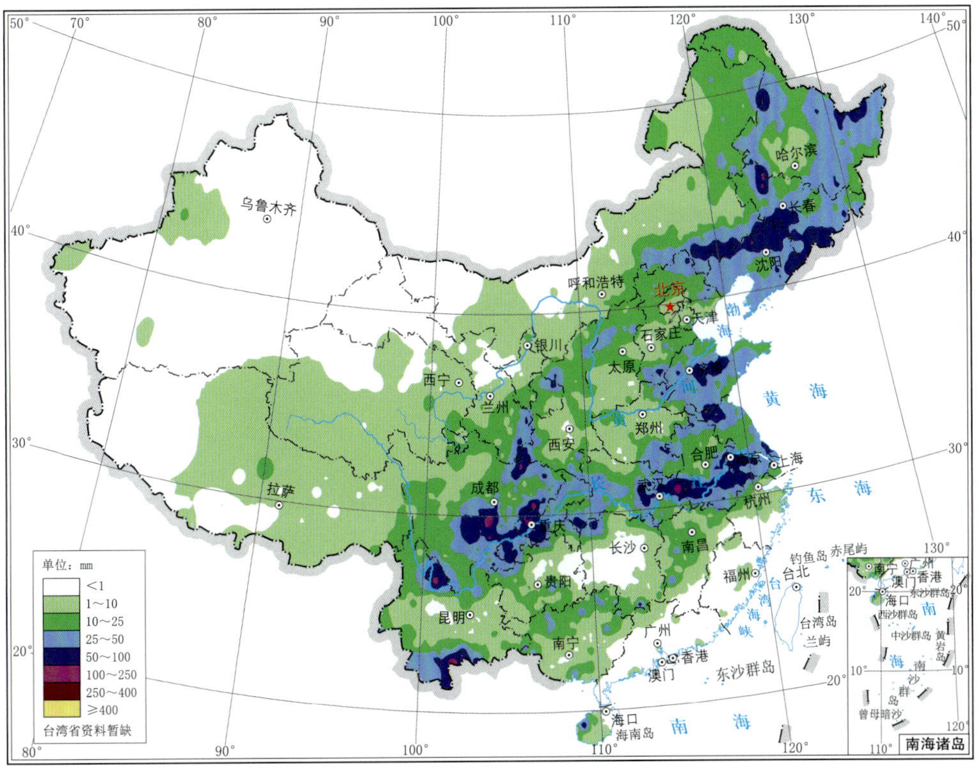

图 3.4.29　2022 年 6 月 22—24 日全国降水量分布

第 12 次主要暴雨过程(No. 12):6 月 26 日—7 月 2 日

6 月 26 日,500 hPa 内蒙古西部及川西高原有短波槽发展,中低层四川盆地有西南低涡生成,同时 850 hPa 陕西、山西、内蒙古交界的区域也有低涡形成,受其影响,山东至四川盆地出现东北—西南向的雨带,两个暴雨中心分别位于山东南部及四川盆地,局部地区出现大暴雨(图 3.4.30);27 日,500 hPa 内蒙古西部短波槽在东移过程中在蒙古南部地区发展形成低涡,川西高原短波槽则快速东移至重庆地区,中低层华北南部及黄淮北部有显著低涡发展,低涡西南侧有切变线伸展至重庆地区,受其影响,东北南部经黄淮地区至重庆地区出现东北—西南向的暴雨带,山东南部多站出现大暴雨,重庆西南部局部出现大暴雨(图 3.4.31);28 日,500 hPa 蒙古低涡东移南压至山西北部,重庆地区短波槽则继续东移至湖北中部,中低层华北低涡向东北方向移动至东北地区南部,黄淮地区至云贵高原南部有切变东移发展,受其影响,华北东部、黄淮东部、江淮西部及江汉东部出现暴雨,局部出现大暴雨(图 3.4.32);29 日,500 hPa 华北低涡缓慢东移,华中地区至华南西部有短波槽发展,中低层东北低涡继续向东北方向移动,黄淮至云贵高原的切变线缓慢东移南压,受其影响,江南北部、华南西部出现降水,暴雨较为分散,江西北部、广西北部局部出现大暴雨(图 3.4.33);30 日,500 hPa 华北低涡静止少动,华中地区短波槽东移北收,中低层华北地区有低涡形成,华中地区有切变线活动,受其影响,华北南部至江南东部出现降水,暴雨分布较为零散(图 3.4.34);7 月 1—2 日,500 hPa 华北低涡缓慢向东北方向移动并逐步减弱消散,中低层华北低涡也在向东北方向移动的过程中减弱消失,受其影响,华北东部至东北南部出现降水,暴雨分布较为零散,局部出现大暴雨(图 3.4.35、图 3.4.36)。图 3.4.37 为此次暴雨过程总降水量分布。

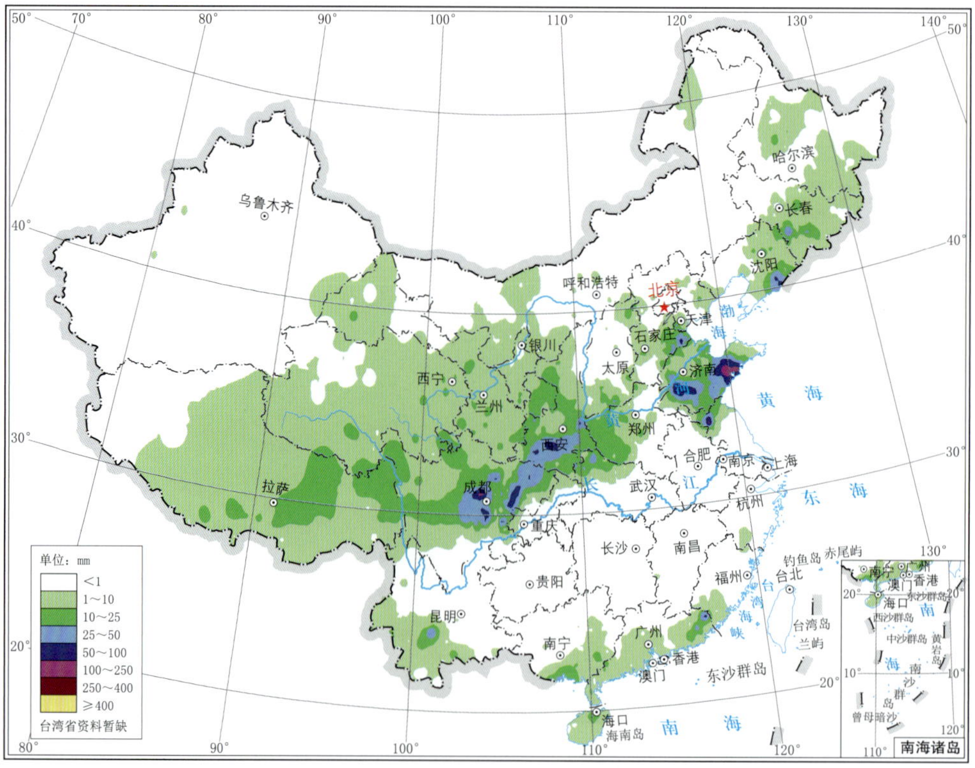

图 3.4.30　2022 年 6 月 26 日全国降水量分布

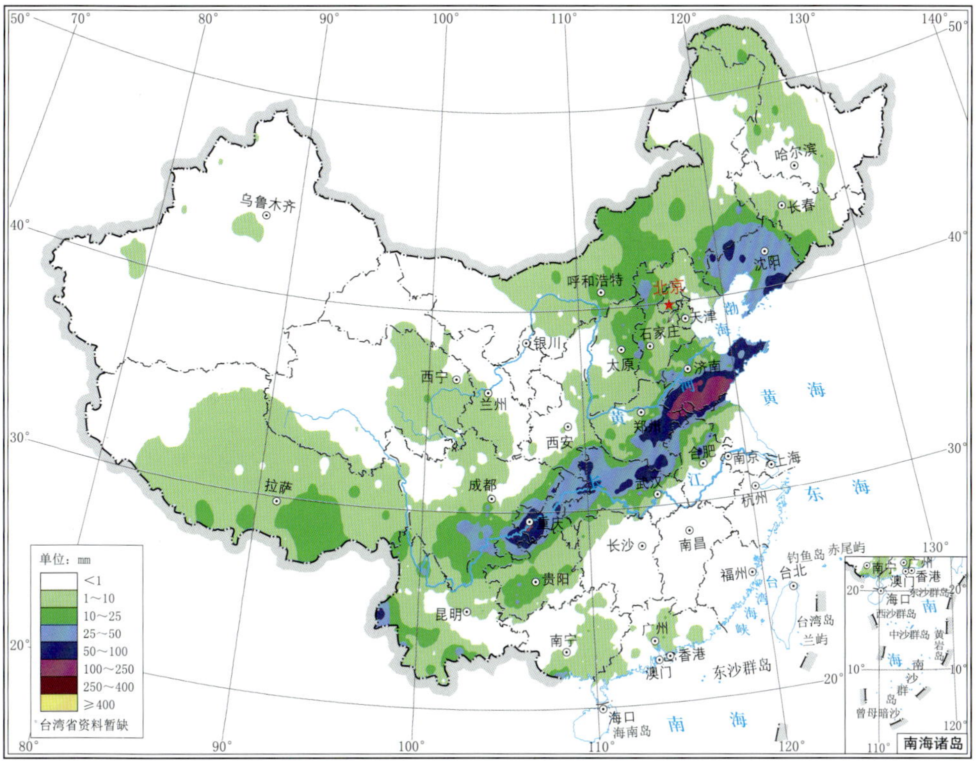

图 3.4.31　2022 年 6 月 27 日全国降水量分布

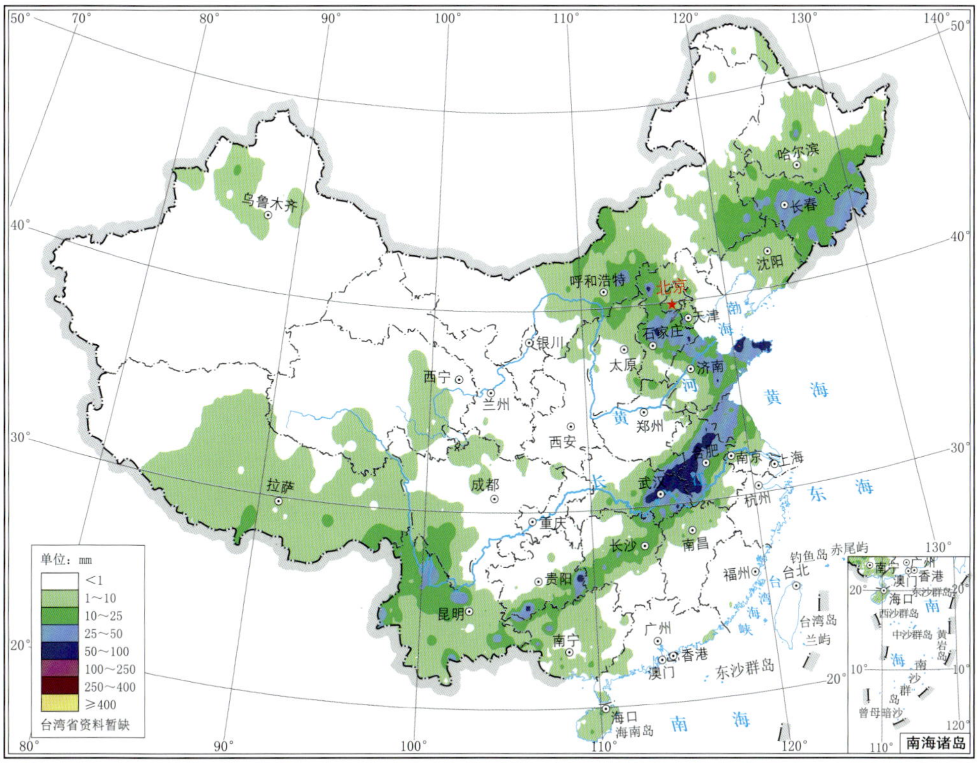

图 3.4.32　2022 年 6 月 28 日全国降水量分布

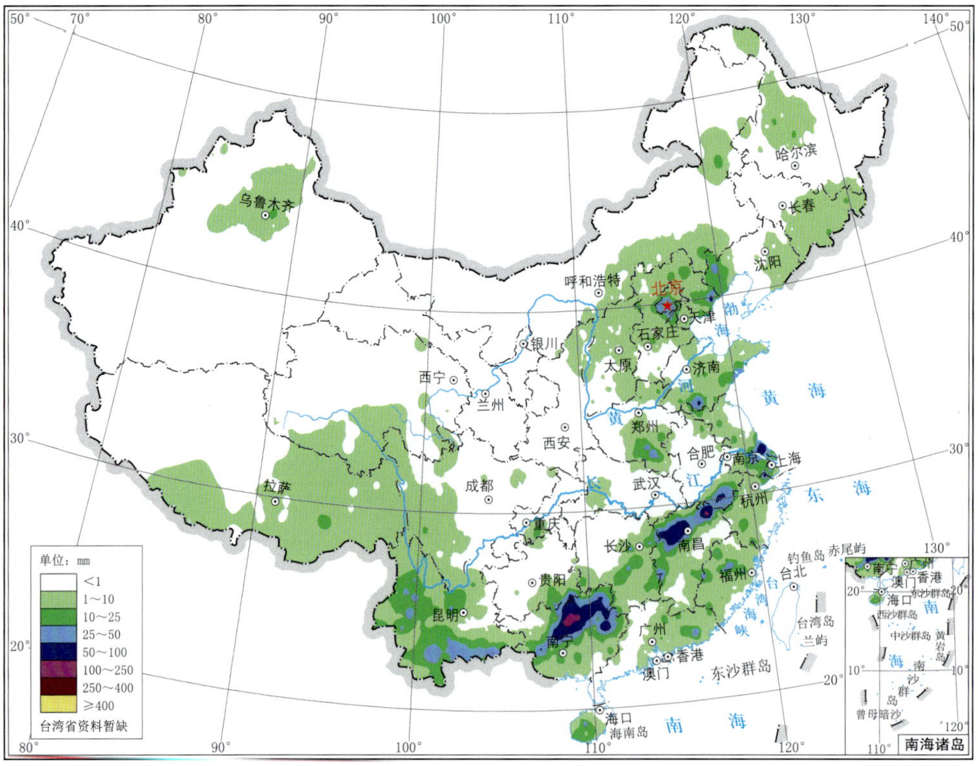

图 3.4.33　2022 年 6 月 29 日全国降水量分布

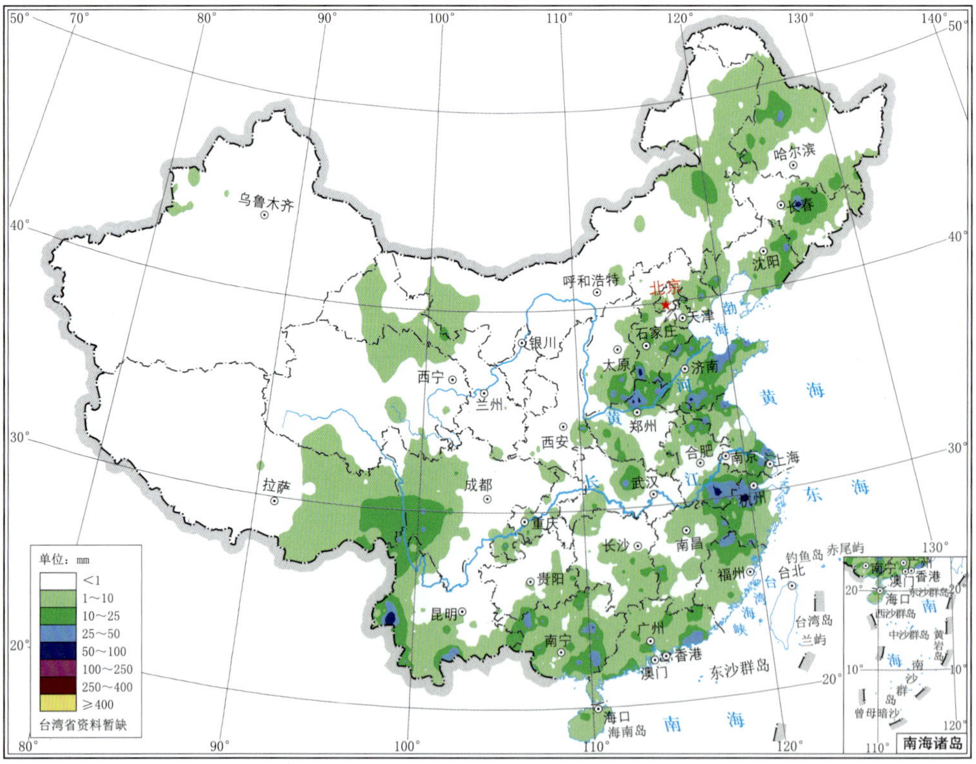

图 3.4.34　2022 年 6 月 30 日全国降水量分布

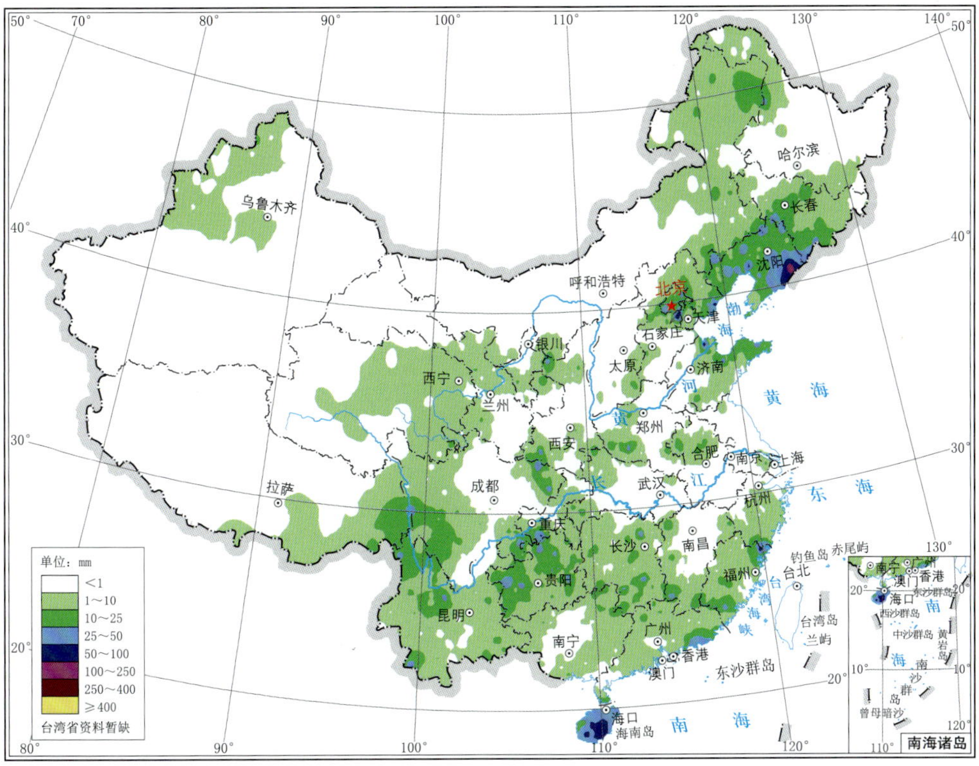

图 3.4.35　2022 年 7 月 1 日全国降水量分布

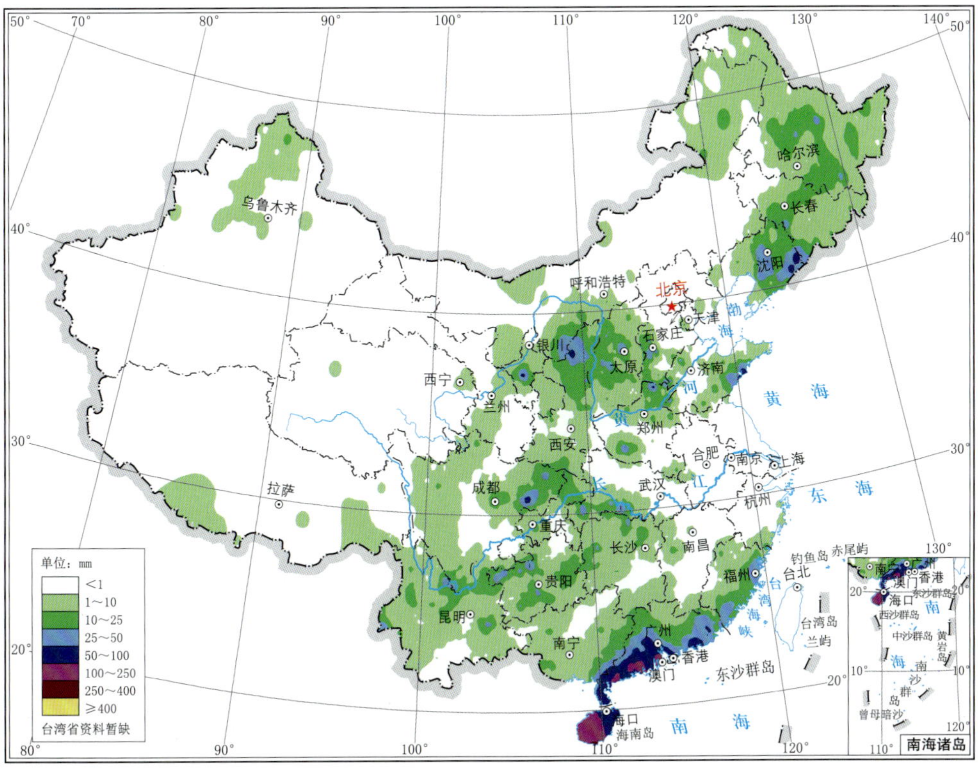

图 3.4.36　2022 年 7 月 2 日全国降水量分布

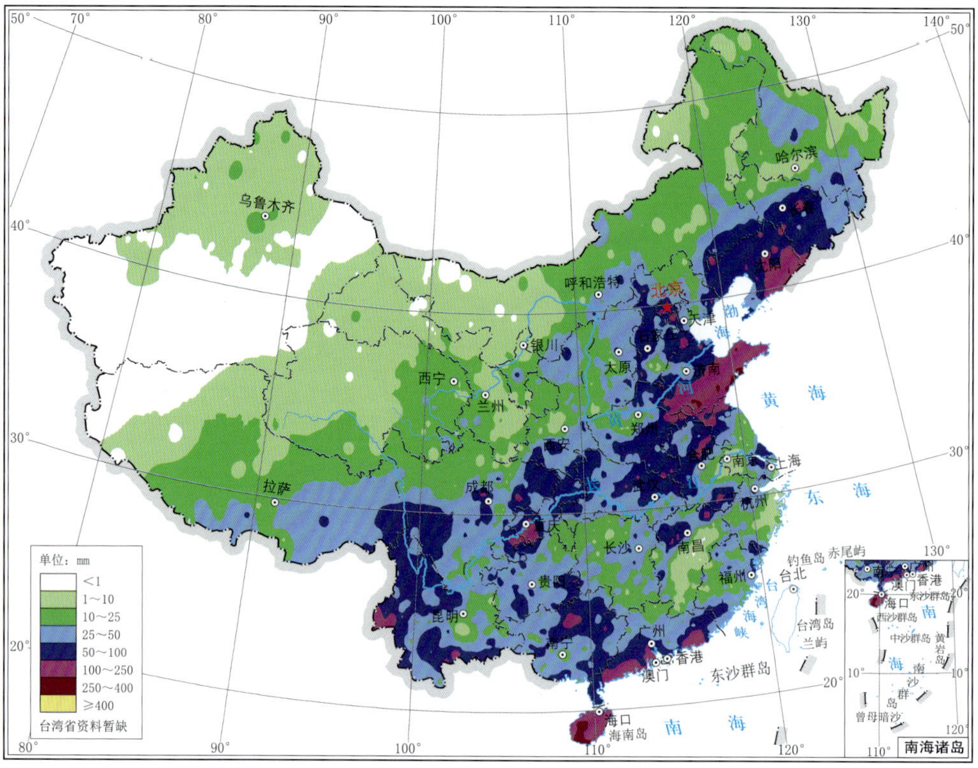

图 3.4.37　2022 年 6 月 26 日—7 月 2 日全国降水量分布

3.5　7 月主要暴雨过程(No. 13—No. 17)

第 13 次主要暴雨过程(No. 13):7 月 1—7 日

7 月 1 日,2203 号台风“暹芭”(Chaba)在我国中沙群岛以北向西北方向移动,强度逐步加强为强热带风暴,受其影响,海南省出现大到暴雨,南海西沙站出现大暴雨(图 3.4.35);2 日,“暹芭”进一步加强为台风并在广东省茂名市电白区登陆,受其影响,海南省及广东省出现降水,暴雨集中出现在海南省及广东省南部,广东省西部沿海及海南大部出现大暴雨,其中海南三亚、昌江分别出现了 421.6 mm、250.3 mm 的特大暴雨(图 3.4.36);3 日,“暹芭”转向偏北方向移动进入广西境内,强度逐渐减弱至热带低压,此时,500 hPa 河套地区有短波槽发展东移,中低层该地区有切变线发展东移,受其影响,华南及华北地区同时出现强降水,华南暴雨区主要出现在广东西部及广西东部,广东西部沿海多站出现大暴雨,华北暴雨区从北京南部至河南北部呈近南北向带状分布,天津局部、河南局部出现大暴雨(图 3.5.1);4 日,“暹芭”转向东北方向移动进入湖南境内,台风倒槽伸展至河南南部地区,此时,500 hPa 河套地区短波槽快速东移至华北东部,短波槽南端与台风倒槽北端在河南中部相遇,中低层河套地区切变线东移至华北东部,受其影响,华北东部至华南地区出现大范围降水,暴雨带呈近南北向带状分布,多站出现大暴雨(图 3.5.2);5 日,“暹芭”继续向东北方向移动,途径江西、湖北进入河南境内,此时,500 hPa 河套地区又有短波槽东移发展,中低层该区域有切变线形成,受其影响,华北地区南部至华南地区出现大范围降水,暴雨带从华北南部一直伸展至华南地区,多站出现大暴雨,其中河南鹿邑出现 257.0 mm 的特大暴雨

(图 3.5.3)；6 日，“暹芭”继续向东北方向移动，途径安徽进入山东境内并发生变性，随后进入渤海湾，此时，500 hPa 河套地区短波槽东移到华北东部至黄淮西部一线，中低层河套地区切变线东移至华北东部并与台风低压环流交汇，受其影响，华北东部至华南地区维持大范围降水，强降水主要出现在黄淮东部至华北东部，山东中部一线多站出现大暴雨，此外江南、华南仍有部分地区出现暴雨到大暴雨(图 3.5.4)；7 日，“暹芭”转向偏东方向移动并在黄海北部海域减弱消散，500 hPa 华北地区短波槽东移至东北地区南部，中低层东北南部至渤海湾地区有切变形成，此时，华南西部有低涡切变形成，受其影响，东北地区中南部、华南地区分别出现两个暴雨区，东北暴雨区主要出现在吉林中部至辽宁南部，两省均有多站出现大暴雨，华南暴雨区主要出现在广东西部及广西东部，广东局部出现大暴雨(图 3.5.5)。图 3.5.6 为此次暴雨过程总降水量分布。

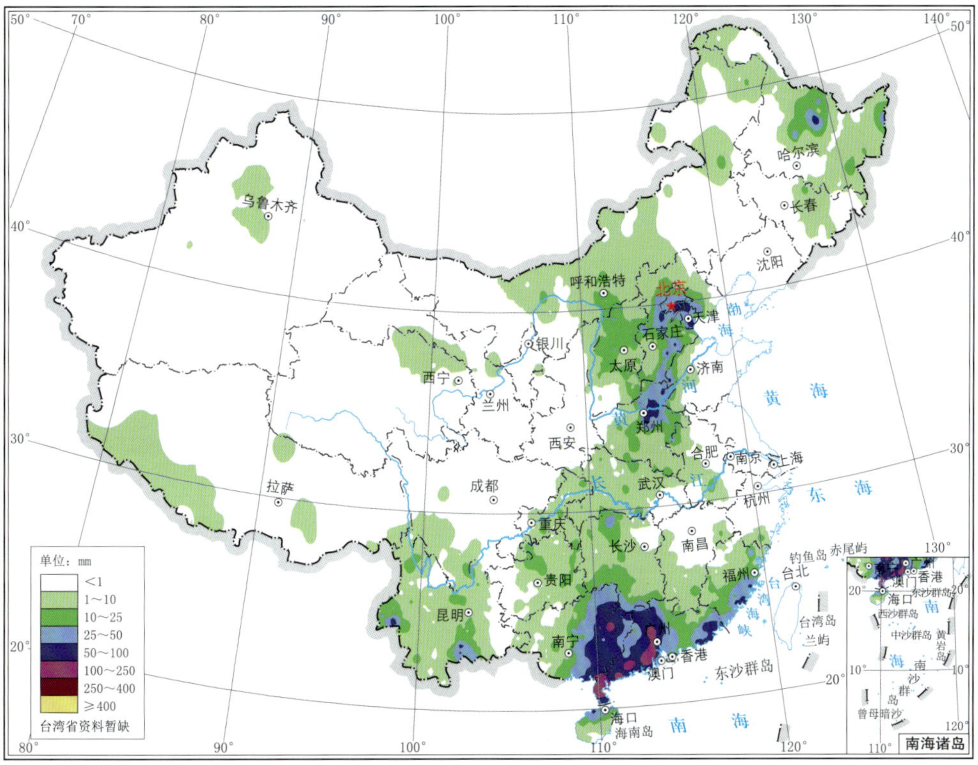

图 3.5.1　2022 年 7 月 3 日全国降水量分布

第 14 次主要暴雨过程(No. 14)：7 月 11—14 日

7 月 11 日，500 hPa 河套地区有短波槽发展，中低层该区域有低涡切变形成，受其影响，西北地区东部、华北中部出现降水，暴雨主要出现在山西中部及陕北地区，局部出现大暴雨(图 3.5.7)；12 日，500 hPa 短波槽快速东移至华北东部地区，同时河套西部又有短波槽发展东移，中低层河套低涡东移至华北东部，低涡西南侧至四川盆地有切变形成，受其影响，华北南部至西北地区东南部出现降水，两个暴雨区分别位于山东北部至河北南部、陕西南部与甘肃交界的区域，山东北部有 17 个站出现大暴雨(图 3.5.8)；13—14 日，500 hPa 河套地区短波槽快速东移北收，中低层切变线东移南压减弱，受其影响，黄淮地区至西北地区东部仍有降水出现，部分地区出现暴雨到大暴雨(图 3.5.9、图 3.5.10)。图 3.5.11 为此次暴雨过程总降水量分布。

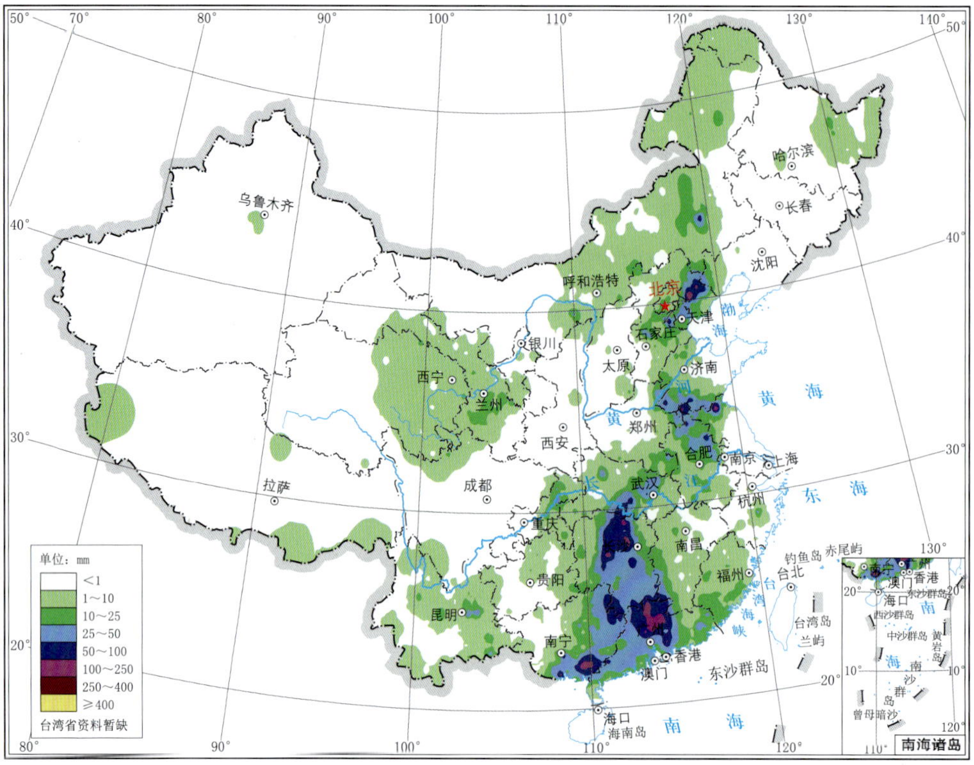

图 3.5.2　2022 年 7 月 4 日全国降水量分布

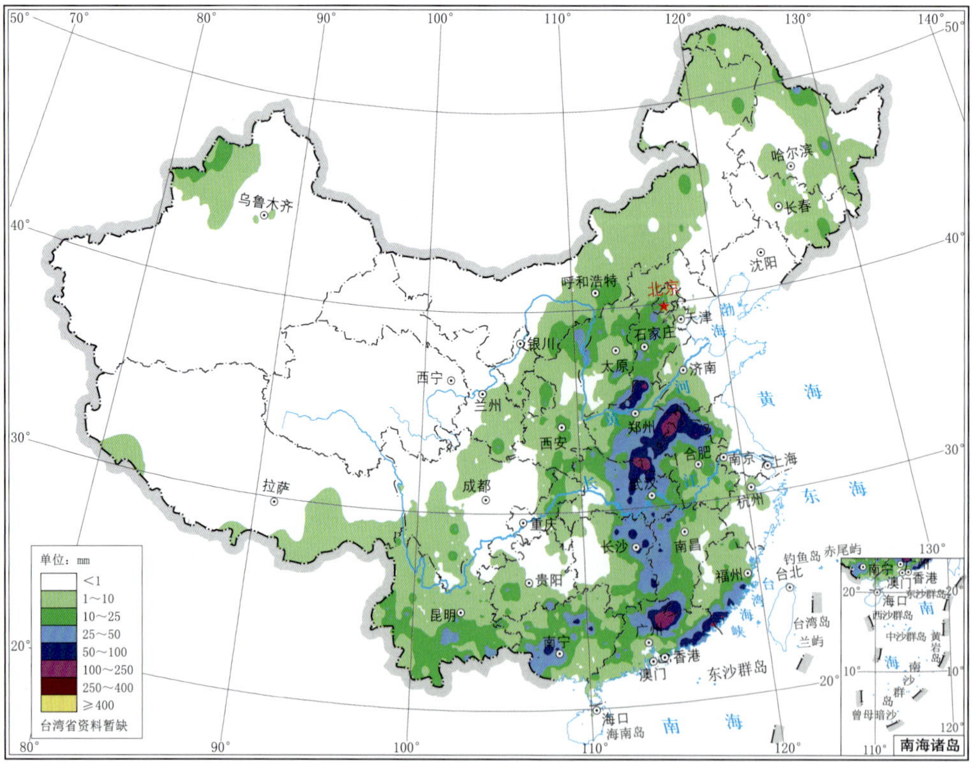

图 3.5.3　2022 年 7 月 5 日全国降水量分布

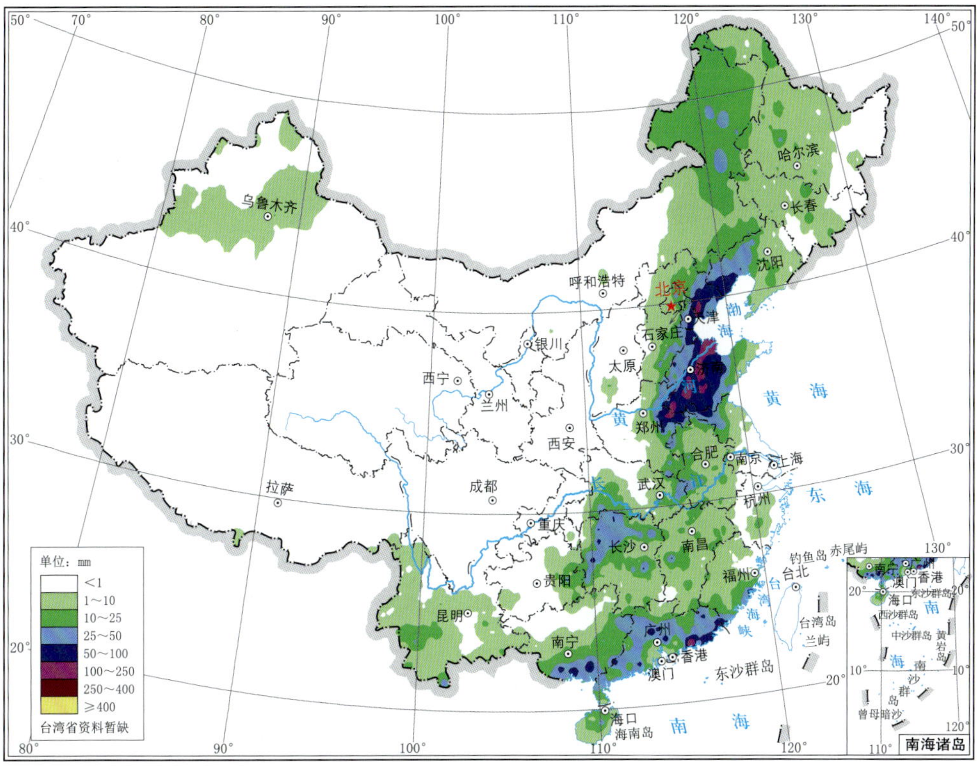

图 3.5.4　2022 年 7 月 6 日全国降水量分布

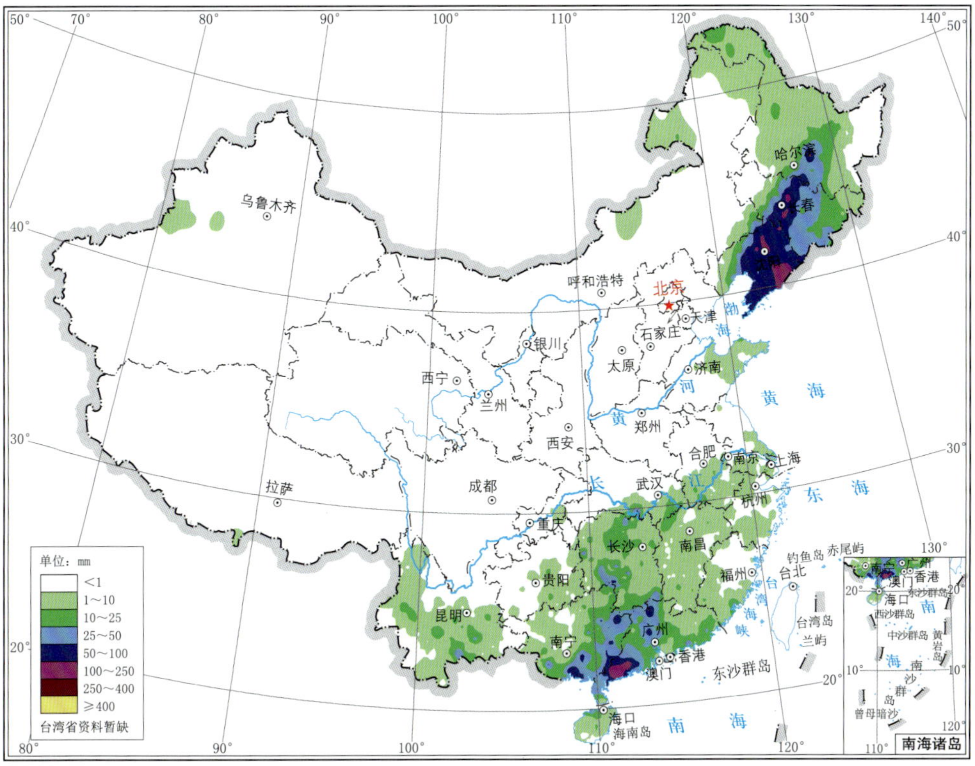

图 3.5.5　2022 年 7 月 7 日全国降水量分布

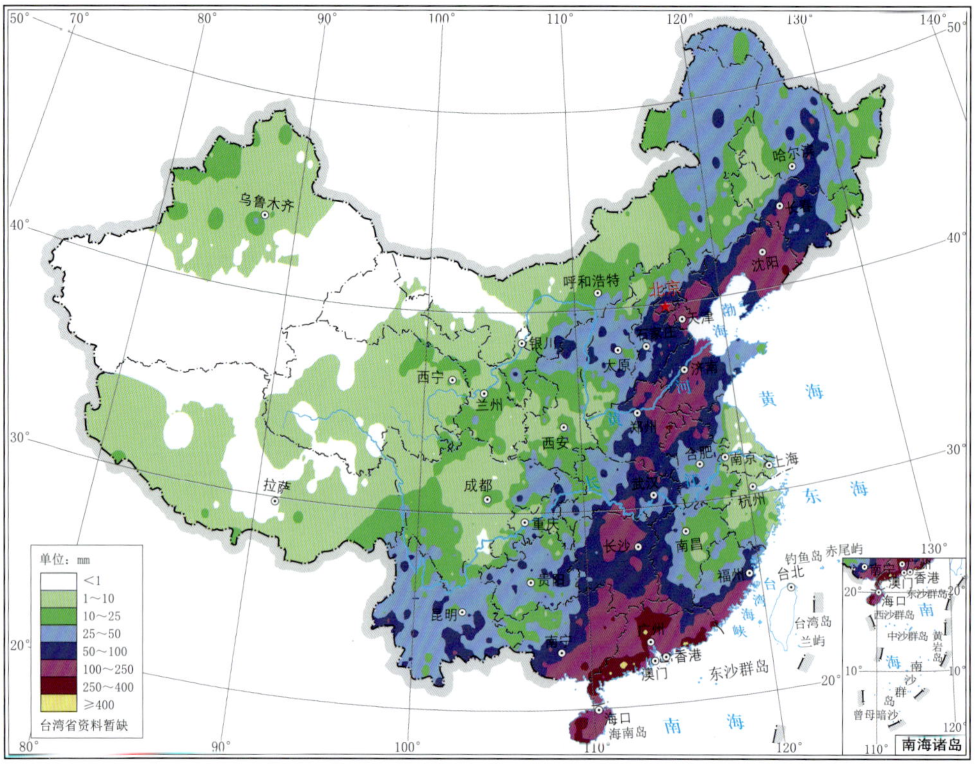

图 3.5.6　2022 年 7 月 1—7 日全国降水量分布

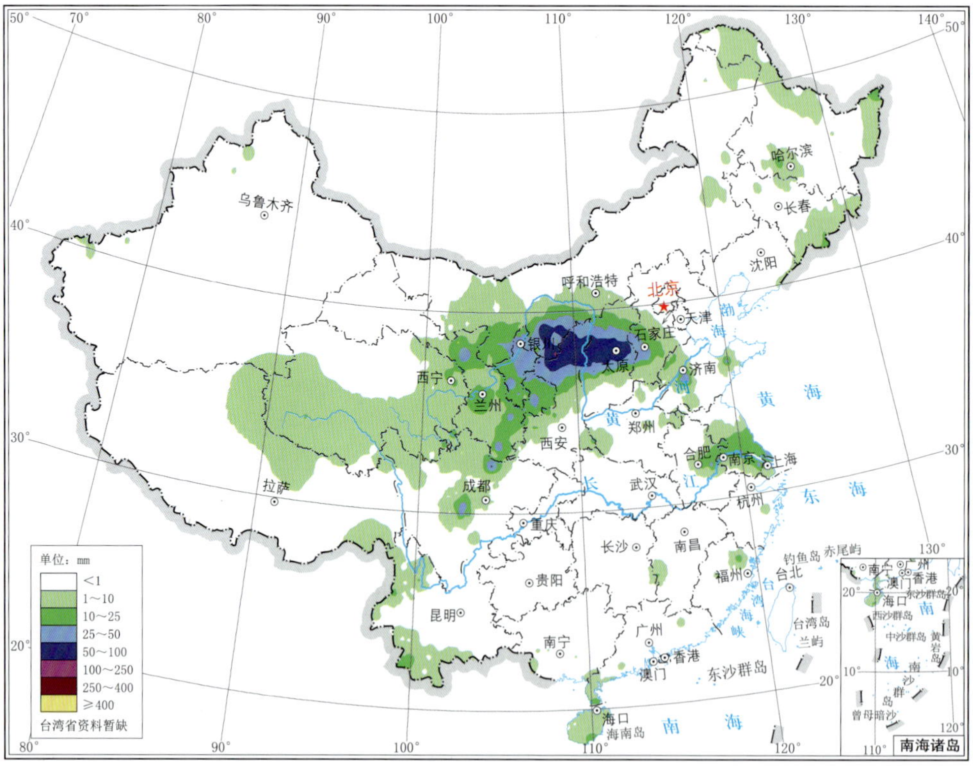

图 3.5.7　2022 年 7 月 11 日全国降水量分布

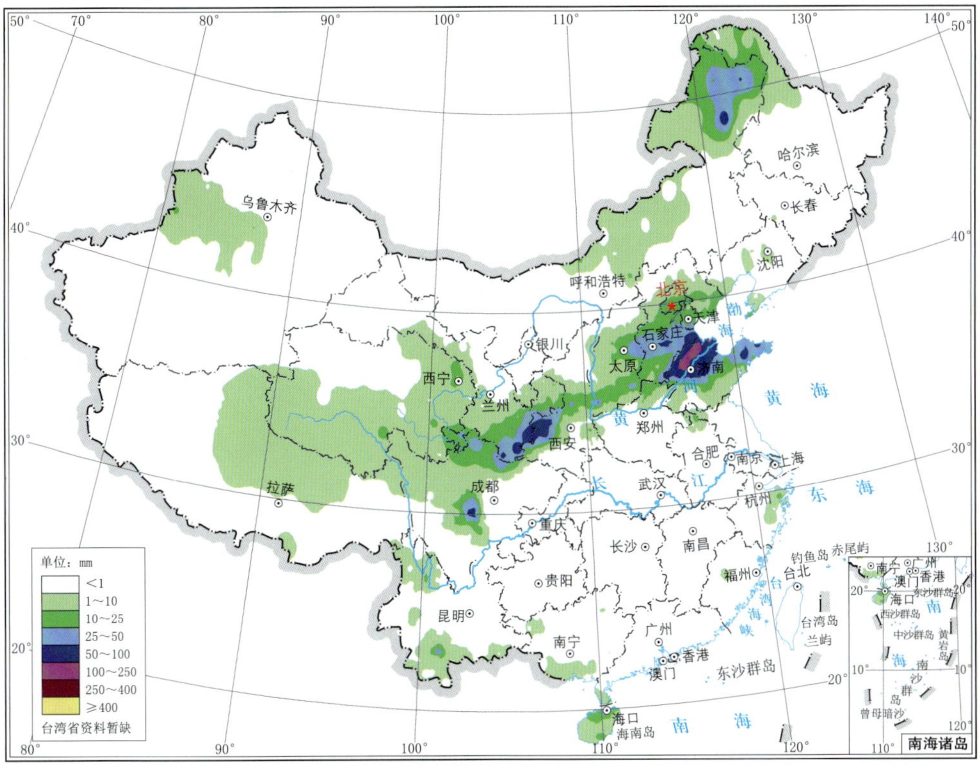

图 3.5.8　2022 年 7 月 12 日全国降水量分布

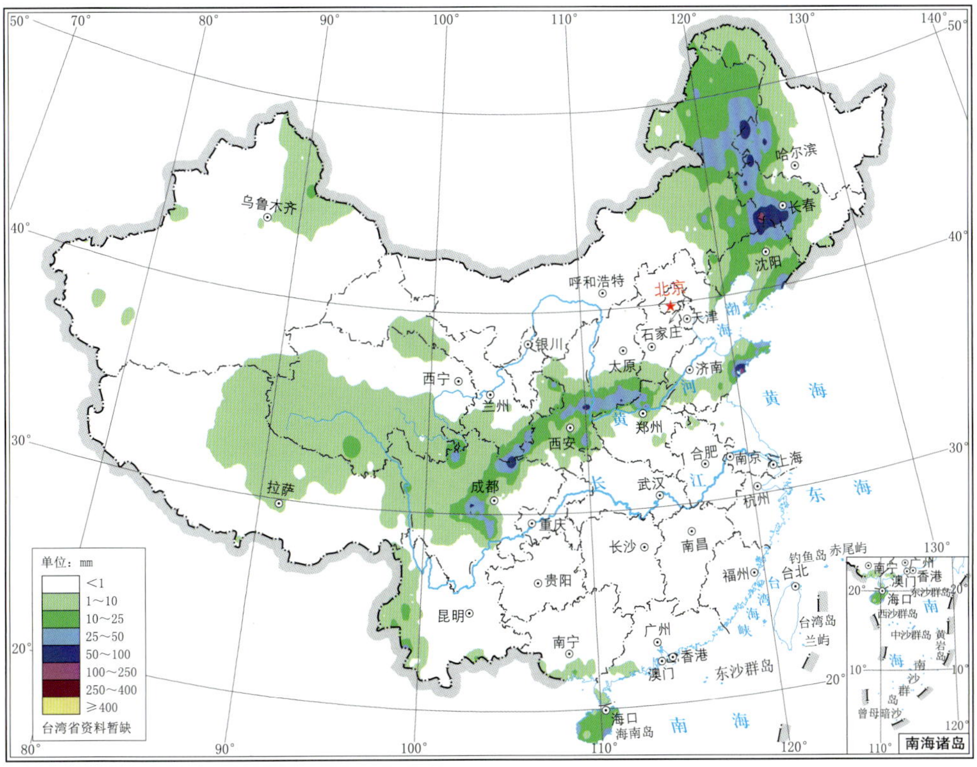

图 3.5.9　2022 年 7 月 13 日全国降水量分布

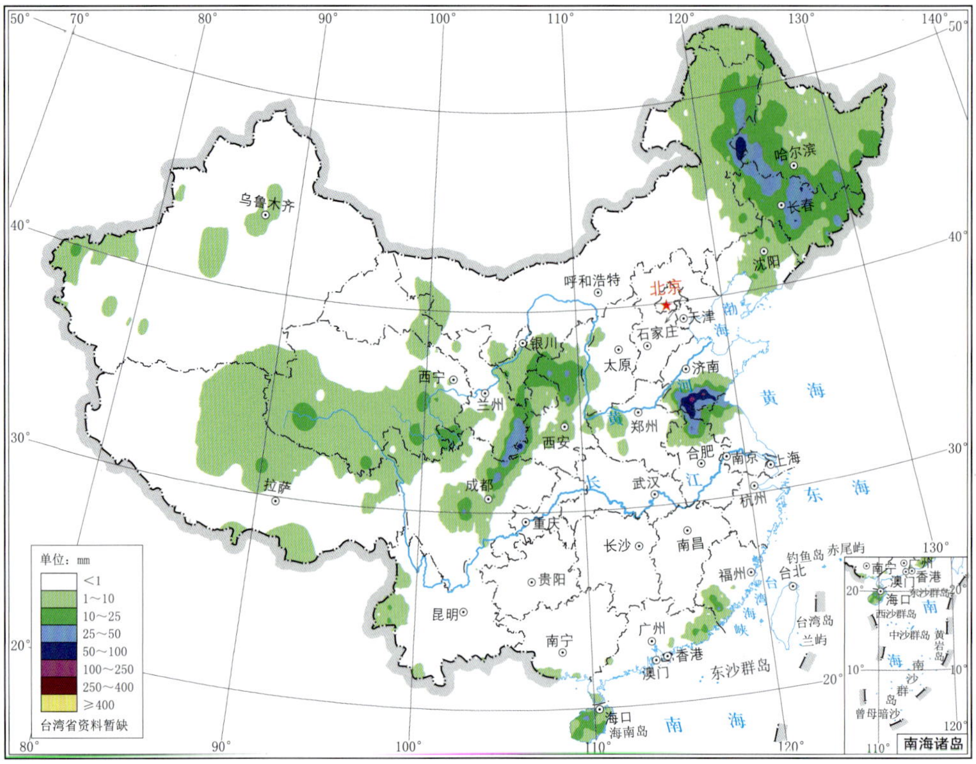

图 3.5.10　2022 年 7 月 14 日全国降水量分布

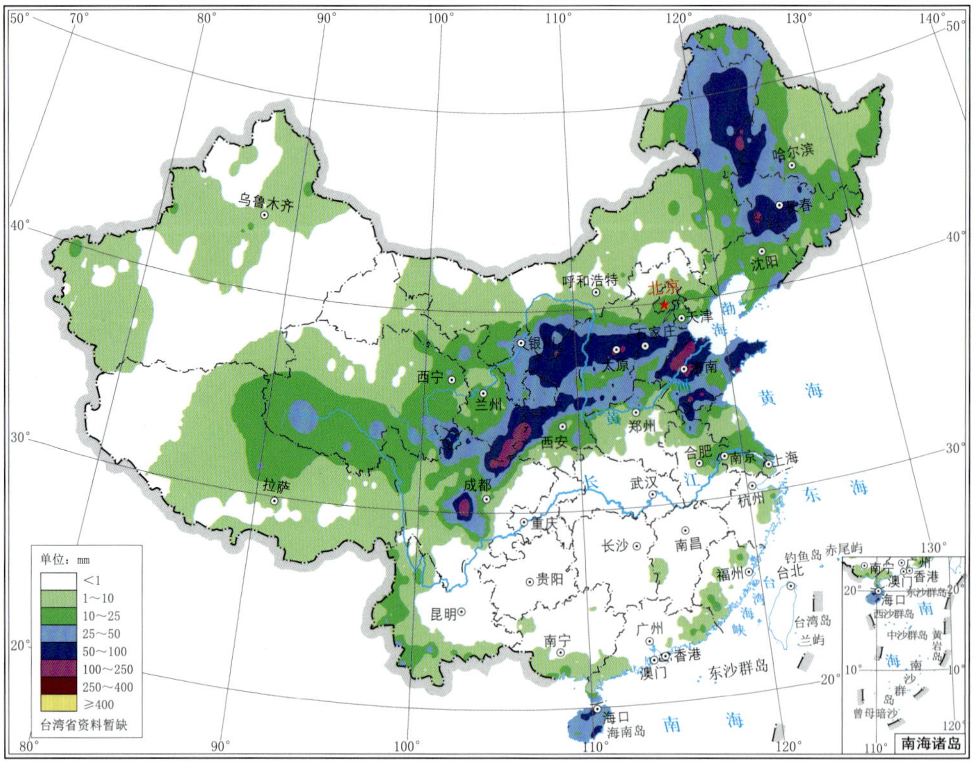

图 3.5.11　2022 年 7 月 11—14 日全国降水量分布

第 15 次主要暴雨过程(No. 15):7 月 15—20 日

7 月 15 日,500 hPa 河套以西有短波槽发展,中低层内蒙古西部至甘肃中部地区有低涡切变形成,受其影响,甘肃陇东、陕西北部、山西西部出现降水,部分地区出现暴雨,局部出现大暴雨(图 3.5.12);16 日,500 hPa 西北地区短波槽快速东移到山西、河南交界的区域,中低层低涡切变也快速东移到山西、河南交界的区域,受其影响,西北地区东部、华北南部、黄淮北部出现降水,暴雨带呈东西向分布,局部地区出现大暴雨(图 3.5.13);17 日,500 hPa 短波槽快速东移南压,中低层低涡切变东移到山东南部,同时在四川盆地有低涡形成、华中地区有弱切变形成,受其影响,长江流域出现较为零散的暴雨带,局部出现大暴雨,此外,黄淮东部、江淮东部部分地区也出现暴雨(图 3.5.14);18 日,500 hPa 云贵高原、江南中部有短波槽新生,中低层四川盆地低涡南压至贵州上空,华中地区切变南压至江南地区,受其影响,西南地区东部、江南地区、华南西部出现降水,江西中部至贵州南部出现近东西向暴雨带,江西局部出现大暴雨,此外,四川盆地东部也出现暴雨、局部大暴雨(图 3.5.15);19 日,500 hPa 从河套地区到四川盆地有短波槽发展,中低层四川盆地有西南低涡形成,受其影响,西南地区东部、华南西部、西北地区东部、江汉地区出现降水,暴雨分布范围较广但不集中,局部出现大暴雨(图 3.5.16);20 日,500 hPa 短波槽东移到华北西部至云贵高原一线,700 hPa 华北南部、云贵高原均有低涡形成,850 hPa 黄淮地区有气旋发展,受其影响,黄淮地区至云贵高原出现大范围降水,暴雨带呈东北—西南向分布,云贵高原部分地区、湖北局部出现大暴雨(图 3.5.17)。图 3.5.18 为此次暴雨过程总降水量分布。

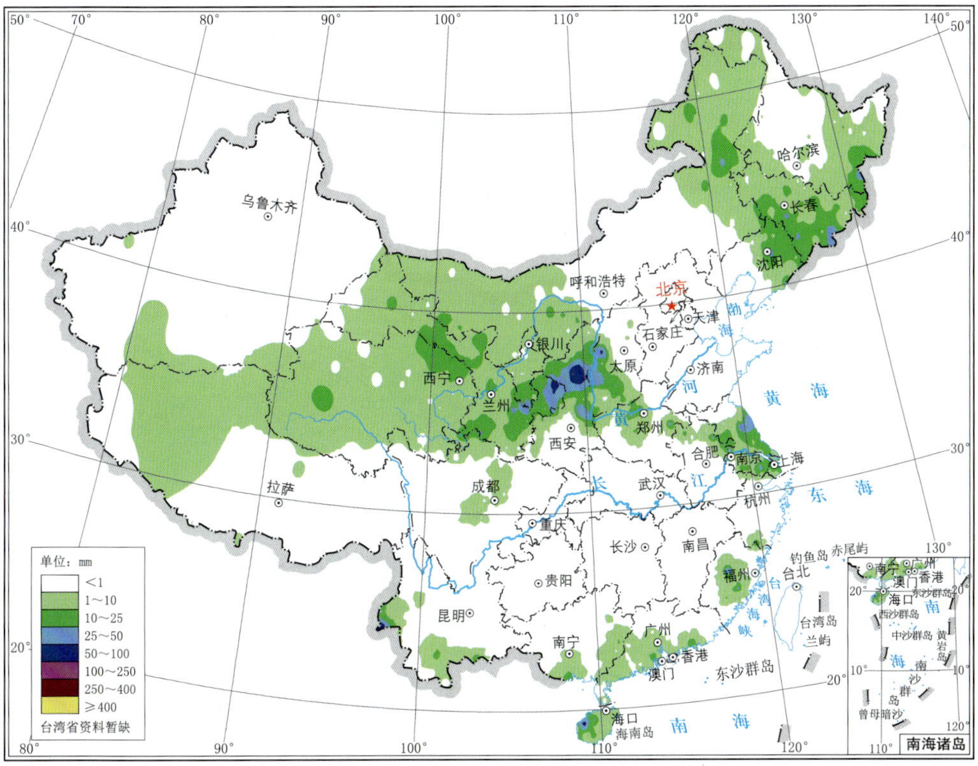

图 3.5.12　2022 年 7 月 15 日全国降水量分布

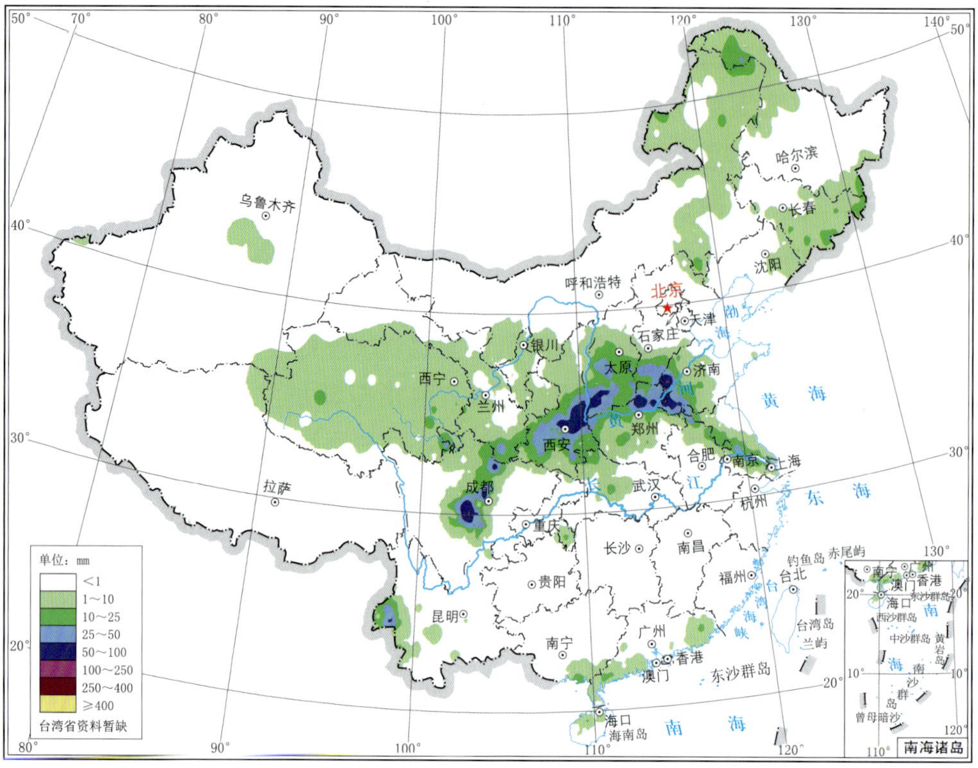

图 3.5.13 2022 年 7 月 16 日全国降水量分布

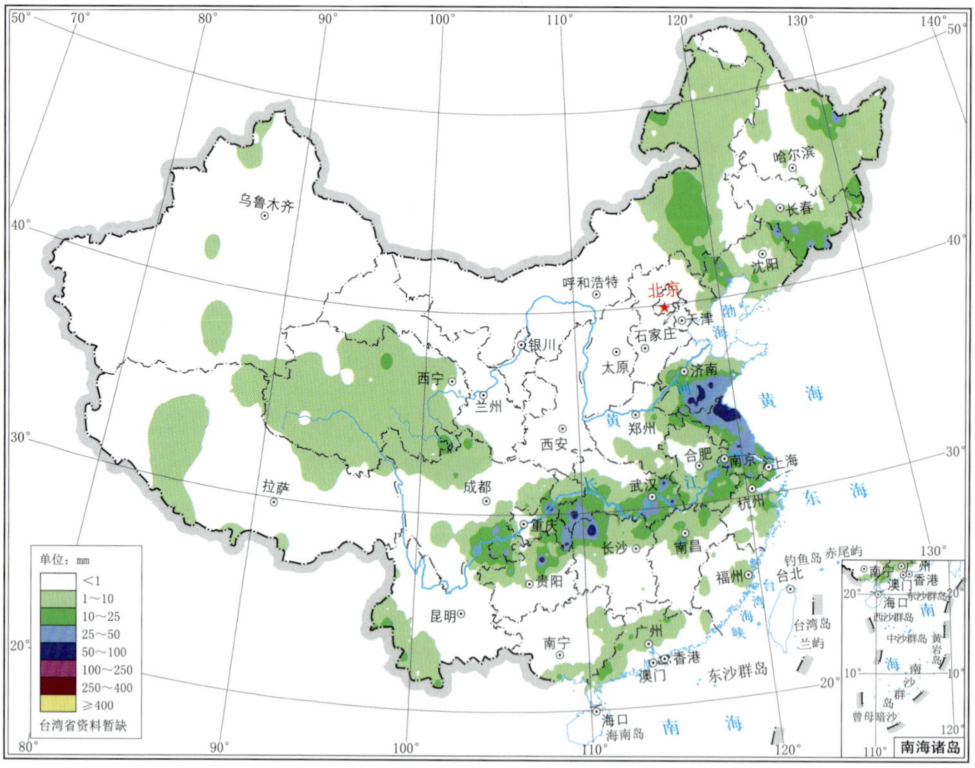

图 3.5.14 2022 年 7 月 17 日全国降水量分布

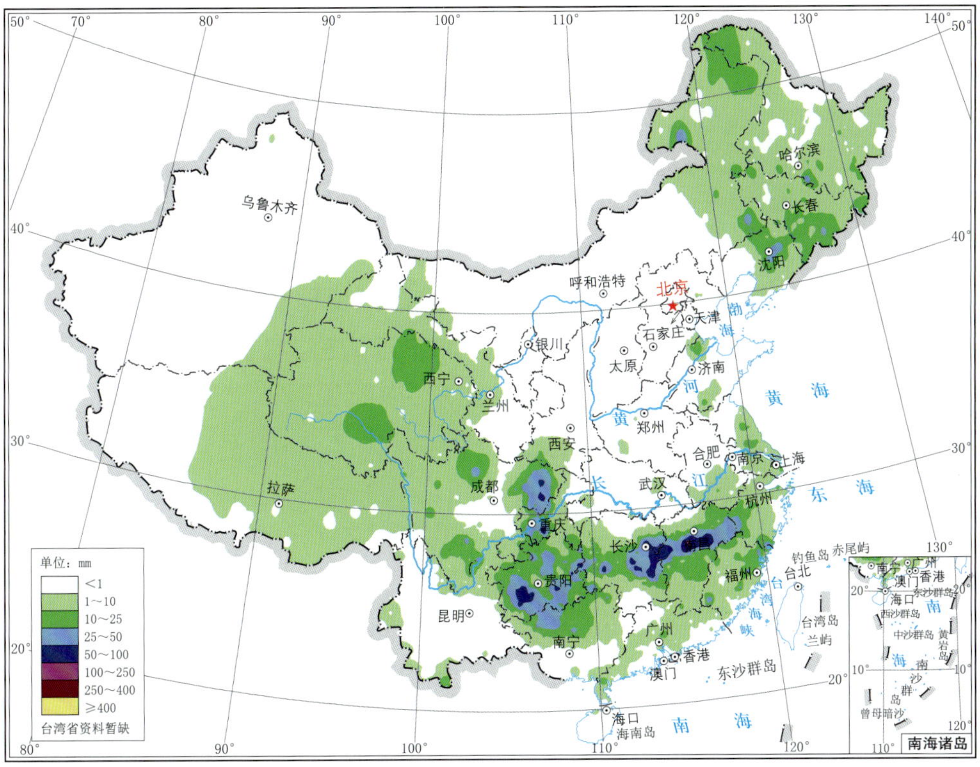

图 3.5.15　2022 年 7 月 18 日全国降水量分布

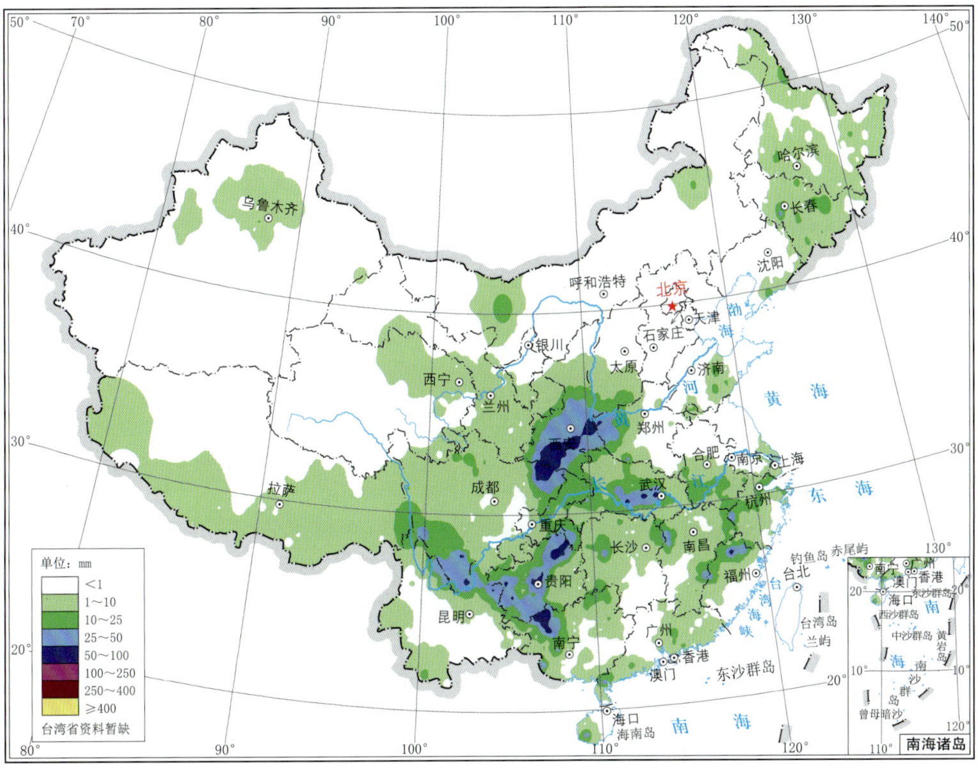

图 3.5.16　2022 年 7 月 19 日全国降水量分布

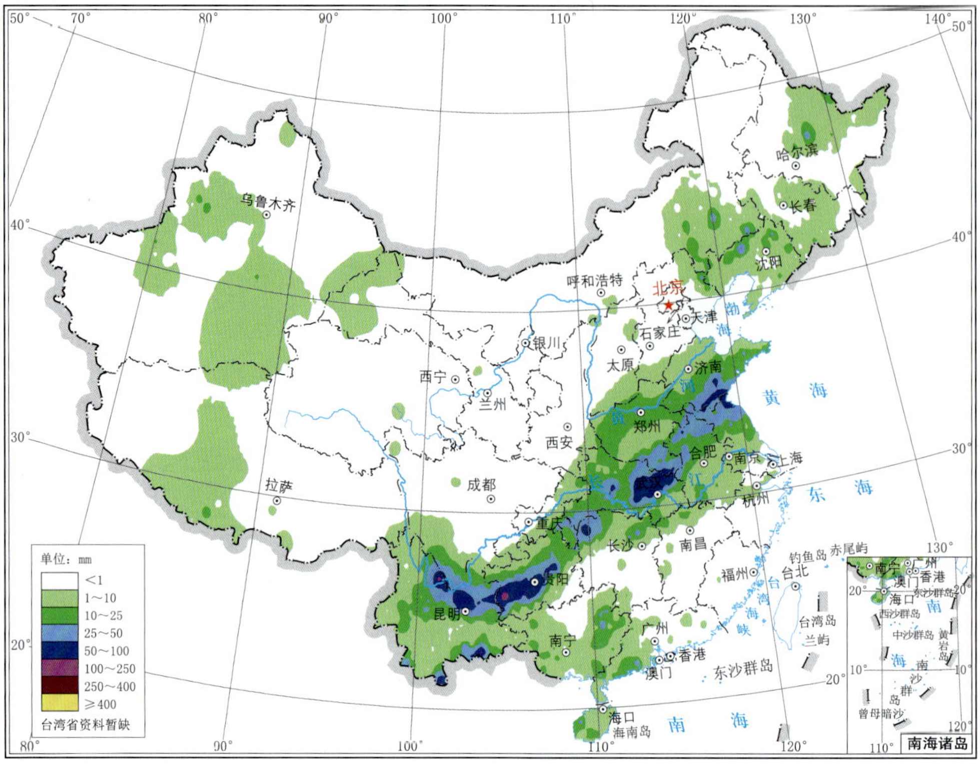

图 3.5.17　2022 年 7 月 20 日全国降水量分布

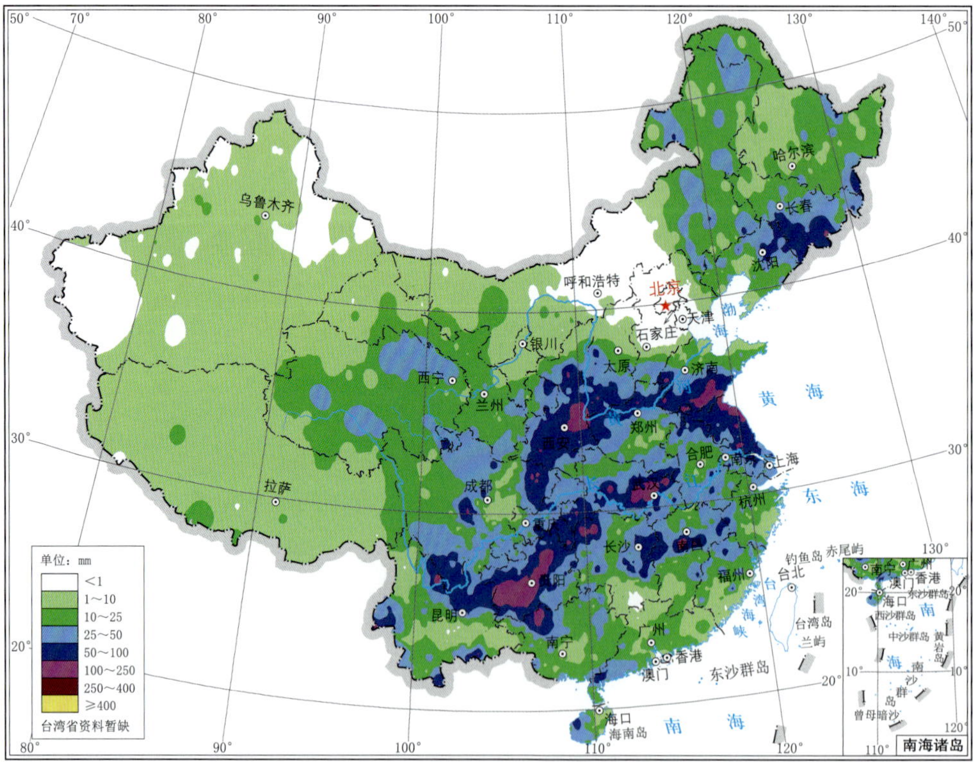

图 3.5.18　2022 年 7 月 15—20 日全国降水量分布

第 16 次主要暴雨过程(No. 16):7 月 22—23 日

7 月 22 日,500 hPa 河套地区及四川盆地分别有西风短波槽形成发展,700 hPa 陕西中部有低涡切变形成发展,850 hPa 晋豫陕交界区域及四川盆地分别有低涡切变形成,受其影响,西北地区东部、华北南部、黄淮大部及四川盆地出现较大范围降水,暴雨主要出现在河南中北部及川陕交界区域,部分地区出现大暴雨(图 3.5.19);23 日,500 hPa 西风短波槽总体东移南压,700 hPa 华北东部至四川盆地有切变东移发展,850 hPa 黄淮东部有气旋发展形成,气旋西南侧至贵州北部有切变发展,受其影响,雨区东移,黄淮东部部分地区出现暴雨(图 3.5.20)。图 3.5.21 为此次暴雨过程总降水量分布。

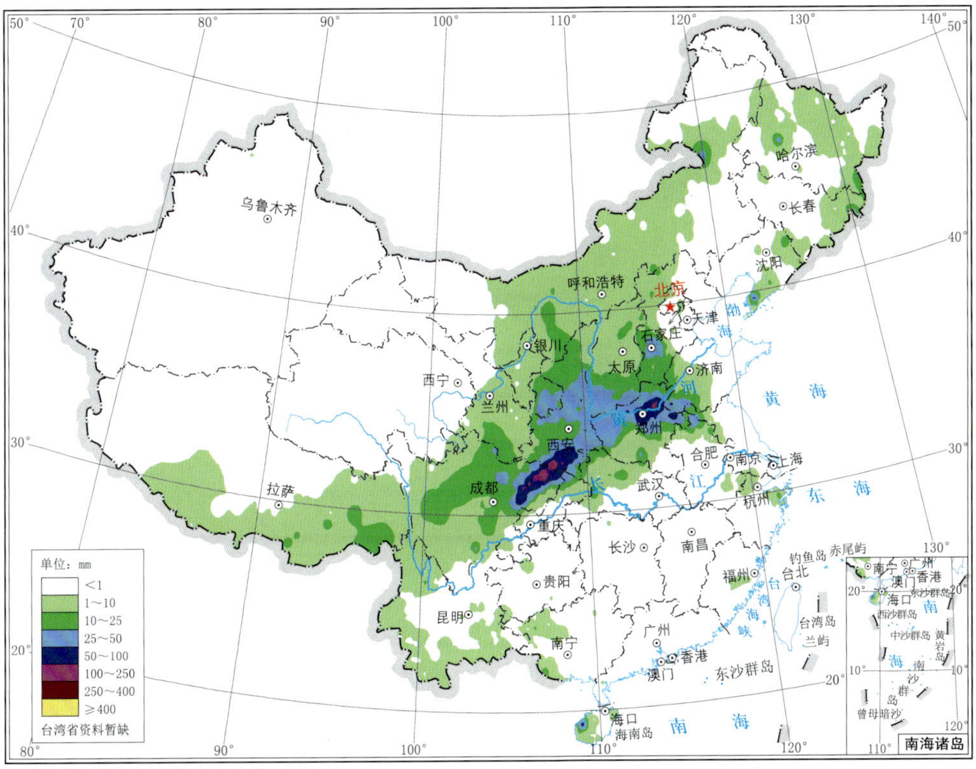

图 3.5.19　2022 年 7 月 22 日全国降水量分布

第 17 次主要暴雨过程(No. 17):7 月 27—29 日

7 月 27 日,500 hPa 河套地区至四川盆地有西风槽形成发展,700 hPa 河套地区有切变形成,重庆北部有低涡发展,850 hPa 四川盆地有低涡形成,受其影响,华北地区、黄淮西部、西北地区东部、西南地区东部及江汉西部出现较大范围降水,暴雨分布范围较广,局部地区出现大暴雨(图 3.5.22);28 日,500 hPa 西风槽东移到华北至云贵高原地区,中低层华北东部有低涡形成,低涡南部至云贵高原有切变新生发展,受其影响,东北地区西部、华北东部、黄淮地区、江汉地区及云贵高原出现大范围降水,暴雨主要出现在东北南部至华北东部地区,河北南部部分地区出现大暴雨(图 3.5.23);29 日,500 hPa 内蒙古中部、华北西部及江南西部等地分别有西风短波槽活动,中低层华北低涡切变向东北方向移动,受其影响,雨区整体缓慢东移,暴雨主要出现在东北南部,辽宁部分地区出现大暴雨(图 3.5.24)。图 3.5.25 为此次暴雨过程总降水量分布。

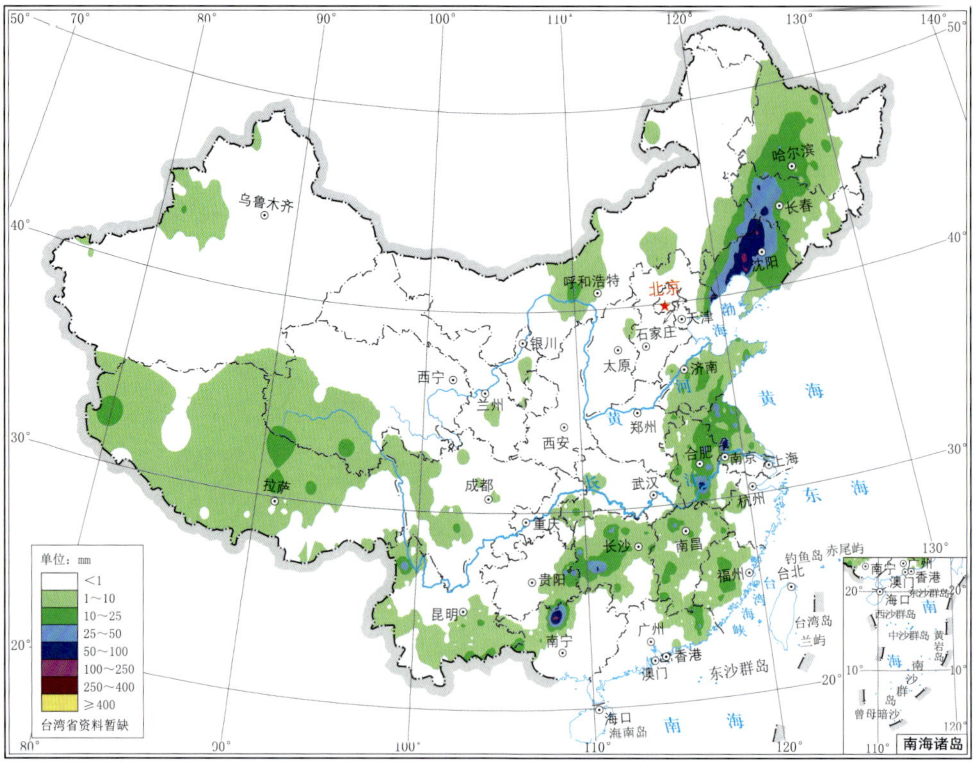

图 3.5.24　2022 年 7 月 29 日全国降水量分布

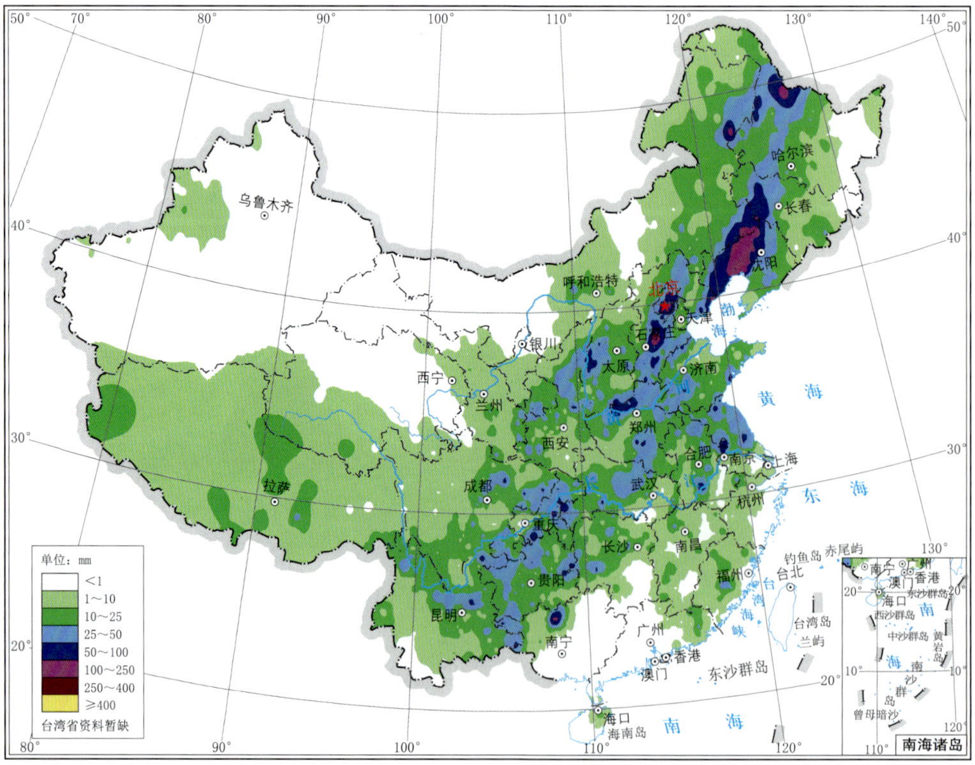

图 3.5.25　2022 年 7 月 27—29 日全国降水量分布

3.6　8 月主要暴雨过程(No. 18—No. 26)

第 18 次主要暴雨过程(No. 18):8 月 3—5 日

8 月 3 日,热带低压(TD2201)在我国东沙群岛附近的南海海面上形成并向西偏北方向移动,受其影响,广东大部出现降水,局部地区出现暴雨(图 3.6.1);4 日,热带低压(TD2201)在广东省惠州市惠东县登陆,登陆后转向偏西方向移动,下午迅速在广东省境内消散,受其影响,华南大部出现降水,暴雨较为分散,广东、广西局部出现大暴雨(图 3.6.2);5 日,热带低压(TD2201)在广东境内消散后,残余的气旋环流继续向西移动进入广西境内,受其影响,华南地区、西南地区东部、西南地区南部出现较大范围降水,暴雨分布范围较广但较为分散,局部地区出现大暴雨(图 3.6.3)。图 3.6.4 为此次暴雨过程总降水量分布。

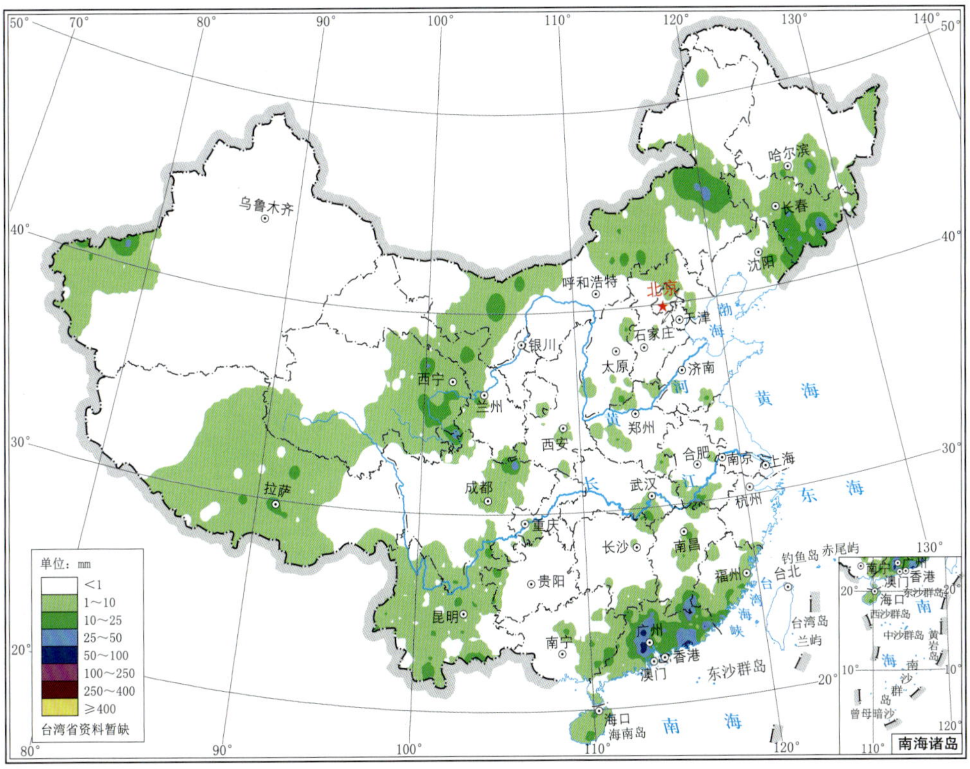

图 3.6.1　2022 年 8 月 3 日全国降水量分布

第 19 次主要暴雨过程(No. 19):8 月 5 日

8 月 5 日,500 hPa 贝加尔湖以东有冷涡形成,内蒙古东部及东北地区有西风槽形成发展,中低层冷涡位于黑龙江北部,东北地区有切变形成,受其影响,东北地区出现降水,暴雨分布较为零散,主要位于中北部地区,其中黑龙江南部局部出现大暴雨(图 3.6.3)。

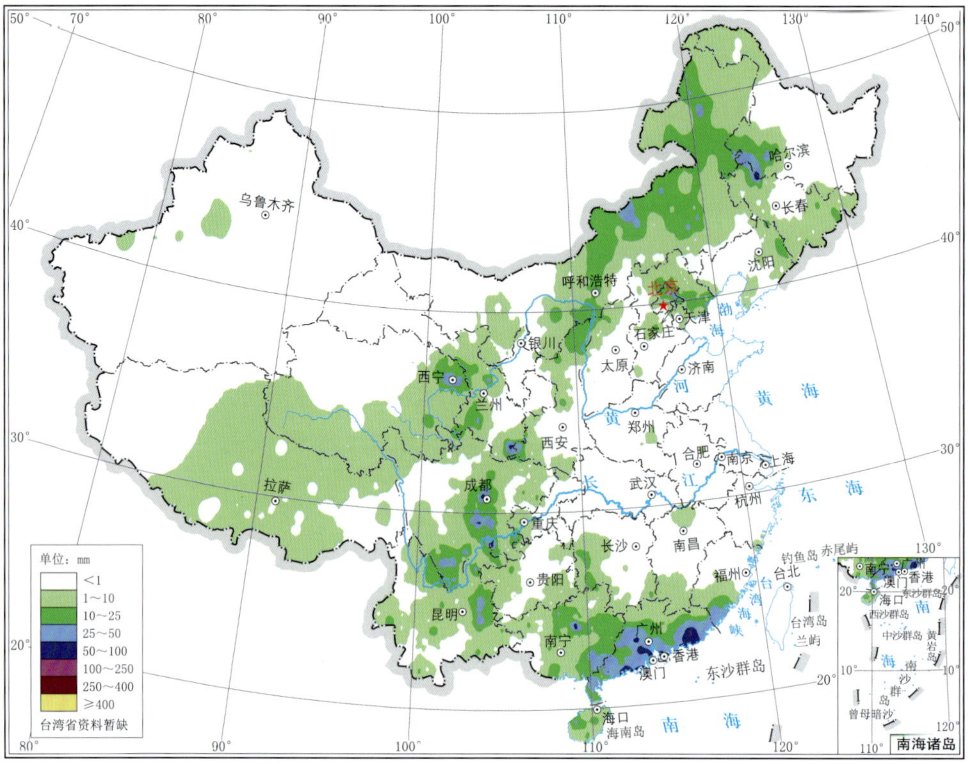

图 3.6.2　2022 年 8 月 4 日全国降水量分布

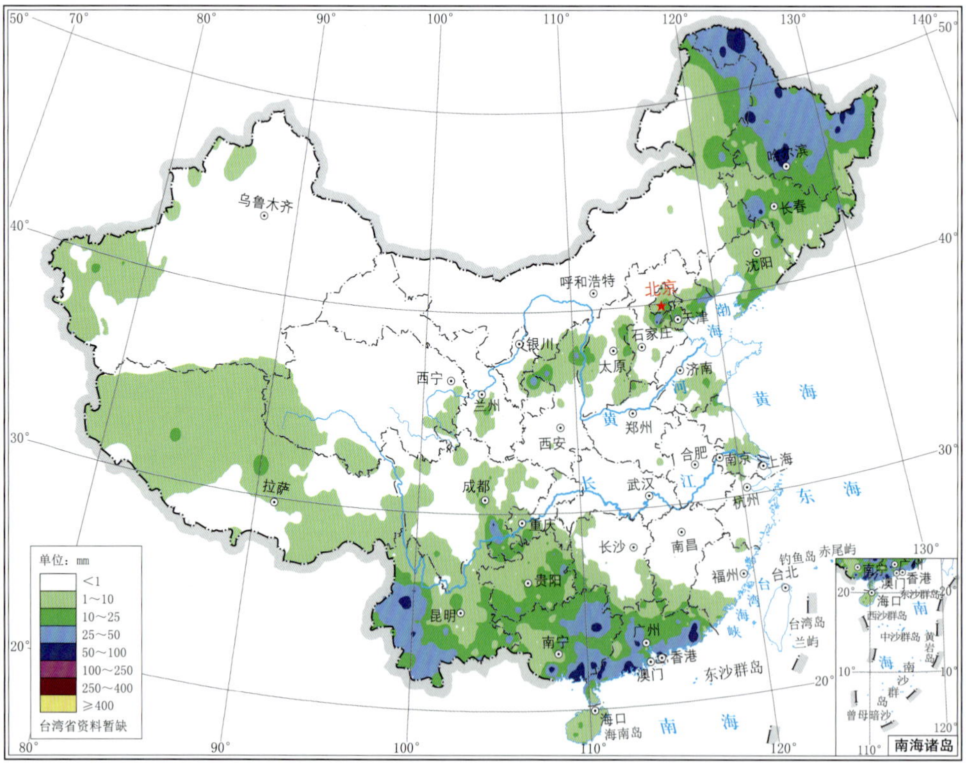

图 3.6.3　2022 年 8 月 5 日全国降水量分布

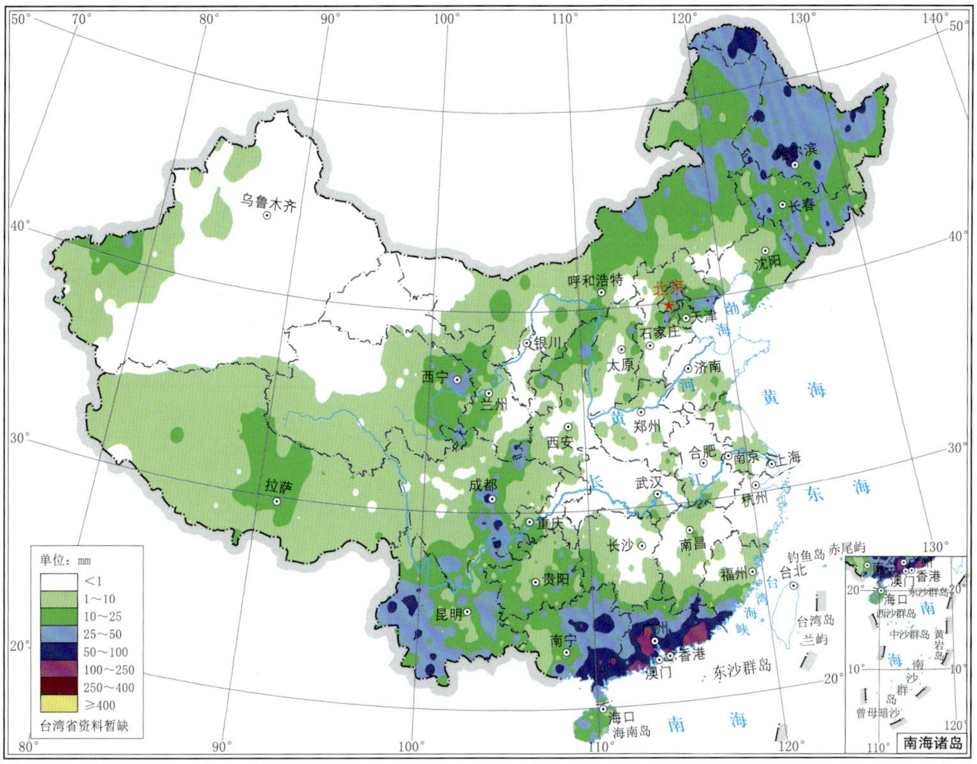

图 3.6.4　2022 年 8 月 3—5 日全国降水量分布

第 20 次主要暴雨过程(No. 20):8 月 7—10 日

8 月 7 日,500 hPa 内蒙古东部、东北地区南部至黄淮北部有西风短波槽形成,中低层内蒙古中东部至河套地区有切变形成,受其影响,东北地区至华北北部出现降水,暴雨分布较为零散,辽宁南部、河北北部局部出现大暴雨(图 3.6.5);8 日,500 hPa 河套地区有短波槽快速东移,中低层华北中部有切变形成,受其影响,华北地区出现降水,暴雨主要出现在河北南部及山西中部,河北南部有 7 个站出现大暴雨,其中任县出现了 298.7 mm 的特大暴雨(图 3.6.6);9 日,500 hPa 河套地区有短波槽发展东移,中低层华北中部切变线南压,850 hPa 河套地区有低涡切变新生,受其影响,华北地区及黄淮北部出现降水,两个暴雨中心分别出现在山东北部及山西北部,部分地区出现大暴雨(图 3.6.7);10 日,500 hPa 短波槽快速东移入海,中低层华北南部至黄淮北部有切变线维持,受其影响,华北地区、黄淮北部出现降水,山东中部至山西中部出现近东西向暴雨带,山东局部出现大暴雨(图 3.6.8)。图 3.6.9 为此次暴雨过程总降水量分布。

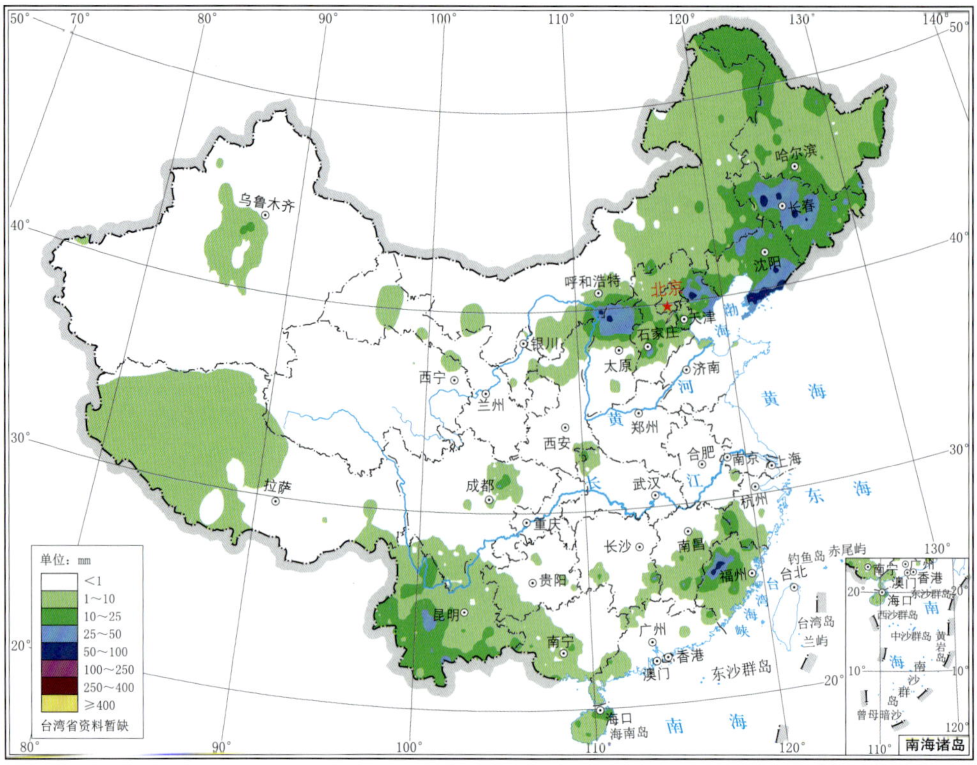

图 3.6.5　2022 年 8 月 7 日全国降水量分布

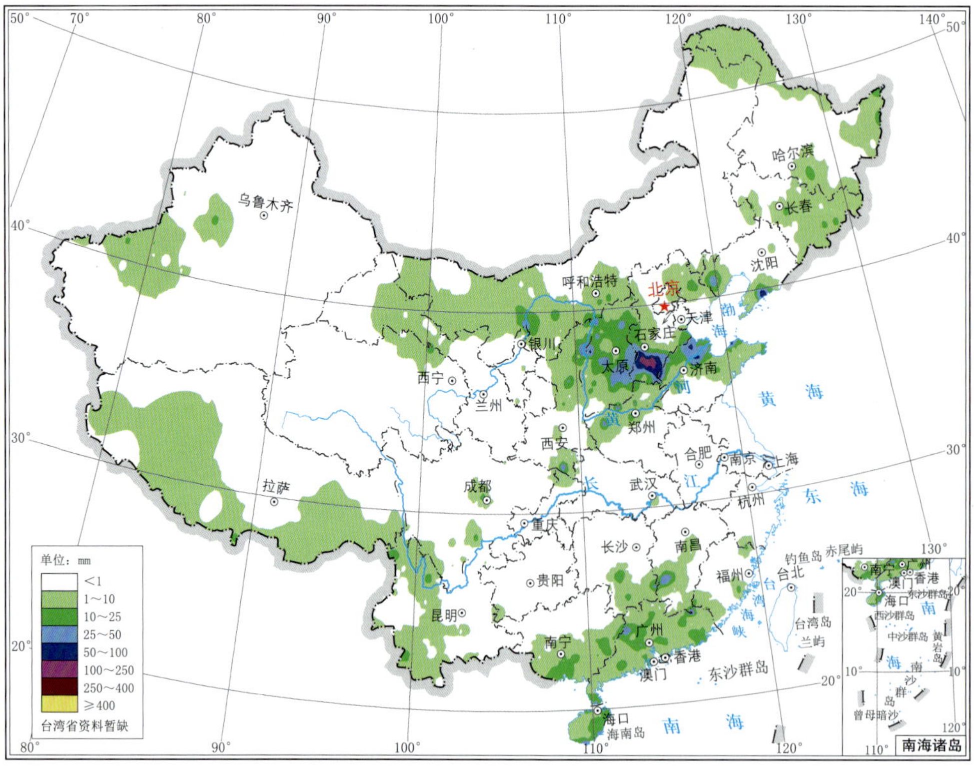

图 3.6.6　2022 年 8 月 8 日全国降水量分布

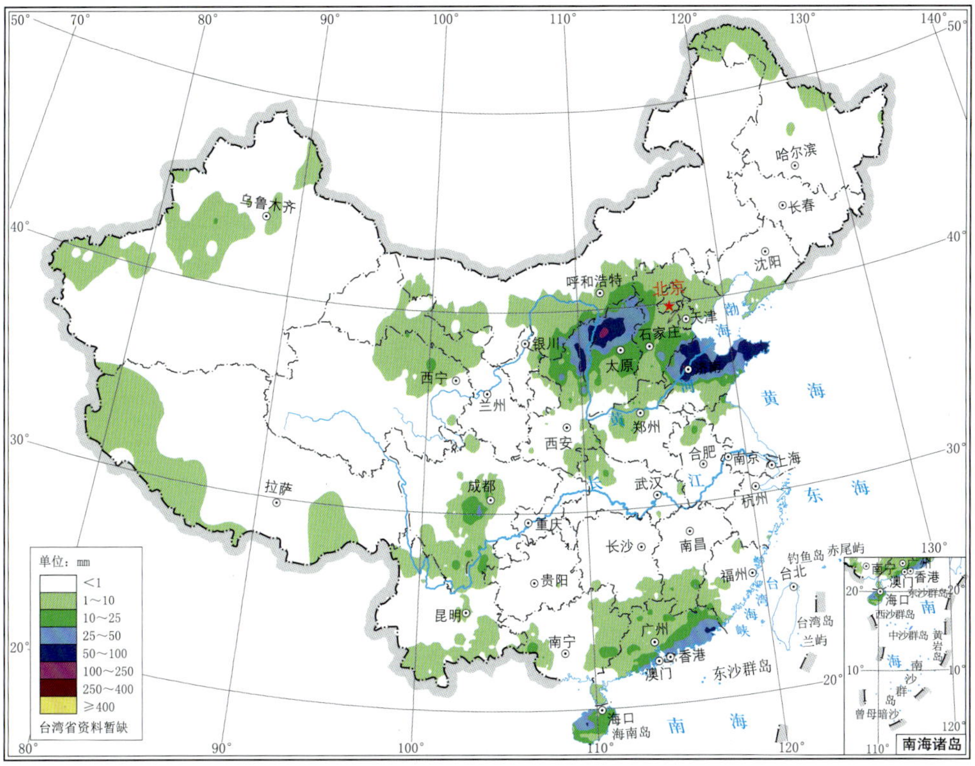

图 3.6.7　2022 年 8 月 9 日全国降水量分布

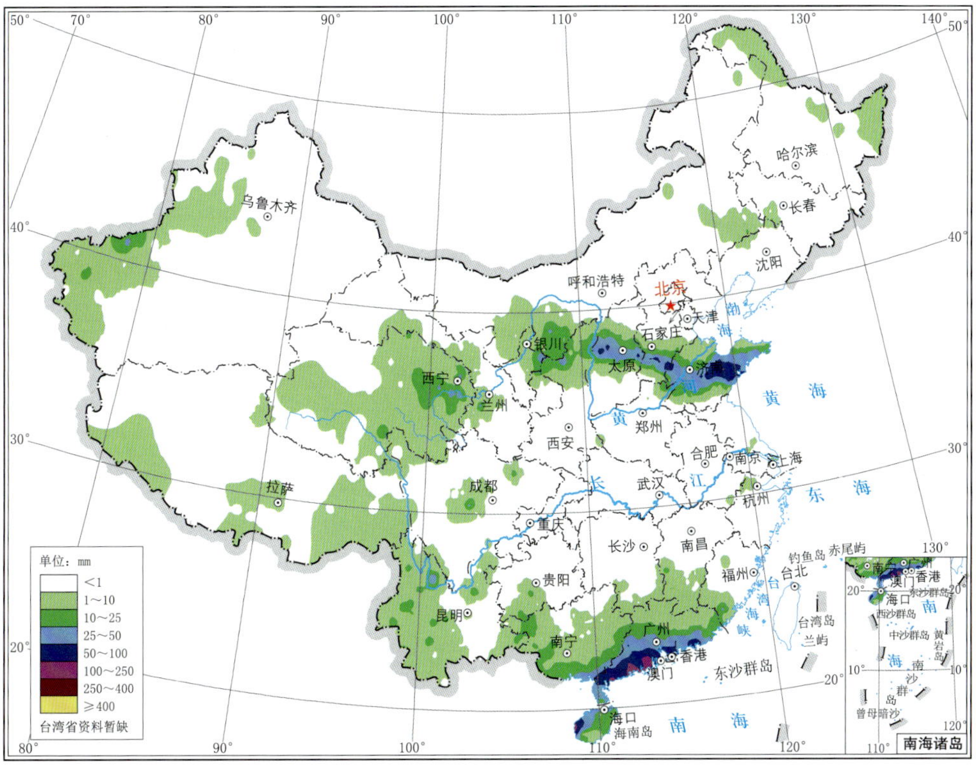

图 3.6.8　2022 年 8 月 10 日全国降水量分布

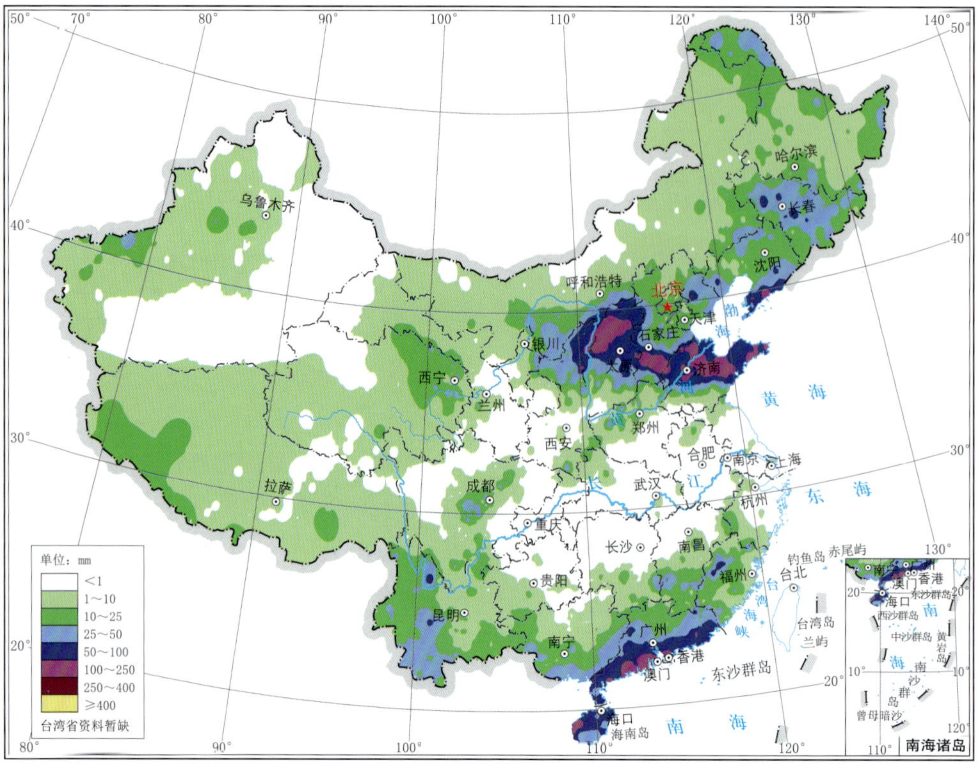

图 3.6.9 2022 年 8 月 7—10 日全国降水量分布

第 21 次主要暴雨过程(No. 21):8 月 9—12 日

8 月 9 日,2207 号热带风暴“木兰”(Mulan)在西沙群岛附近洋面上向西北方向移动,逐渐向海南岛靠近,受其影响,海南省、广东省出现降水,局部地区出现暴雨(图 3.6.7);10 日,“木兰”在广东省湛江市徐闻县登陆,然后折向偏西穿过琼州海峡进入北部湾海域,随后向西偏北方向移动,受其影响,华南大部出现降水,暴雨主要出现在广东南部及沿海地区,粤西南沿海出现大暴雨(图 3.6.8);11 日,“木兰”在越南北部沿海再次登陆,强度减弱,下午快速在越南境内消散,受其影响,广东、广西出现降水,沿海地区局部出现暴雨到大暴雨(图 3.6.10);12 日,受“木兰”减弱消散后残留气旋环流的影响,华南部分地区出现降水,局部出现暴雨(图 3.6.11)。图 3.6.12 为此次暴雨过程总降水量分布。

第 22 次主要暴雨过程(No. 22):8 月 14—15 日

8 月 14 日,500 hPa 内蒙古中部至华北西部有西风短波槽形成,700 hPa 蒙古东部有低涡形成,内蒙古中部至河套地区有切变形成,850 hPa 内蒙古中部有低涡生成,河套地区及华北地区分别有切变形成,受其影响,华北地区、内蒙古中部、东北地区南部、西北地区东部出现降水,暴雨分布较为广泛,甘肃、宁夏局部出现大暴雨(图 3.6.13);15 日,500 hPa 西风短波槽快速东移,700 hPa 蒙古低涡东移至我国东北地区西部,低涡南侧切变伸展至黄淮北部,850 hPa 低涡切变也快速东移,受其影响,东北地区中部、南部出现降水,暴雨主要集中在吉林东部至辽宁东部一线,部分地区出现大暴雨(图 3.6.14)。图 3.6.15 为此次暴雨过程总降水量分布。

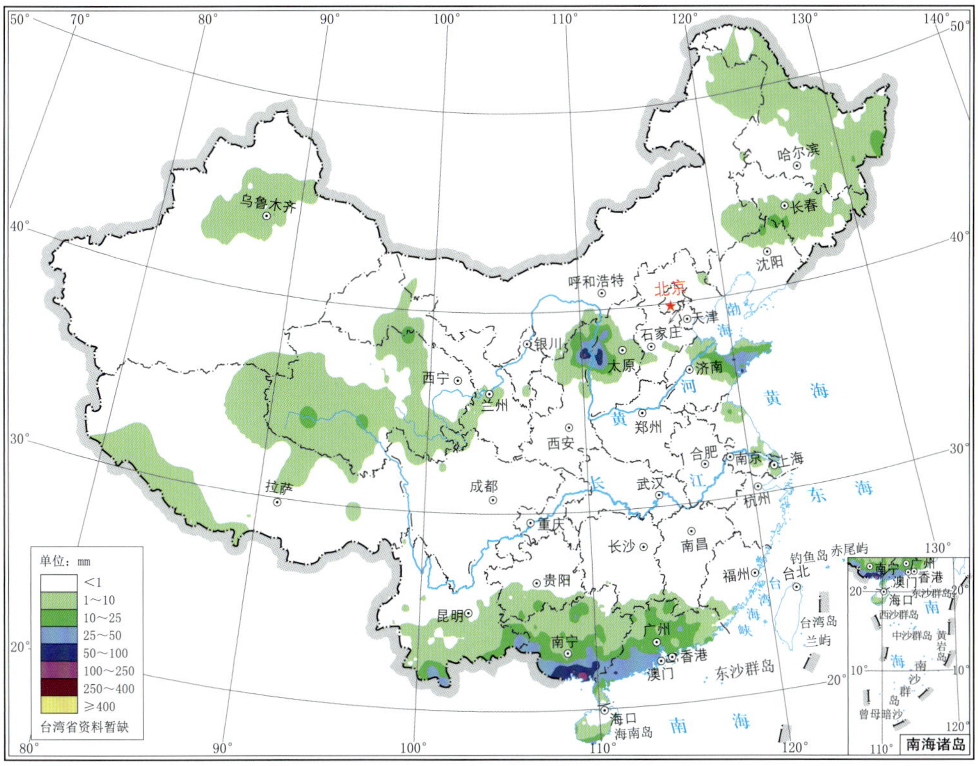

图 3.6.10　2022 年 8 月 11 日全国降水量分布

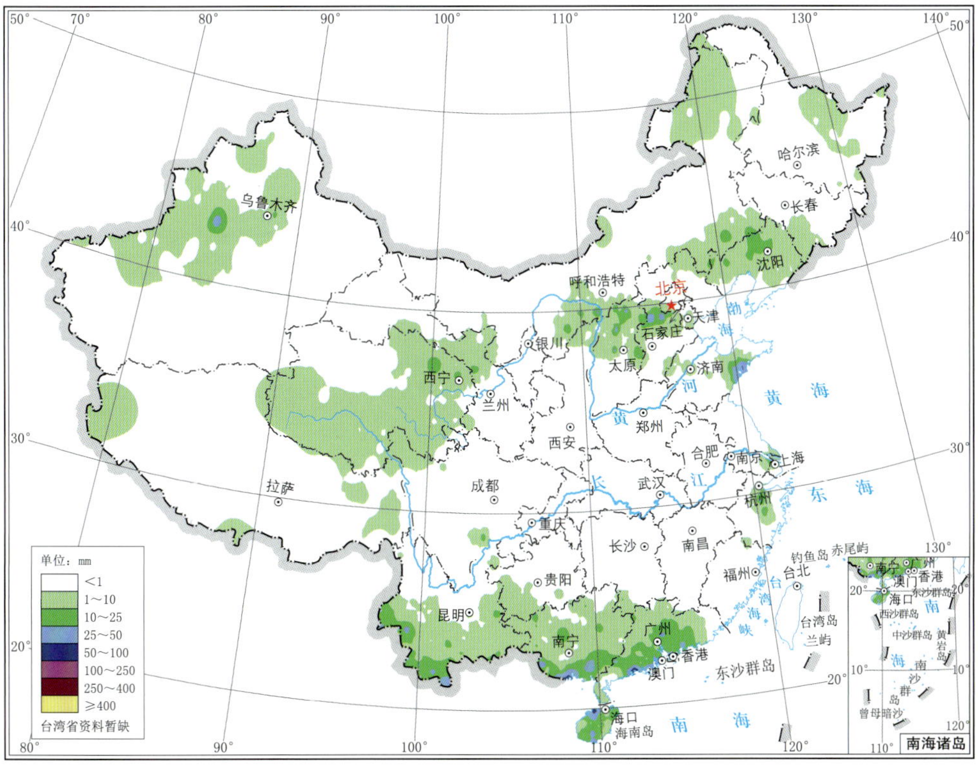

图 3.6.11　2022 年 8 月 12 日全国降水量分布

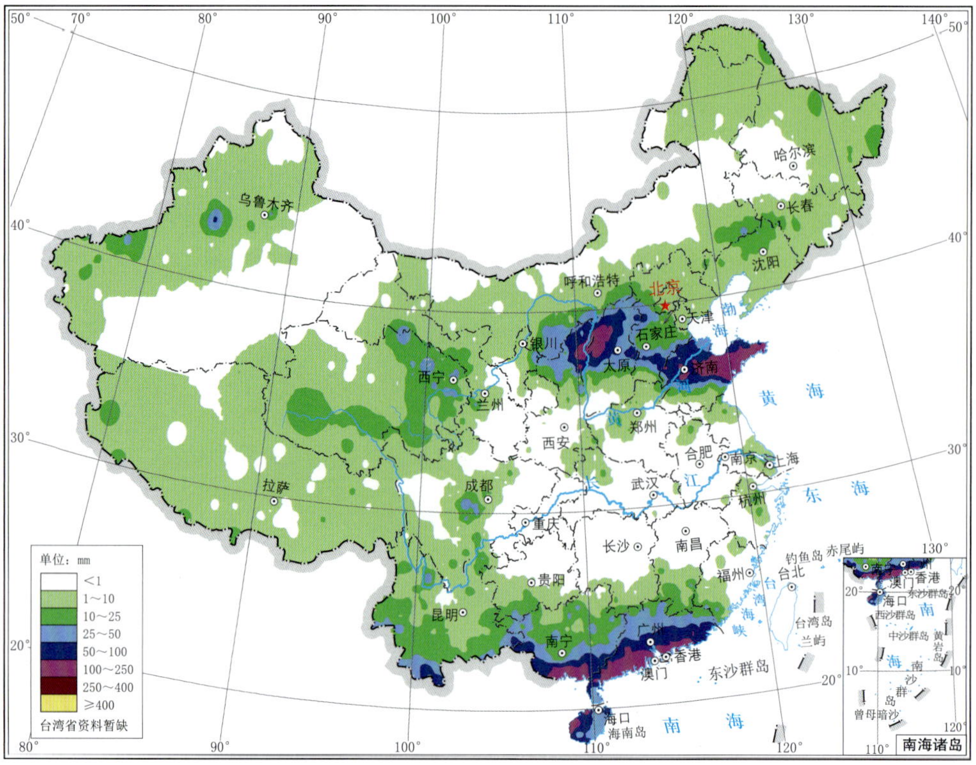

图 3.6.12　2022 年 8 月 9—12 日全国降水量分布

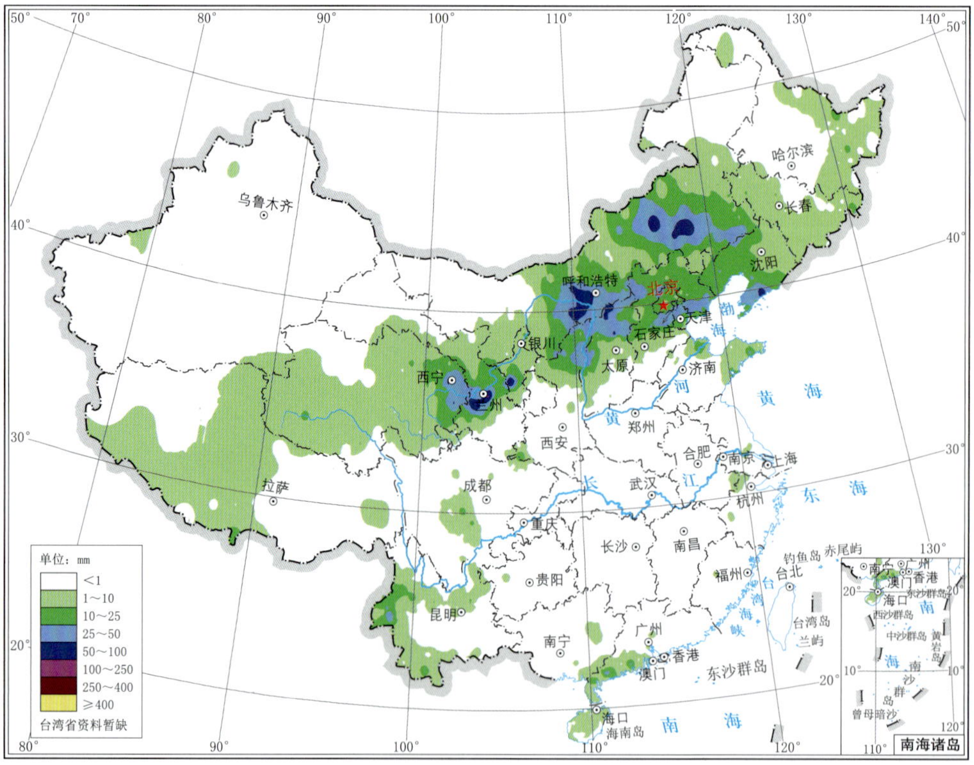

图 3.6.13　2022 年 8 月 14 日全国降水量分布

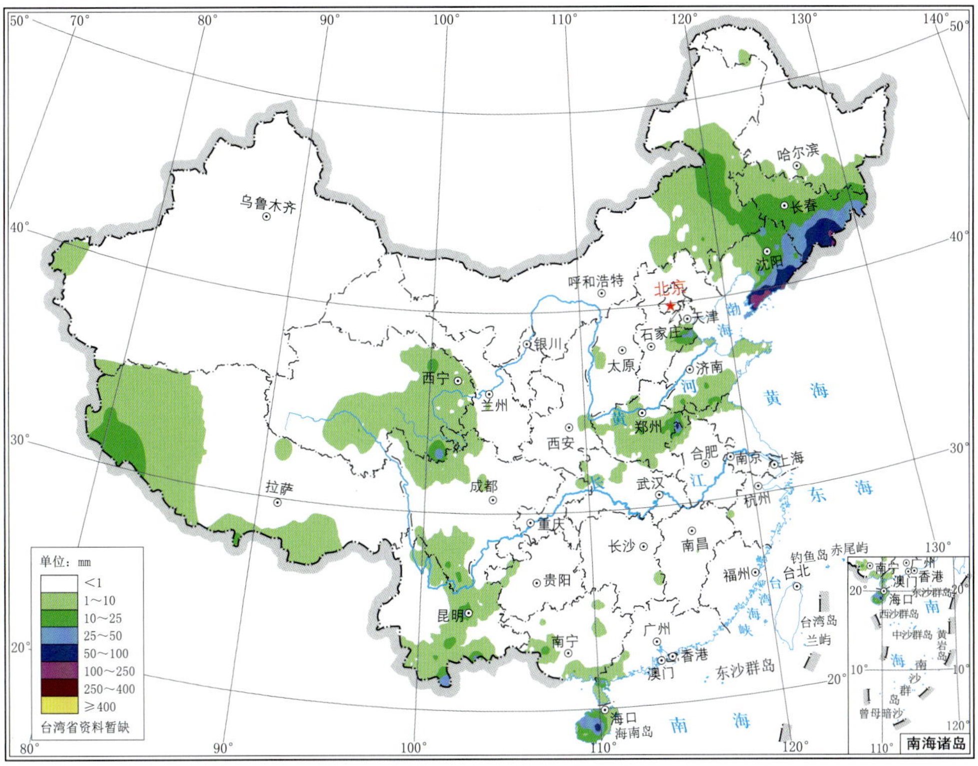

图 3.6.14　2022 年 8 月 15 日全国降水量分布

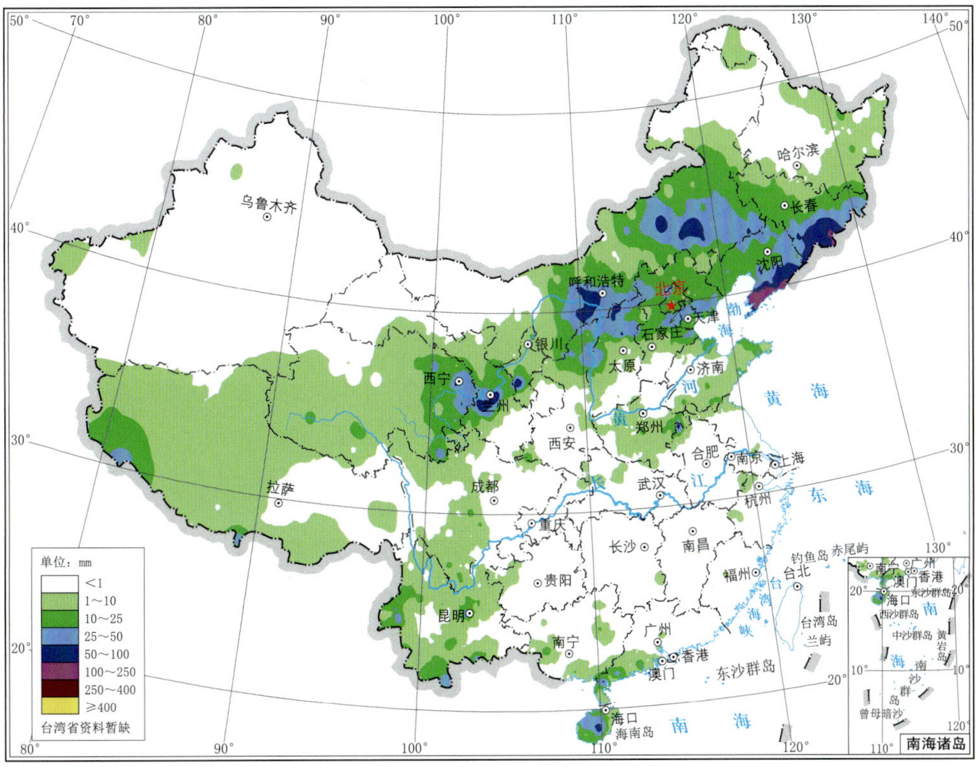

图 3.6.15　2022 年 8 月 14—15 日全国降水量分布

第 23 次主要暴雨过程(No. 23):8 月 18—19 日

8 月 18 日,500 hPa 河套以西地区有西风短波槽形成,700 hPa 河套地区有切变形成,850 hPa 蒙古南部有低涡生成,低涡切变伸展至河套地区,受其影响,河套地区及华北北部出现降水,暴雨主要集中在河北北部至内蒙古西部一线,局部地区出现大暴雨(图 3.6.16);19 日,500 hPa 河套以西地区的短波槽快速东移至东北地区,同时华北西部也有短波槽生成,中低层东北地区北部有低涡低涡东移发展,低涡切变向西南方向一直伸展至华北南部,切变线东南侧西南低空急流明显发展,受其影响,雨区快速东移,东北地区至至环渤海地区出现强降水,两个暴雨中心分别位于东北北部和环渤海地区,河北北部沿海地区出现大暴雨(图 3.6.17)。图 3.6.18 为此次暴雨过程总降水量分布。

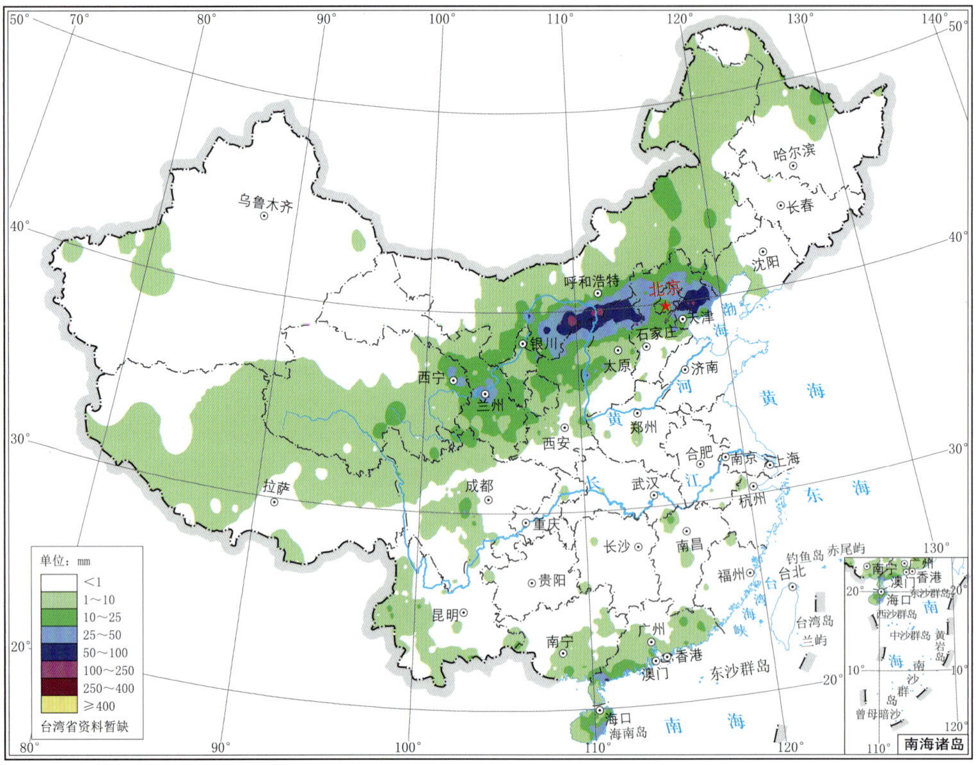

图 3.6.16　2022 年 8 月 18 日全国降水量分布

第 24 次主要暴雨过程(No. 24):8 月 22—23 日

8 月 22 日,500 hPa 内蒙古东部及华北地区分别有西风短波槽生成,中低层东北北部有冷涡形成,低涡切变向西南方向一直伸展至华北南部地区,受其影响,东北地区及华北地区出现降水,暴雨主要集中在华北中南部地区,河北南部部分地区出现大暴雨(图 3.6.19);23 日,500 hPa 西风短波槽快速东移,黄淮东部有短波槽生成,中低层东北冷涡切变东移入海,黄海至黄淮南部有切变形成,受其影响,黄淮南部出现降水,江苏北部局部出现暴雨、大暴雨(图 3.6.20)。图 3.6.21 为此次暴雨过程总降水量分布。

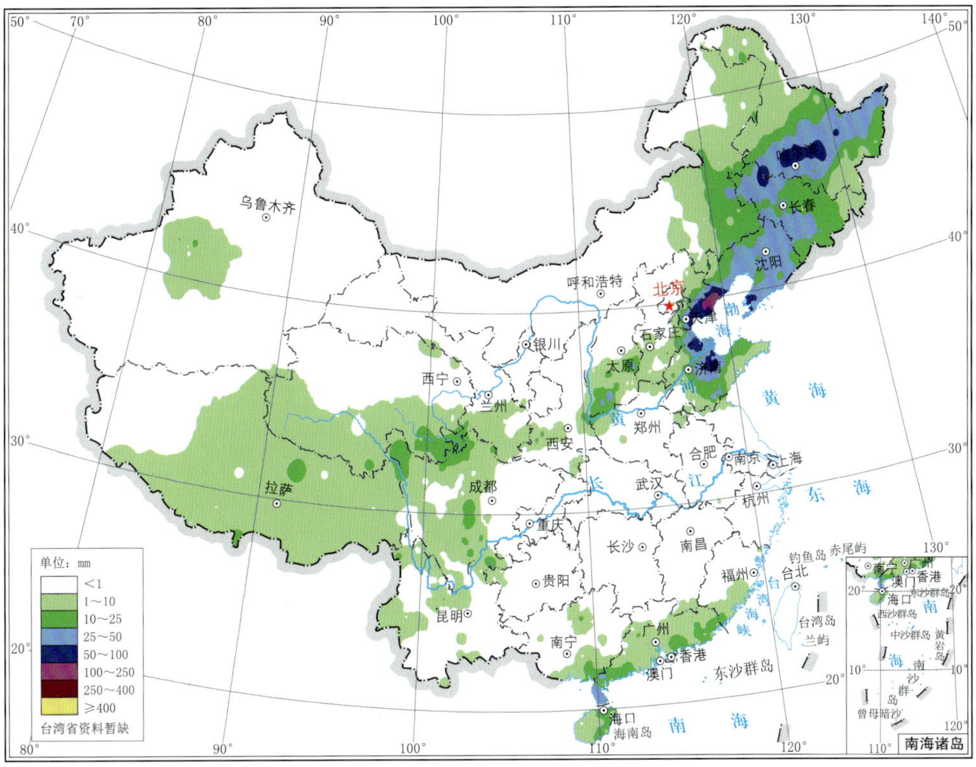

图 3.6.17　2022 年 8 月 19 日全国降水量分布

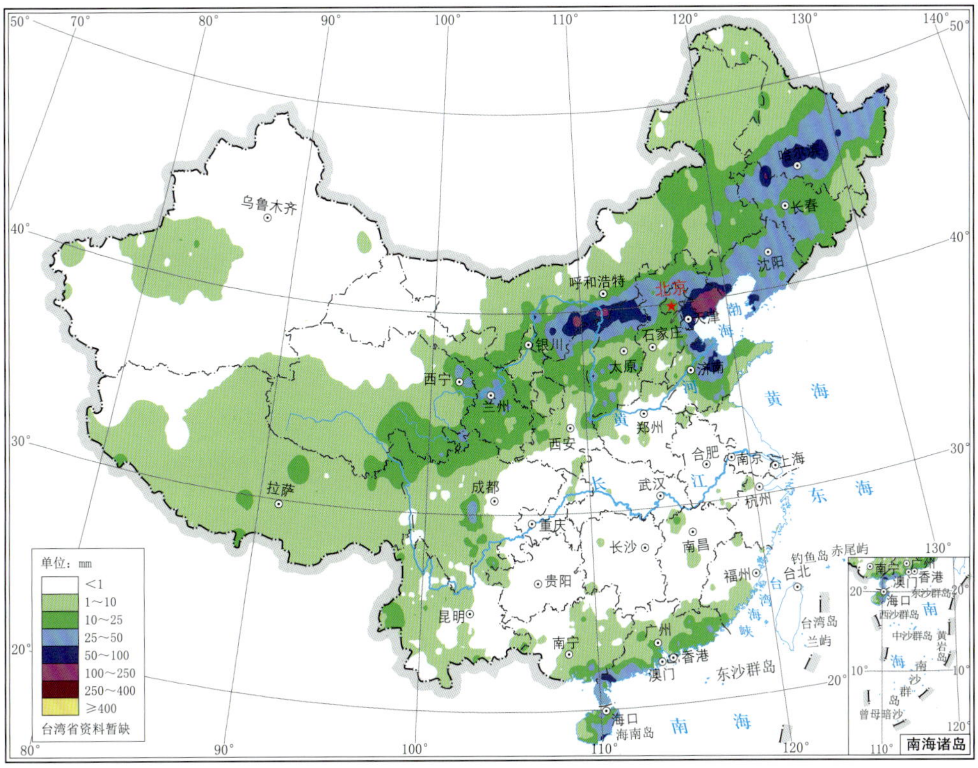

图 3.6.18　2022 年 8 月 18—19 日全国降水量分布

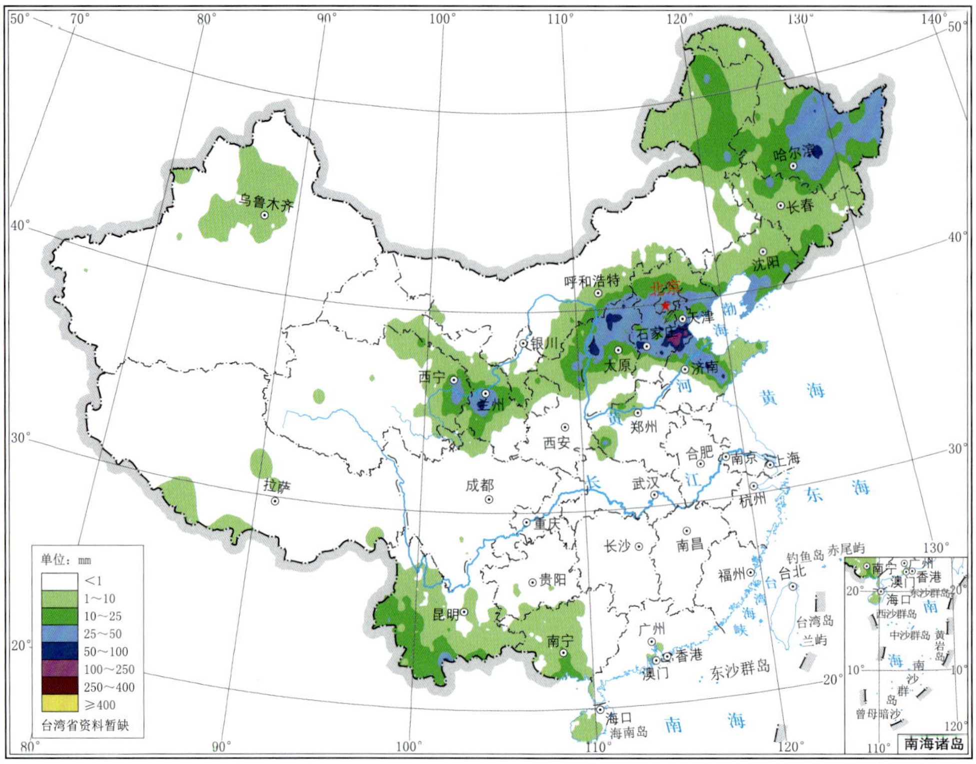

图 3.6.19　2022 年 8 月 22 日全国降水量分布

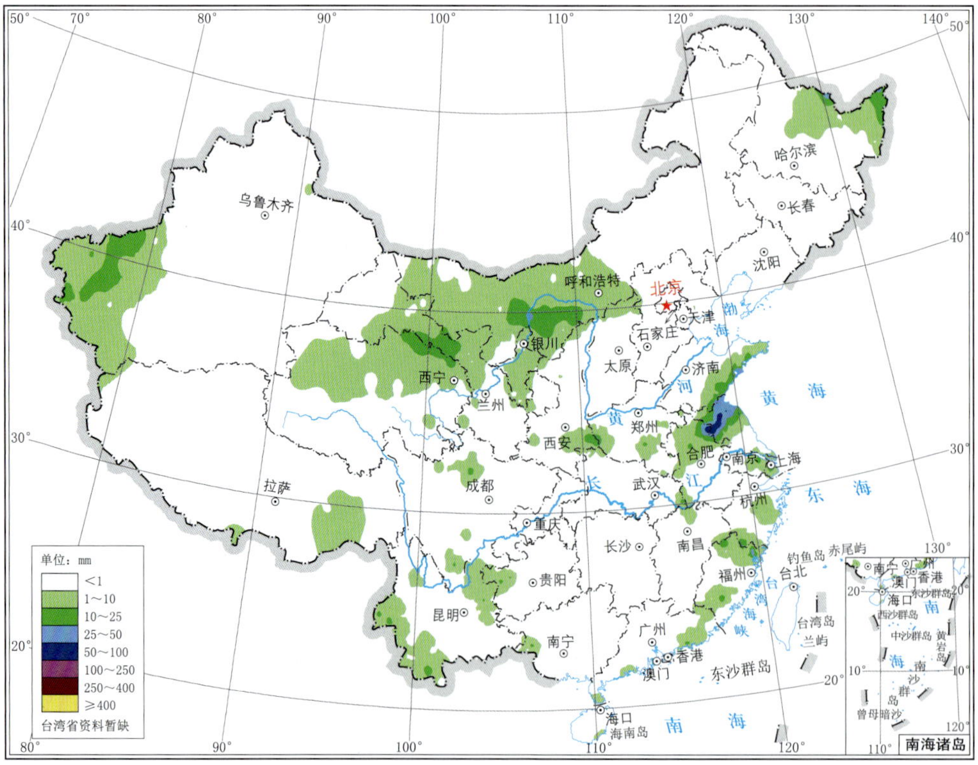

图 3.6.20　2022 年 8 月 23 日全国降水量分布

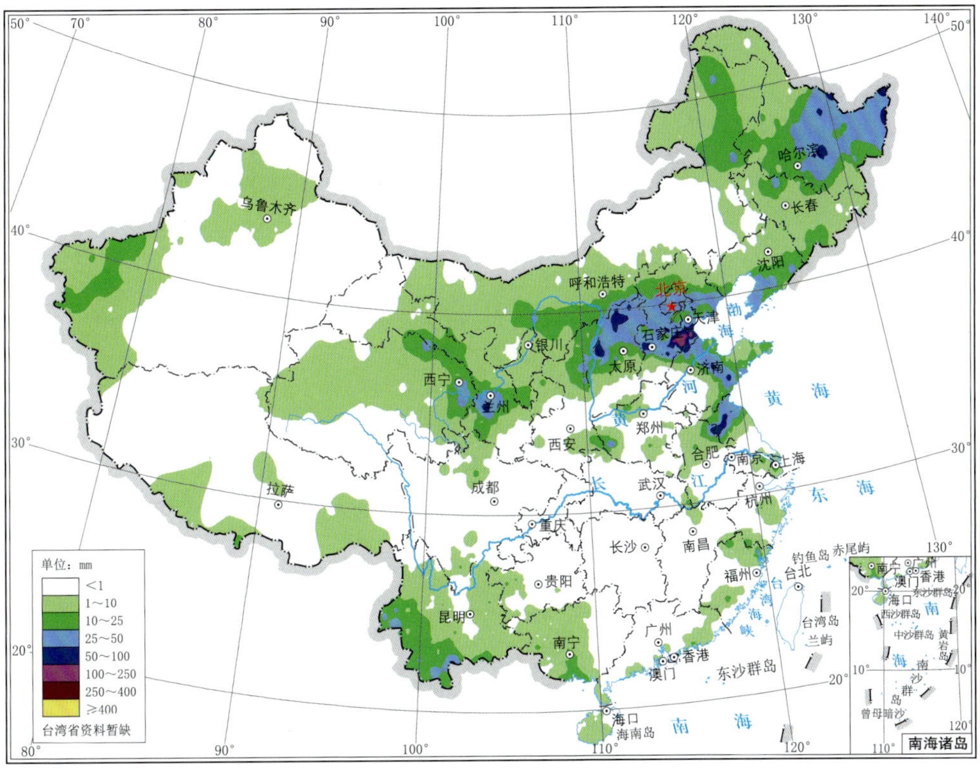

图 3.6.21　2022 年 8 月 22—23 日全国降水量分布

第 25 次主要暴雨过程(No. 25):8 月 25—26 日

8 月 25 日,2209 号台风“马鞍”(Ma-on)沿西偏北方向移动,在广东省茂名市电白区登陆,随后强度快速减弱为热带风暴,途经广东、广西后进入北部湾海域,随即二次登陆越南北部,受其影响,广东、海南出现降水,暴雨主要集中在海南,部分地区出现大暴雨(图 3.6.22);26 日,“马鞍”在越南境内减弱消失,受其影响,华南大部、云贵高原出现降水,暴雨主要出现在广西南部,局部出现大暴雨(图 3.6.23)。图 3.6.24 为此次暴雨过程总降水量分布。

第 26 次主要暴雨过程(No. 26):8 月 28—30 日

8 月 28 日,500 hPa 河套以西及青藏高原东部有短波槽活动,中低层河套地区至高原东部多切变活动,四川盆地西部有低涡形成,受其影响,华北南部、黄淮地区、西北地区东部及四川盆地西部出现降水,暴雨分布较为零散(图 3.6.25);29 日,500 hPa 河套地区短波槽快速东移至黄淮北部,高原东侧短波槽缓慢东移发展,中低层西南低涡在四川盆地内缓慢东移,受其影响,黄淮地区至四川盆地出现降水,暴雨主要出现在四川盆地及陕南部分地区,川陕交界处出现大暴雨(图 3.6.26);30 日,500 hPa 高原东侧短波槽静止少动,中低层西南低涡静止少动略有东移,黄淮北部至四川盆地切变维持,受其影响,雨带整体略有南压,暴雨主要出现在四川盆地东北部,川渝交界处多站出现大暴雨(图 3.6.27)。图 3.6.28 为此次暴雨过程总降水量分布。

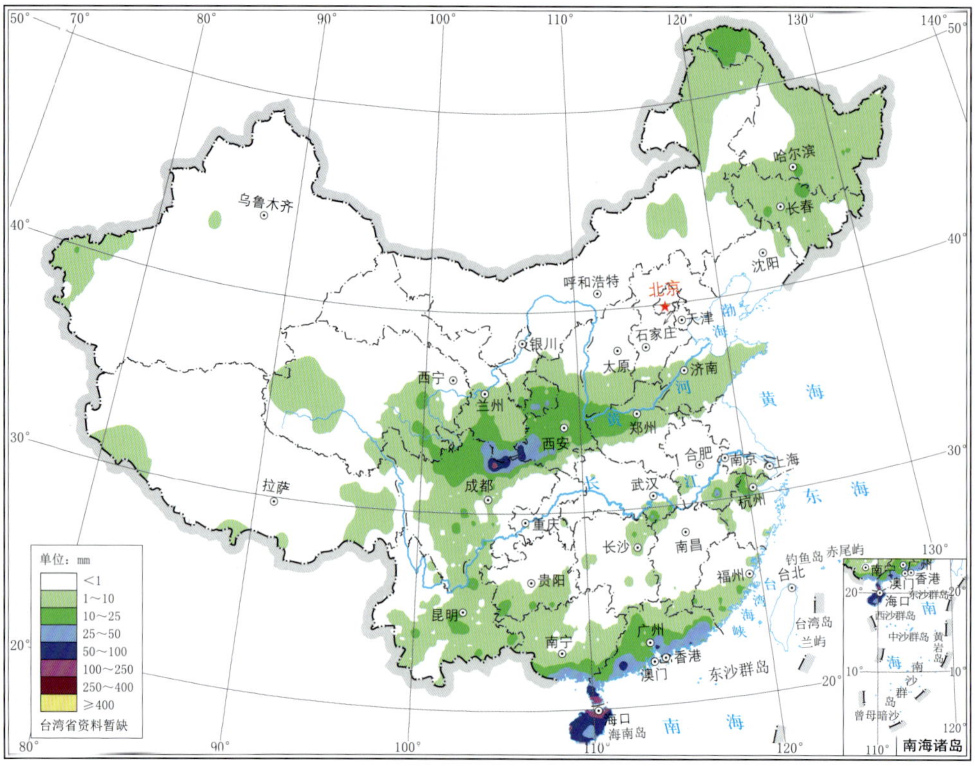

图 3.6.22　2022 年 8 月 25 日全国降水量分布

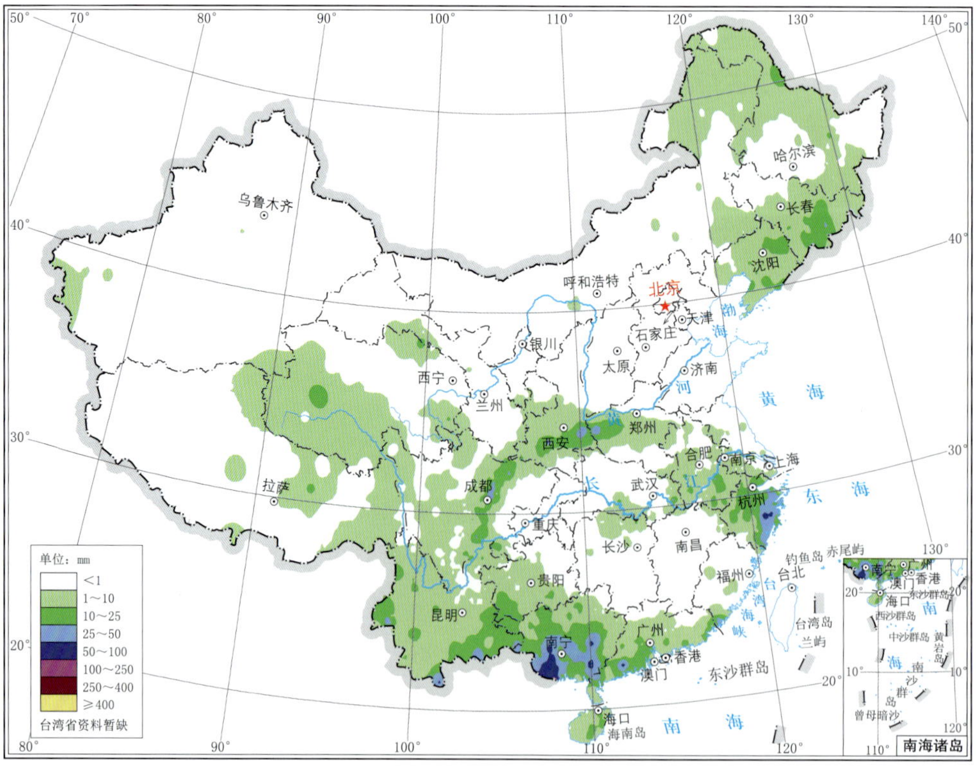

图 3.6.23　2022 年 8 月 26 日全国降水量分布

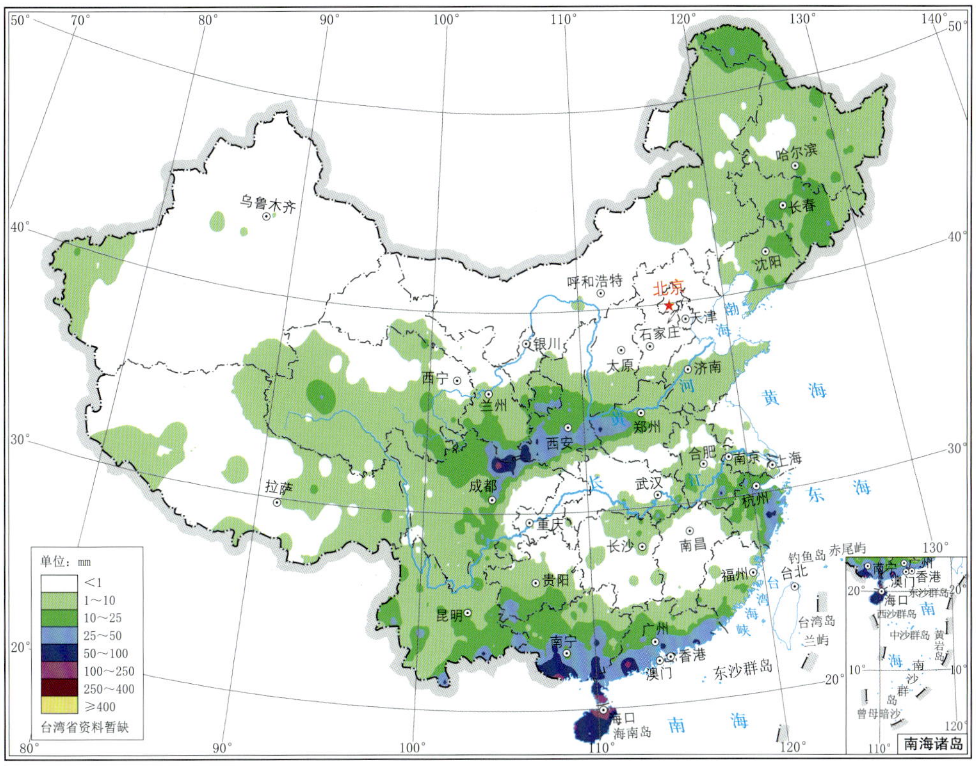

图 3.6.24　2022 年 8 月 25—26 日全国降水量分布

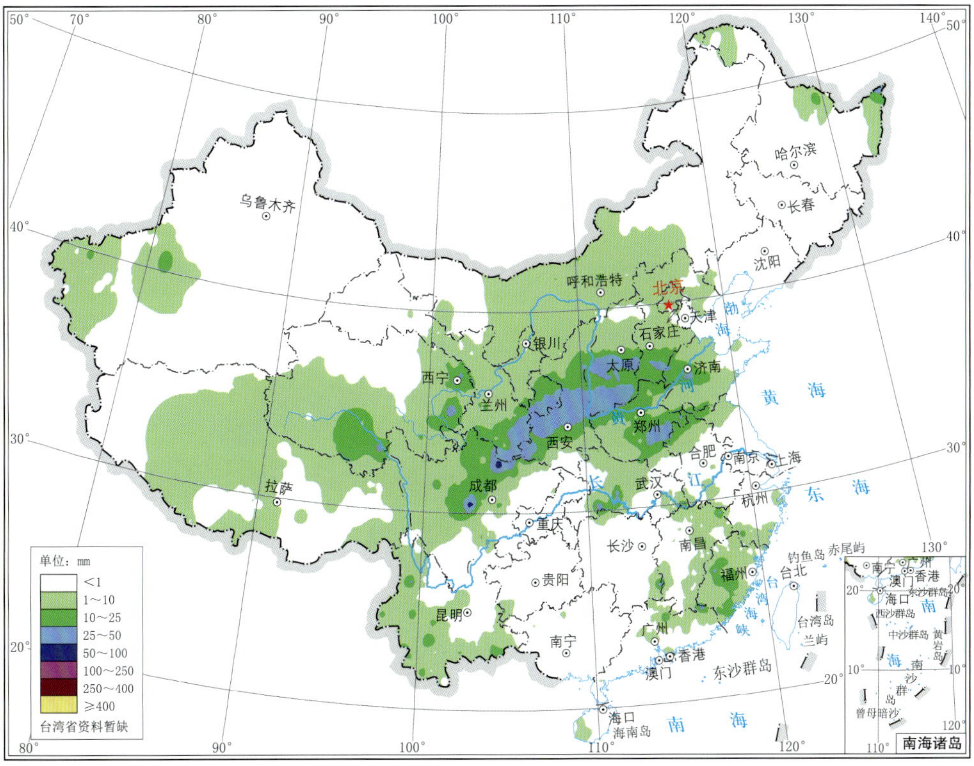

图 3.6.25　2022 年 8 月 28 日全国降水量分布

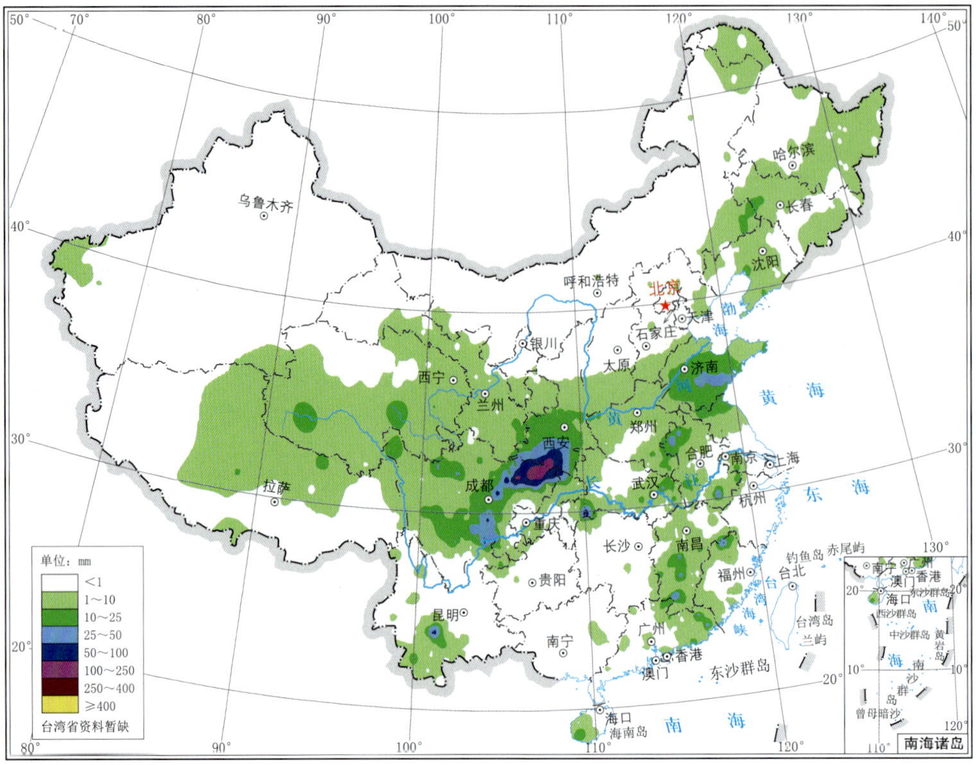

图 3.6.26　2022 年 8 月 29 日全国降水量分布

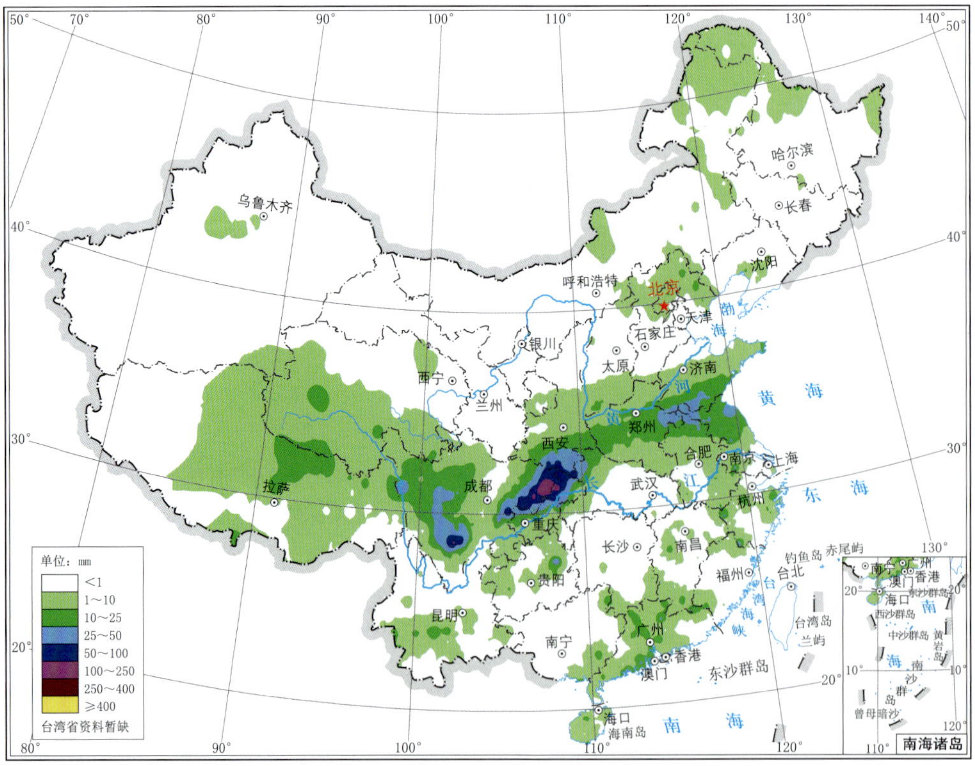

图 3.6.27　2022 年 8 月 30 日全国降水量分布

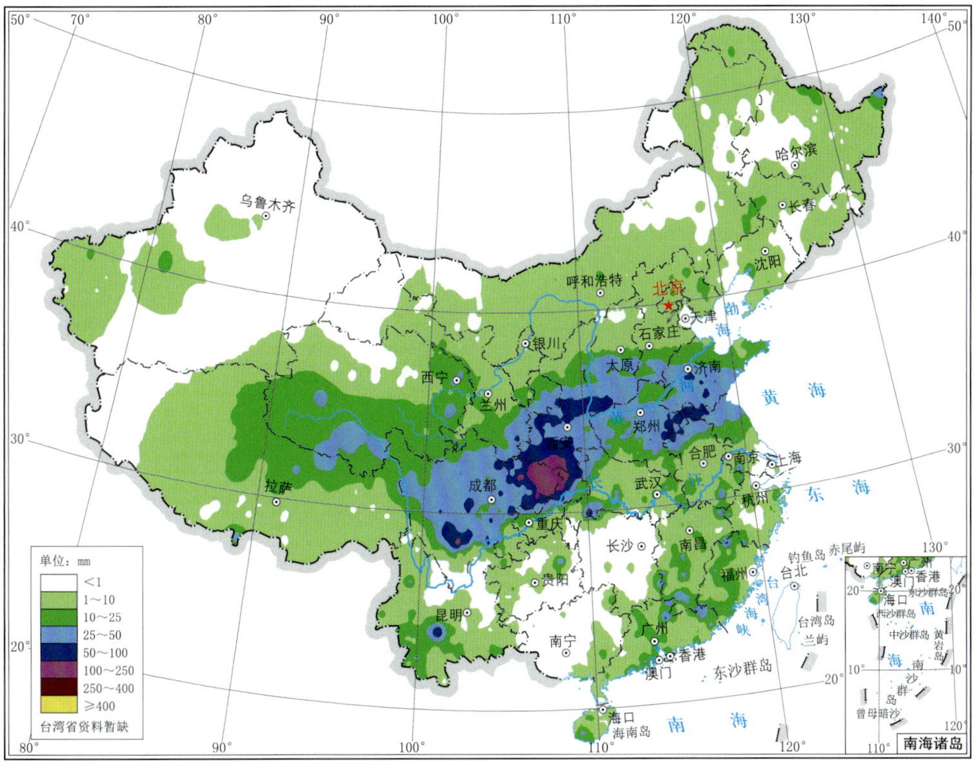

图 3.6.28　2022 年 8 月 28—30 日全国降水量分布

3.7　9 月主要暴雨过程(No. 27—No. 30)

第 27 次主要暴雨过程(No. 27):9 月 8—9 日

9 月 8 日,中南半岛有热带低压活动,低压倒槽向北伸展至我国广西南部地区,江南、华南受副热带高压控制,受其影响,我国华南地区出现降水,暴雨分布较为零散,局部地区出现大暴雨(图 3.7.1);9 日,华南南部及沿海地区仍受东风波倒槽影响,副热带高压有所减弱,受其影响,华南局部地区出现暴雨(图 3.7.2)。图 3.7.3 为此次暴雨过程总降水量分布。

第 28 次主要暴雨过程(No. 28):9 月 13—16 日

9 月 13 日,2212 号强台风“梅花”(Muifa)从西太平洋穿过琉球群岛进入我国东海海域,并向北偏西方向移动,受其影响,浙江东部、江苏南部及上海市出现降水,部分地区出现暴雨,浙江局部出现大暴雨(图 3.7.4);14 日,“梅花”继续向西北方向移动逐渐靠近华东沿海,夜间强度减弱为台风,并在浙江舟山登陆,受其影响,降水主要出现在浙江东北部地区,浙江沿海多站出现大暴雨(图 3.7.5);15 日,“梅花”于凌晨二次登陆上海奉贤区,随后沿江苏东部沿海北上,下午再次入海,强度逐渐减弱为热带风暴,受其影响,浙江北部沿海、上海市、江苏省大部、山东省东部及辽宁省东部出现大范围降水,暴雨主要出现在我国东部沿海地区,其中山东沿海及山东半岛多站出现大暴雨(图 3.7.6);16 日,台风“梅花”于凌晨三次登陆山东省青岛市崂山区,随后穿过山东半岛,向东北方向移动,途径渤海海峡,中午时分

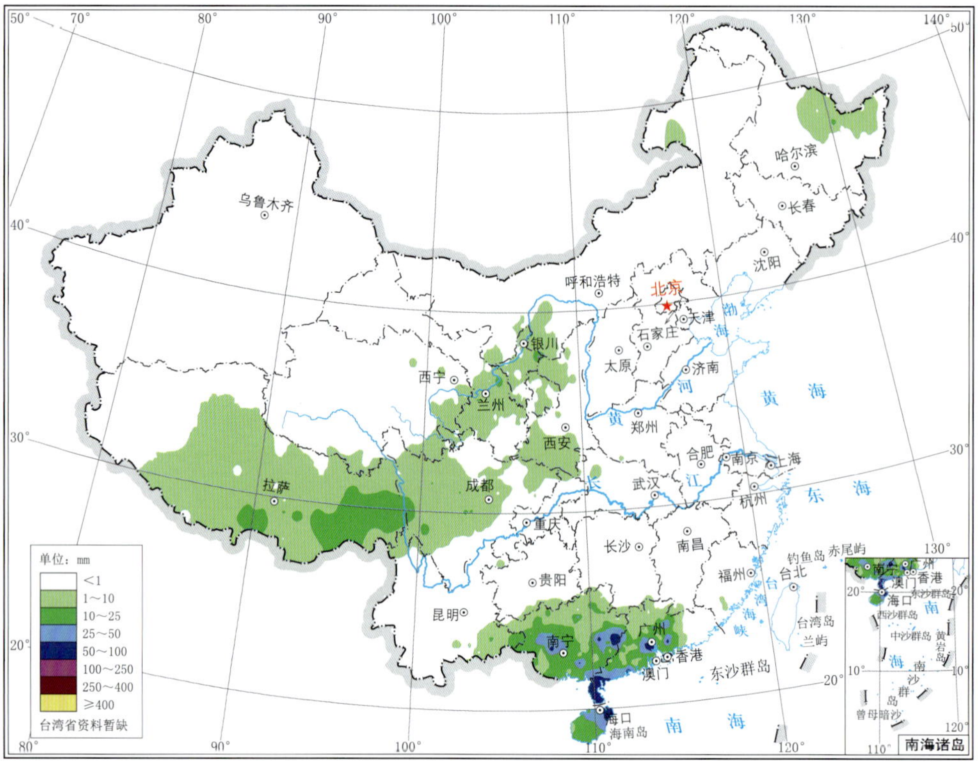

图 3.7.1　2022 年 9 月 8 日全国降水量分布

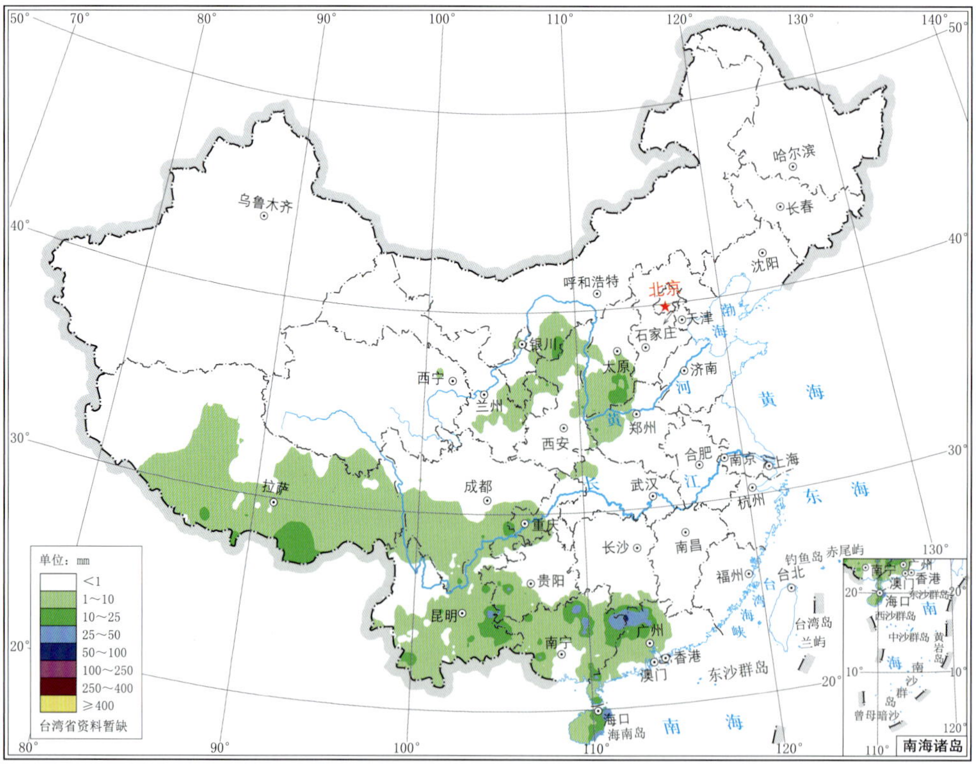

图 3.7.2　2022 年 9 月 9 日全国降水量分布

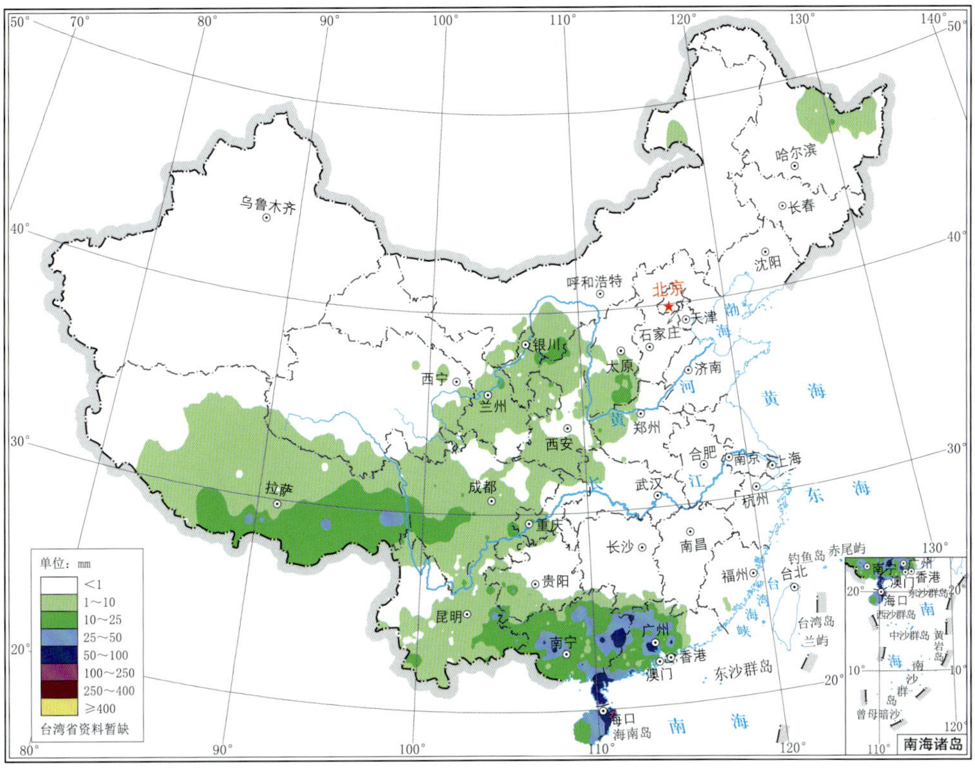

图 3.7.3　2022 年 9 月 8—9 日全国降水量分布

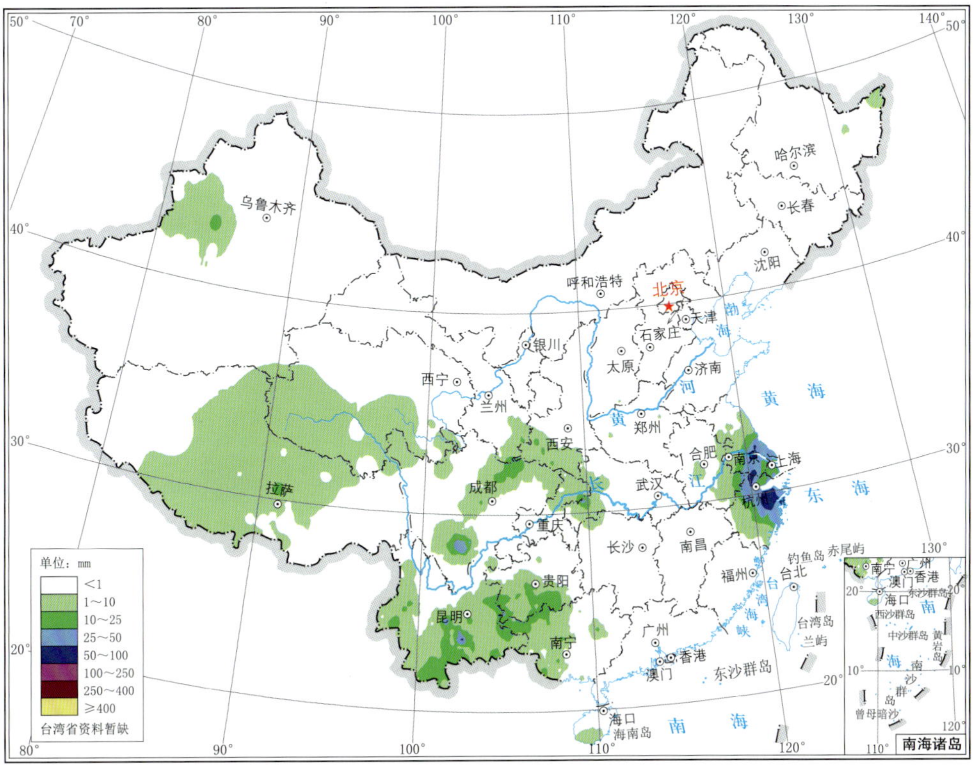

图 3.7.4　2022 年 9 月 13 日全国降水量分布

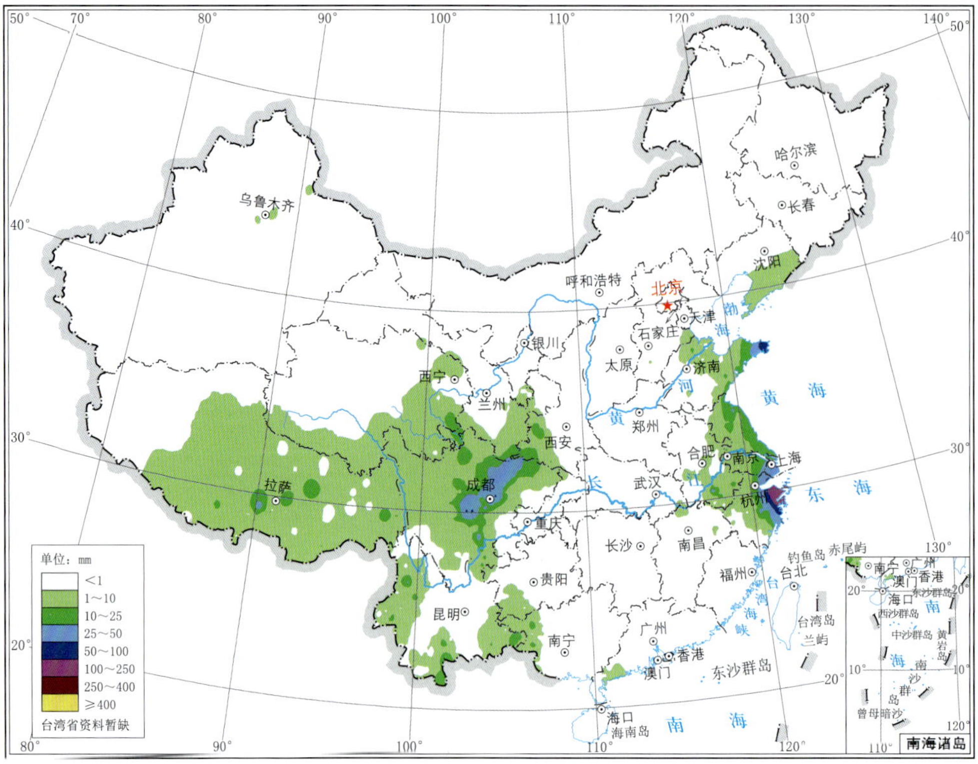

图 3.7.5　2022 年 9 月 14 日全国降水量分布

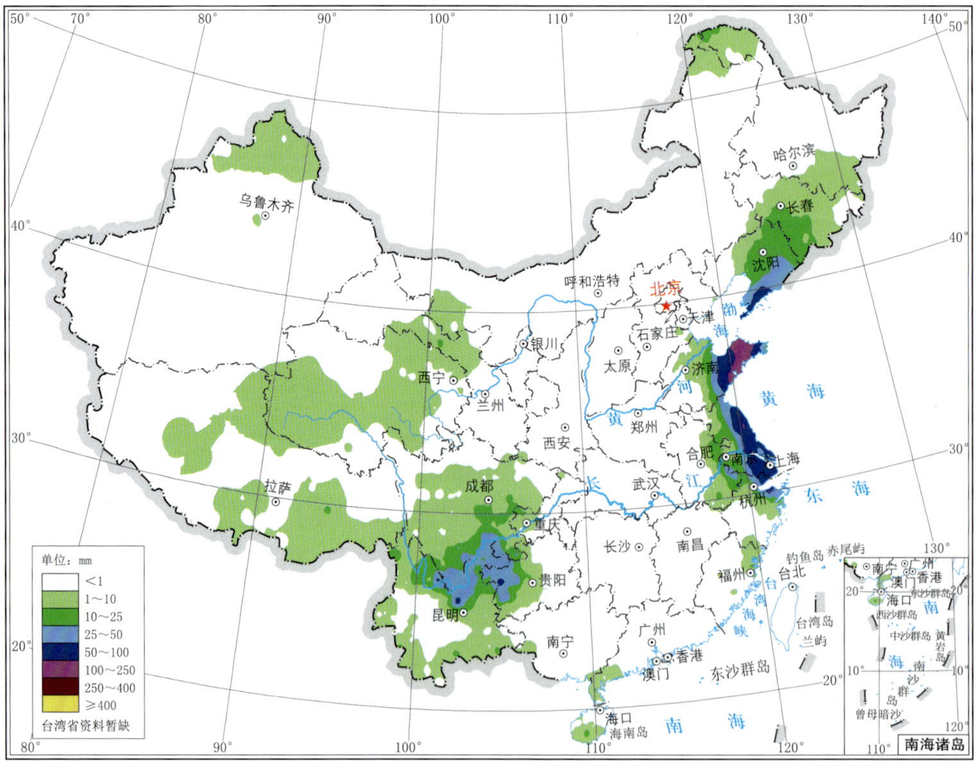

图 3.7.6　2022 年 9 月 15 日全国降水量分布

四次登陆辽宁省大连市金州区，夜间变性为温带气旋，随后在吉林省境内快速减弱消散，受其影响，山东半岛、辽宁东部和吉林东部出现暴雨，部分地区出现大暴雨（图 3.7.7）。图 3.7.8 为此次暴雨过程总降水量分布。

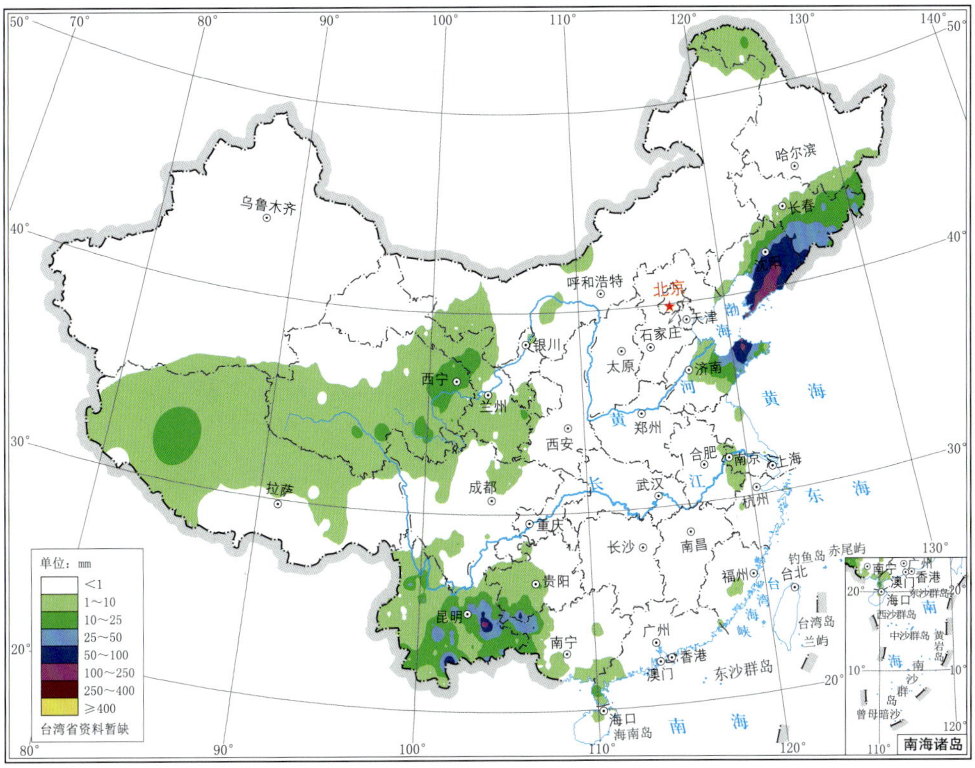

图 3.7.7　2022 年 9 月 16 日全国降水量分布

第 29 次主要暴雨过程（No. 29）：9 月 19—20 日

9 月 19 日，500 hPa 青藏高原东侧有短波槽形成，中低层四川盆地有西南低涡发展，受其影响，陕西中南部至川东北地区出现降水，部分地区出现暴雨，局部出现大暴雨（图 3.7.9）；20 日，500 hPa 青藏高原东侧又有新的短波槽形成，中低层四川盆地西南低涡停滞少动，有所发展，受其影响，四川盆地及陕南部分地区出现降水，暴雨主要出现在四川盆地，局部出现大暴雨（图 3.7.10）。图 3.7.11 为此次暴雨过程总降水量分布。

第 30 次主要暴雨过程（No. 30）：9 月 27 日—10 月 1 日

9 月 27 日，2216 号超强台风“奥鹿”（Noru）在我国南海海域西行穿过中沙群岛到达西沙群岛以南海域，强度增强为超强台风，受其影响，海南岛及西沙群岛出现降水，暴雨主要出现在海南岛北部，西沙站出现大暴雨（图 3.7.12）；28 日，台风“奥鹿”于凌晨时分登陆越南中部沿海，强度快速减弱，受其影响，海南岛及广东雷州半岛出现降水，部分地区出现暴雨（图 3.7.13）；29 日，台风“奥鹿”从越南西行进入老挝，随后在泰国境内减弱消散，受其影响，海南岛及广东西部沿海地区出现降水，暴雨分布零散，广东局部出现大暴雨（图 3.7.14）；9 月 30 日—10 月 1 日，受台风“奥鹿”减弱后残余气旋环流的影响，华南地区连续两天出现降水，暴雨主要出现在沿海地区，局部出现大暴雨（图 3.7.15、图 3.7.16）。图 3.7.17 为此次暴雨过程总降水量分布。

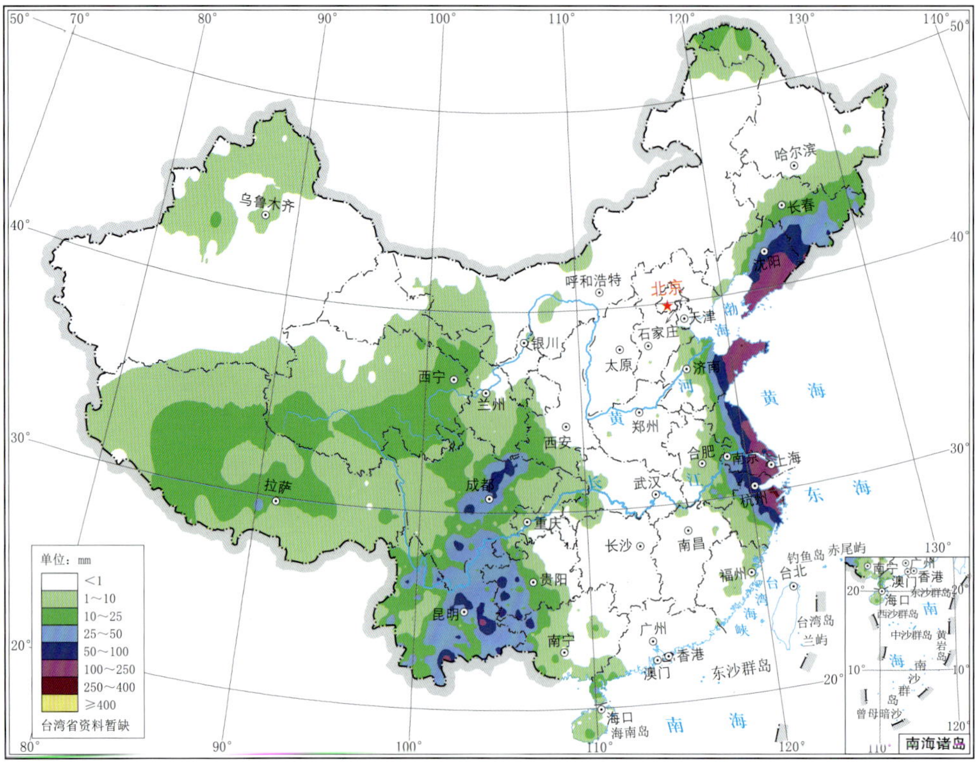

图 3.7.8　2022 年 9 月 13—16 日全国降水量分布

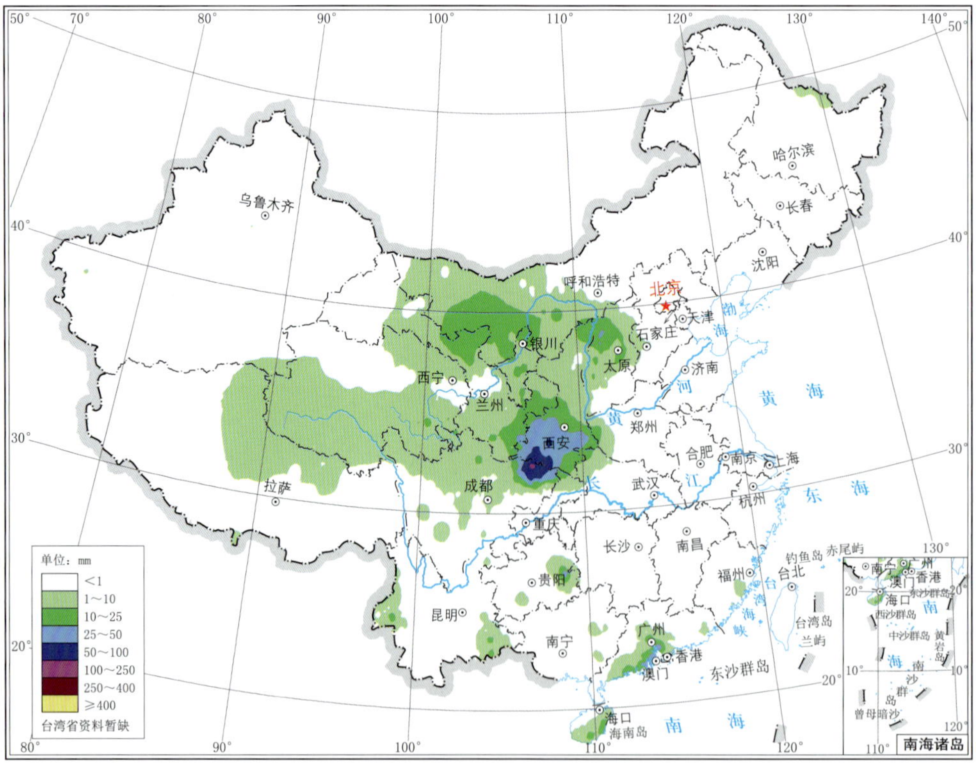

图 3.7.9　2022 年 9 月 19 日全国降水量分布

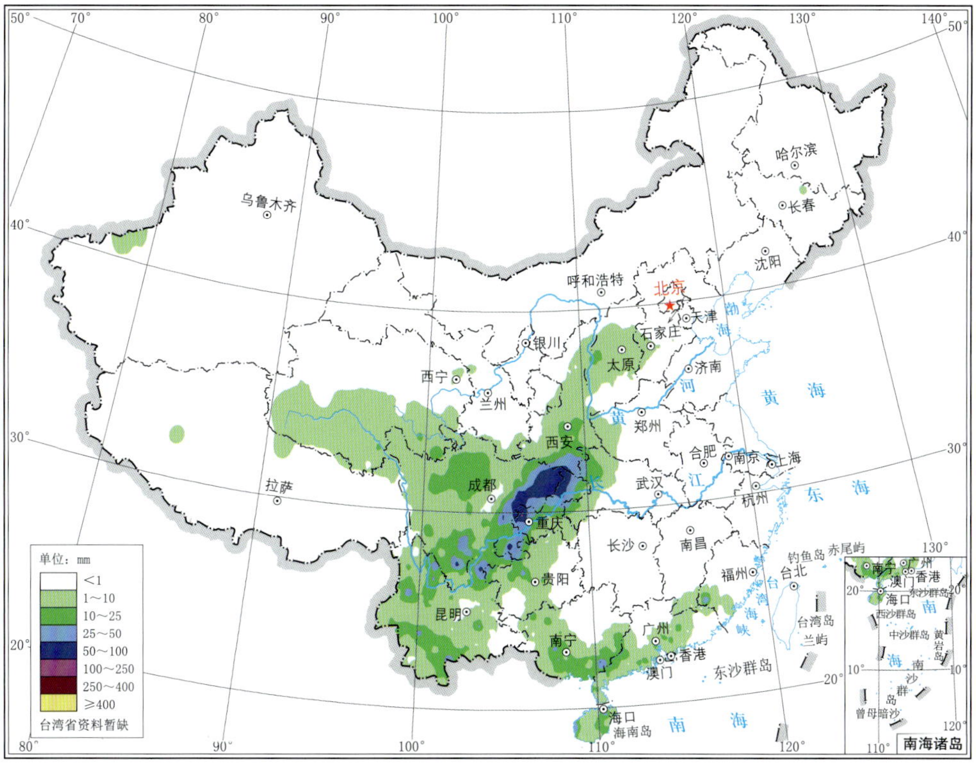

图 3.7.10　2022 年 9 月 20 日全国降水量分布

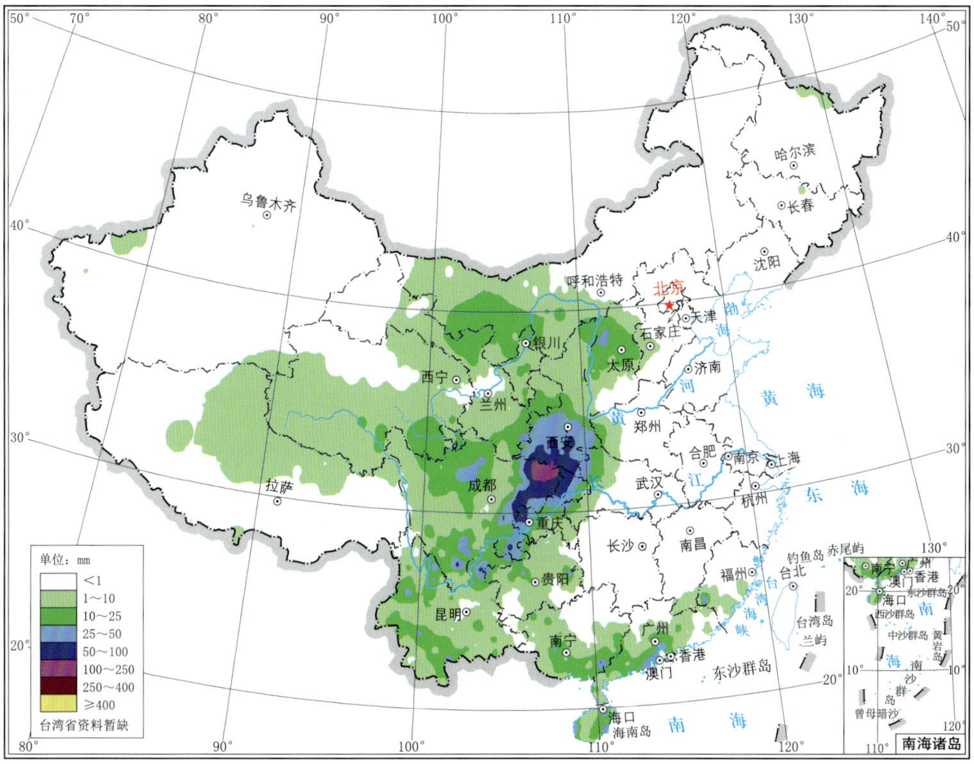

图 3.7.11　2022 年 9 月 19—20 日全国降水量分布

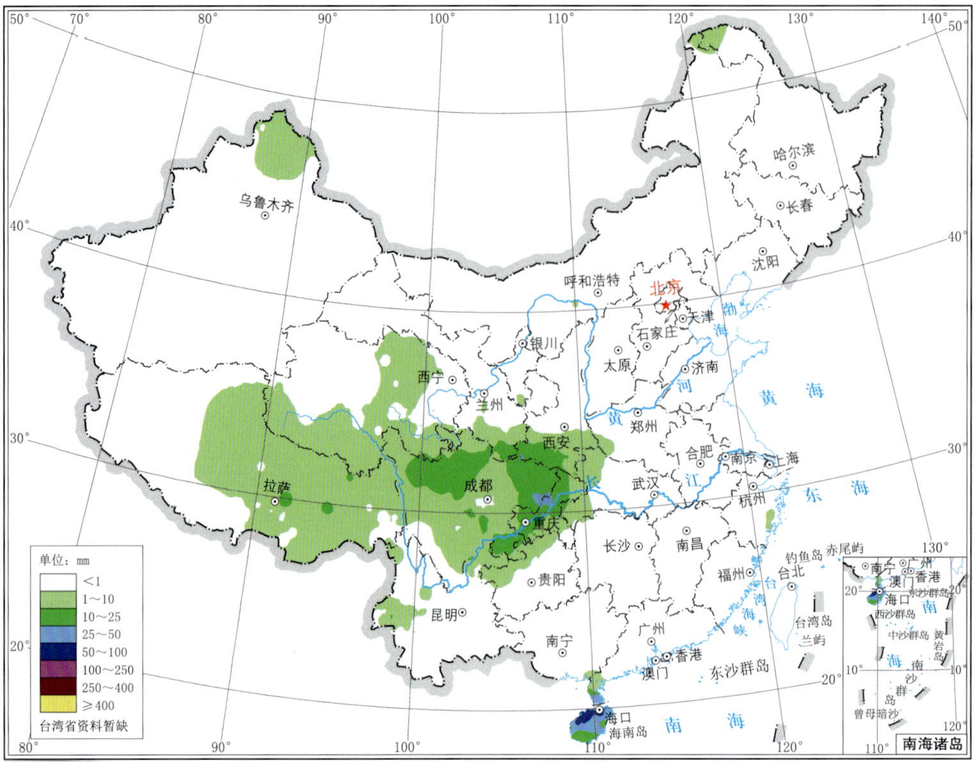

图 3.7.12　2022 年 9 月 27 日全国降水量分布

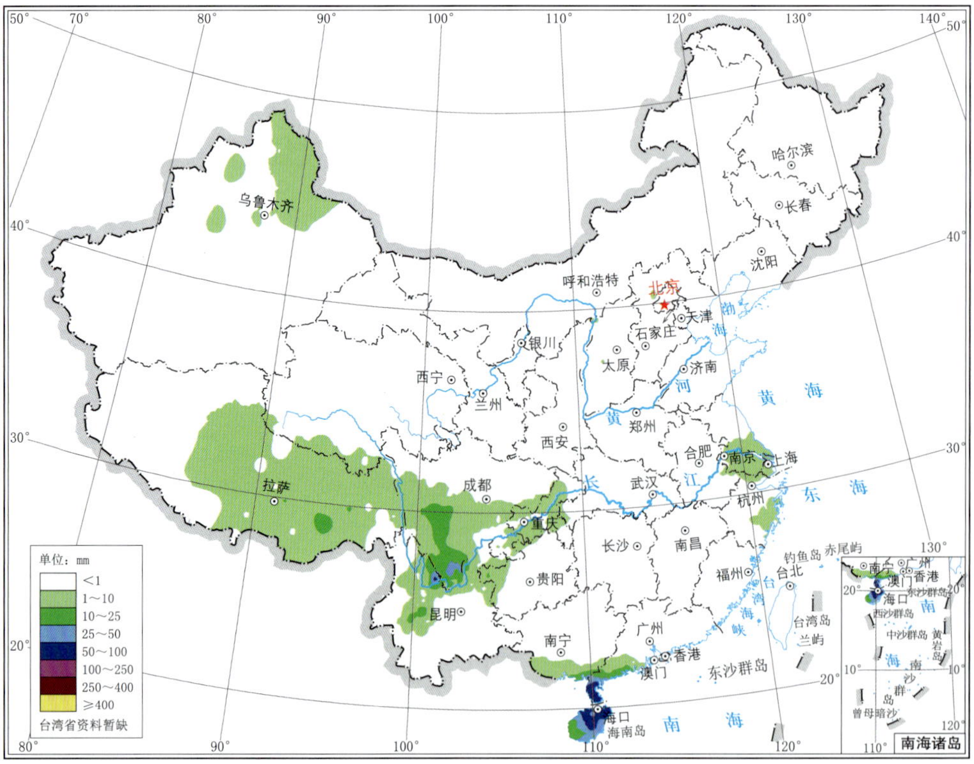

图 3.7.13　2022 年 9 月 28 日全国降水量分布

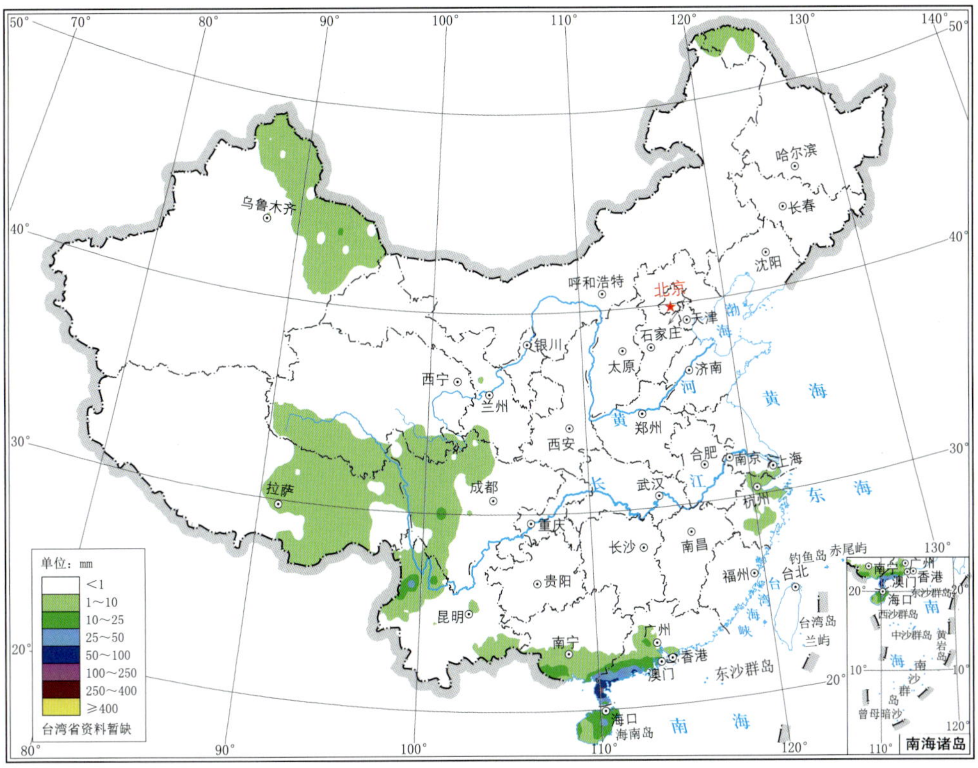

图 3.7.14　2022 年 9 月 29 日全国降水量分布

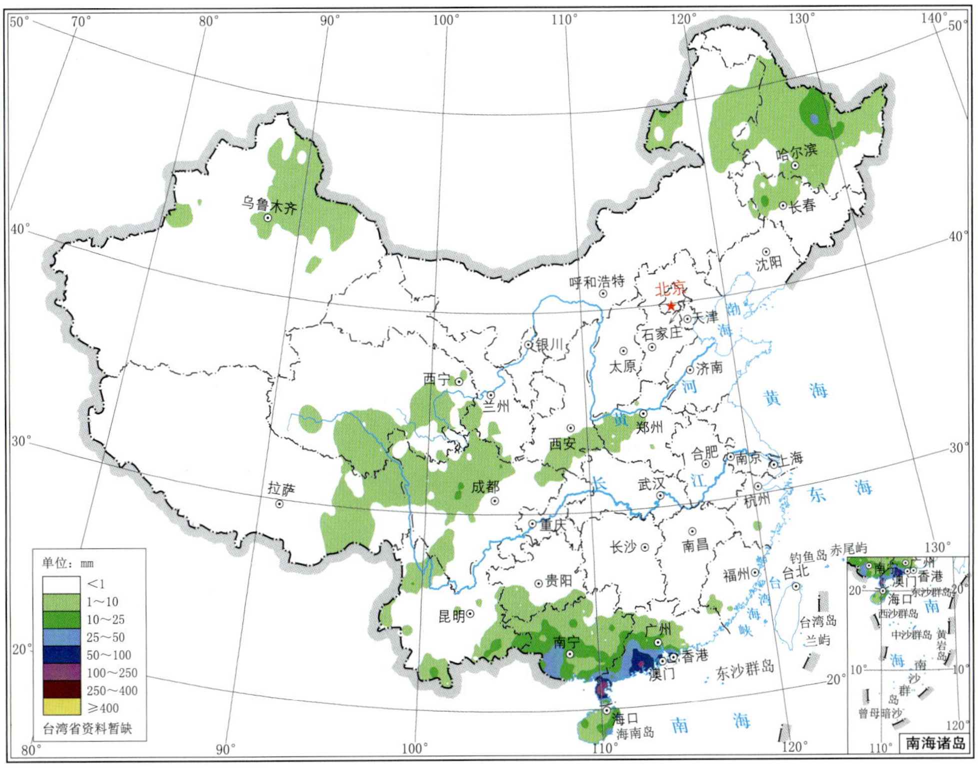

图 3.7.15　2022 年 9 月 30 日全国降水量分布

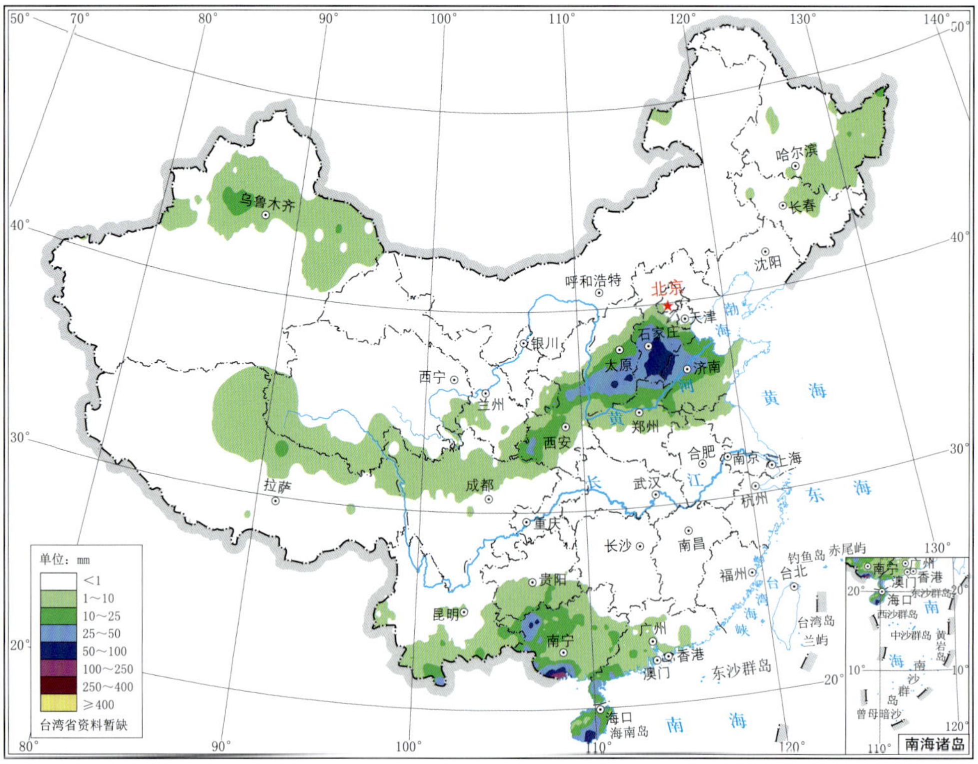

图 3.7.16　2022 年 10 月 1 日全国降水量分布

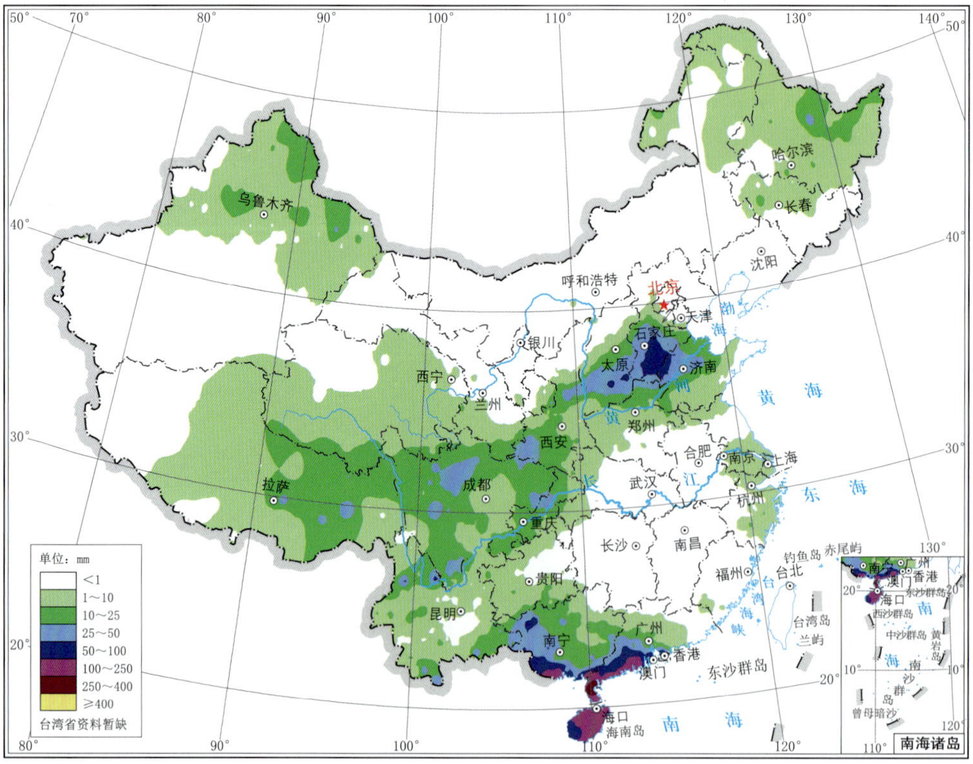

图 3.7.17　2022 年 9 月 27 日—10 月 1 日全国降水量分布

3.8　10 月主要暴雨过程(No. 31)

第 31 次主要暴雨过程(No. 31):10 月 1—6 日

10 月 1 日,500 hPa 华北北部有西风短波槽形成发展,中低层华北地区至渤海湾地区有暖切变发展,受其影响,陕西中部至华北中南部、黄淮北部出现降水,暴雨集中出现在河北南部与山东北部交界的区域范围(图 3.7.16);2 日,500 hPa 短波槽东移至渤海湾地区,中低层华北中部至渤海湾地区暖切变继续发展加强,受其影响,雨区东移,华北南部至黄淮北部出现降水,暴雨主要集中出现在山东中北部地区,部分站点出现大暴雨(图 3.8.1);3 日,500 hPa 河套地区又有短波槽发展形成,中低层从东北地区经华北地区至西北地区东部有明显的东北—西南向切变线发展形成,受其影响,东北地区、华北地区、黄淮地区及西北地区东部出现大范围降水,山东北部至山西南部出现东西向暴雨带,陕西南部也出现暴雨区(图 3.8.2);4 日,500 hPa 青藏高原东部有短波槽形成,中低层从黄淮地区至四川盆地有切变线形成,受其影响,黄淮地区、西北地区东部及四川盆地出现降水,河南西部经汉水流域至四川盆地东北部出现东北—西南向暴雨带,陕南、川东北局部出现大暴雨(图 3.8.3);5 日,500 hPa 甘肃东部有短波槽形成,700 hPa 该地区有低涡出现,850 hPa 四川盆地有低涡形成,汉江流域至淮河流域有切变形成,受其影响,黄淮地区、江淮地区、江汉西部、西北地区东部及四川盆地东北部出现降水,暴雨主要出现在河南南部至安徽北部(图 3.8.4);6 日,500 hPa 西北短波槽快速东移影响黄淮地区,700 hPa 西北低涡东移至黄淮西部地区,850 hPa 西南低涡也东移至华中地区,受其影响,雨带整体略有南压,黄淮南部、江淮地区、

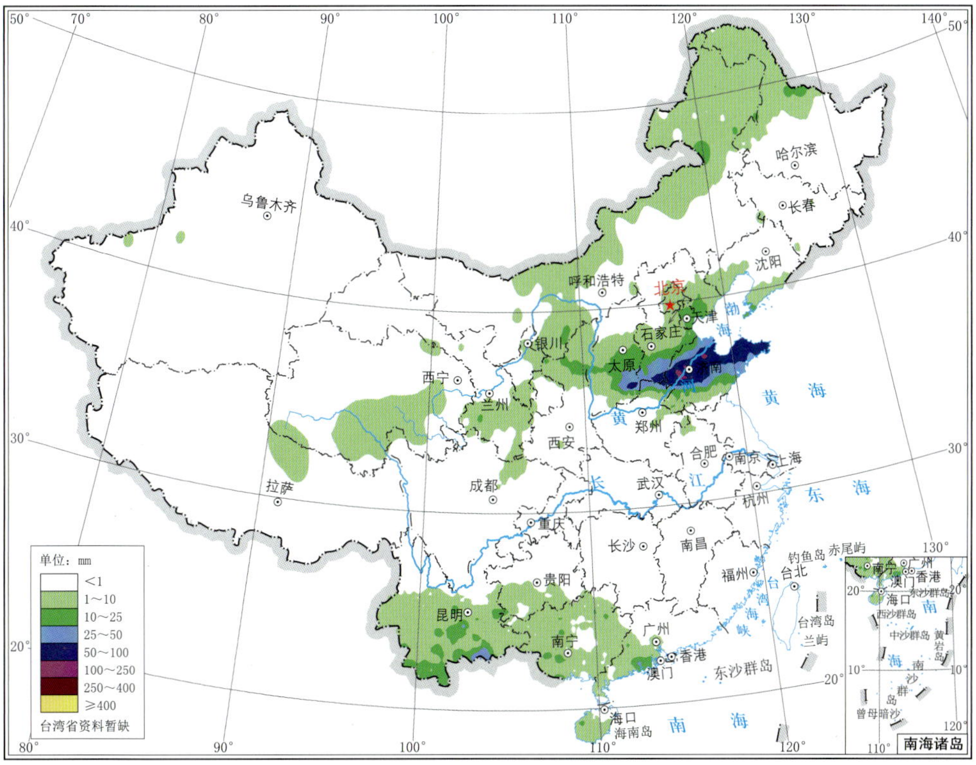

图 3.8.1　2022 年 10 月 2 日全国降水量分布

江汉地区及川渝地区出现降水,暴雨主要出现在河南东南部至湖北西北部(图 3.8.5)。图 3.8.6 为此次暴雨过程总降水量分布。

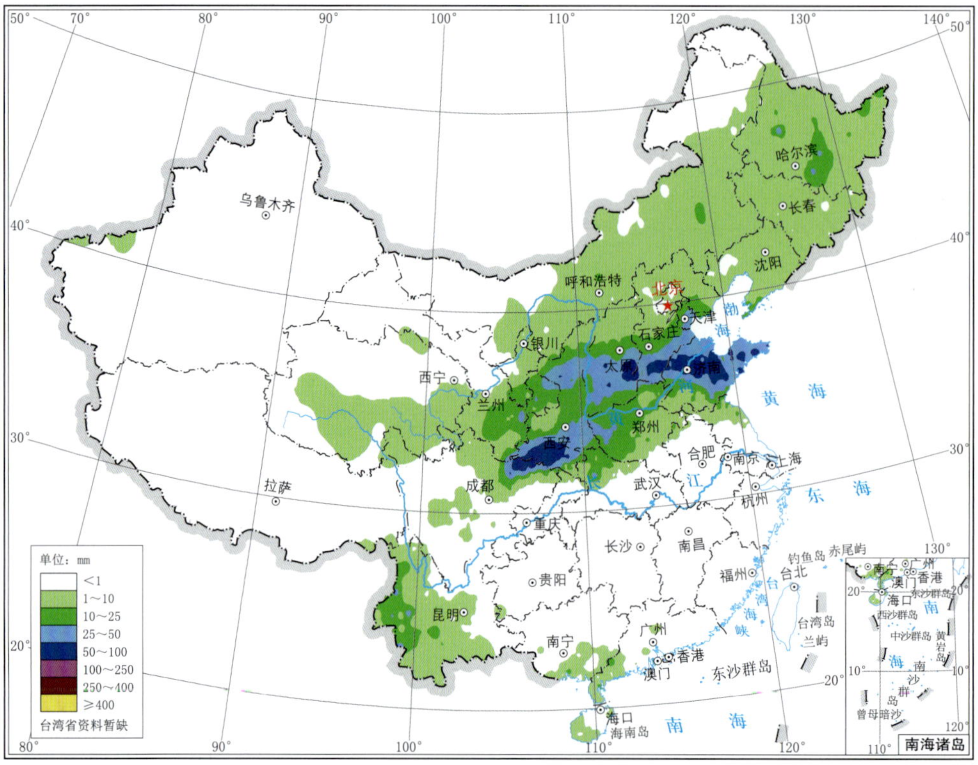

图 3.8.2　2022 年 10 月 3 日全国降水量分布

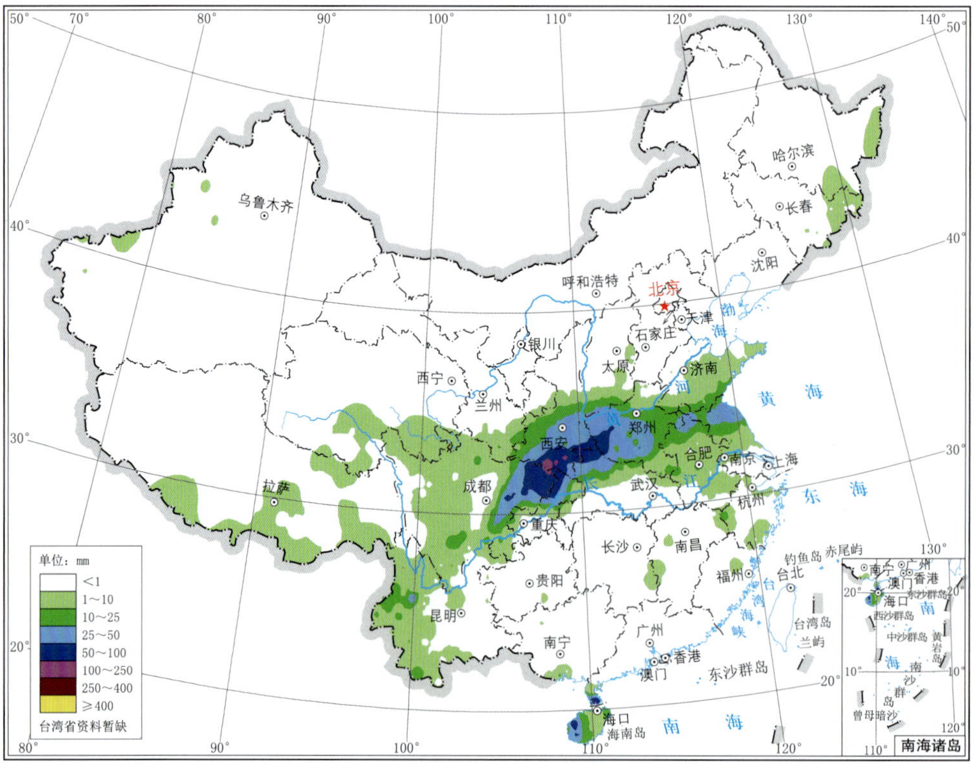

图 3.8.3　2022 年 10 月 4 日全国降水量分布

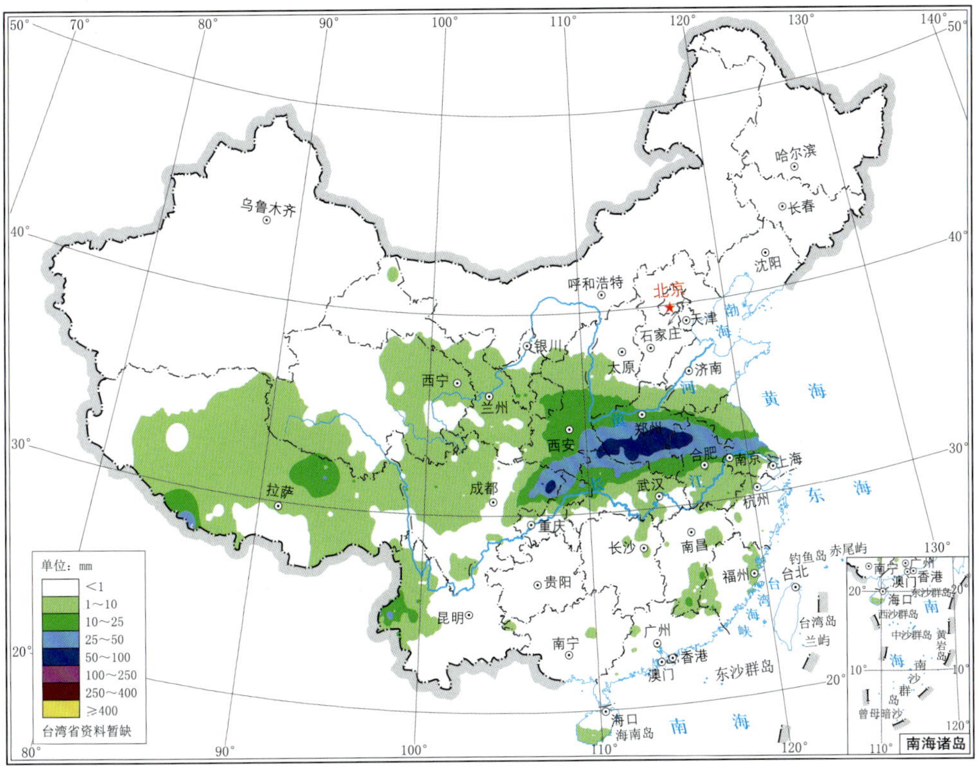

图 3.8.4 2022 年 10 月 5 日全国降水量分布

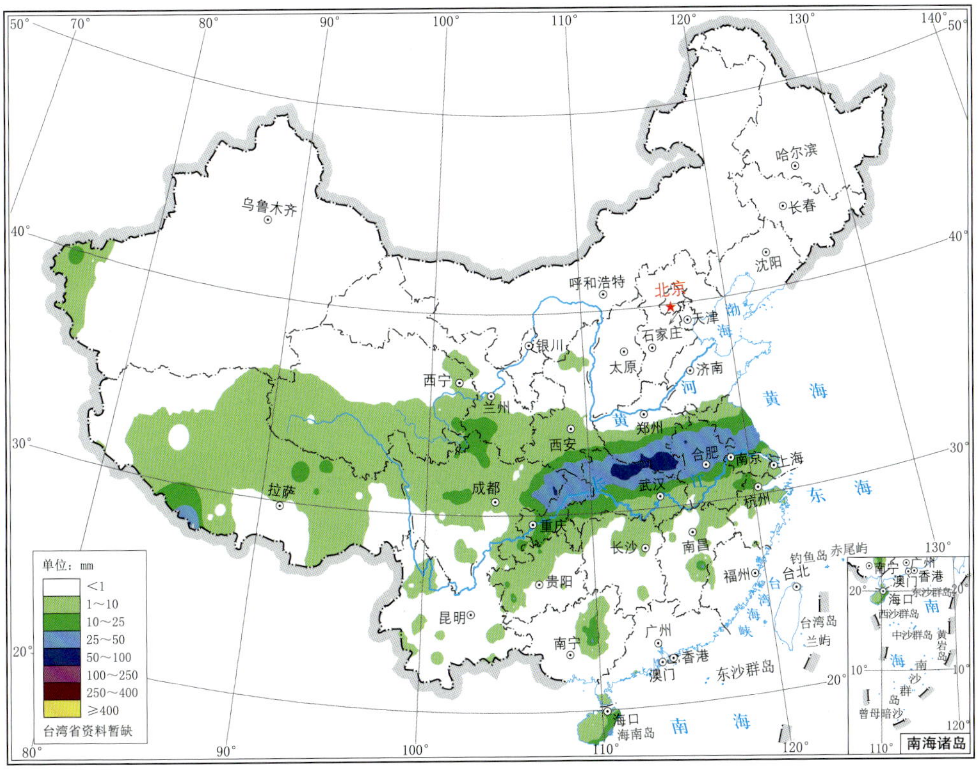

图 3.8.5 2022 年 10 月 6 日全国降水量分布

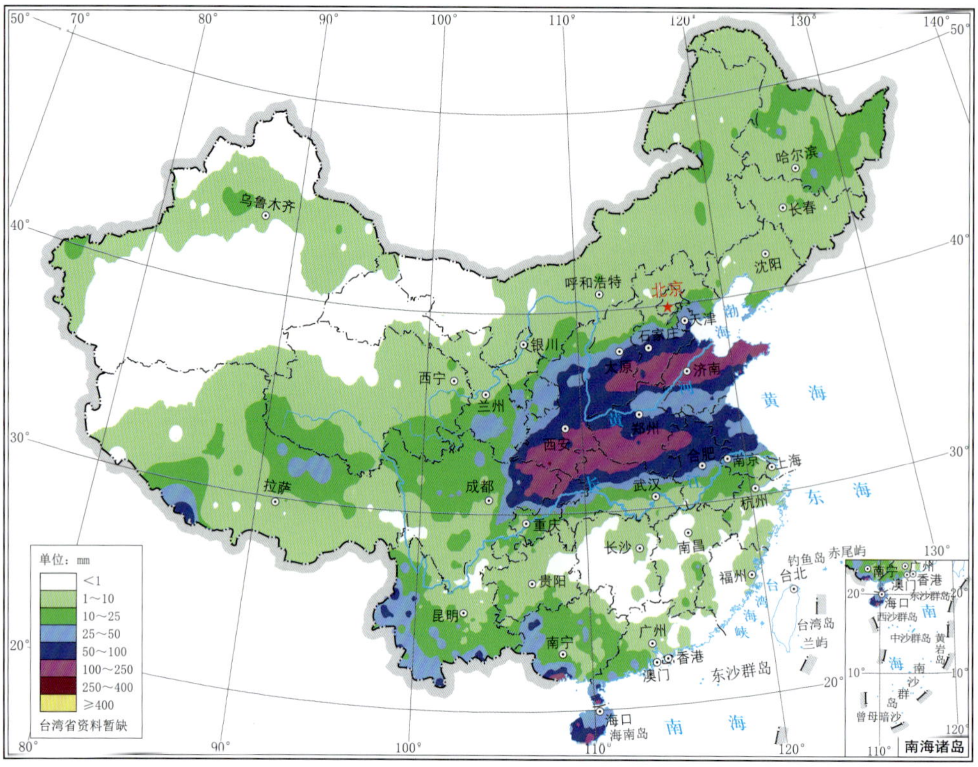

图 3.8.6　2022 年 10 月 1—6 日全国降水量分布

第 4 章　重大暴雨事件

在 2022 年内遴选出 10 次降水强度大、范围广、影响显著的暴雨天气过程作为年度重大暴雨事件，详见表 4.1.1。这 10 次重大暴雨事件分别发生在 2022 年 5—10 月，其中 6 月 5 次，5 月、7 月各 2 次，10 月 1 次。下面分别对 10 次重大暴雨事件从雨情、灾情及天气形势等几个方面进行简要分析，并给出过程总降水量图、高空环流形势图及地面天气图。

表 4.1.1　2022 年度全国重大暴雨事件纪要表

序号	时间	过程天数/d	简称	主要影响省（自治区、直辖市）	主要天气影响系统	直接经济损失/亿元
1	5 月 9—15 日	7	南方暴雨	广东、湖南、江西、广西、云南、福建、贵州、四川、重庆	高空西风槽、西南低涡、低层切变线	14.6
2	5 月 26—31 日	6	南方暴雨	福建、江西、云南、贵州、湖南、广西、重庆、安徽	高空西风槽、华南低涡、低层切变线	86.3
3	6 月 1—7 日	7	南方暴雨	福建、广西、湖南、江西、广东、贵州、云南、四川、重庆、湖北、安徽、河南	高空西风槽、西南低涡、低层切变线	199.3
4	6 月 8—12 日	5	南方暴雨	广东、江西、广西、福建、湖南、云南、贵州、四川、重庆	高空西风槽、华南低涡、低层切变线	301.1
5	6 月 13—16 日	4	南方暴雨	广西、江西、福建、广东、湖南、云南、四川	高空西风槽、华南低涡、低层切变线	191.7
6	6 月 17—21 日	5	南方暴雨	江西、广西、福建、贵州、湖南、广东、湖北、四川、重庆、浙江、云南	高空西风槽、西南低涡、低层切变线、低空急流	308.9
7	6 月 26 日—7 月 2 日	7	中东部暴雨	辽宁、内蒙古、湖北、山东、重庆、四川、吉林、江西、湖南、广西、宁夏、河南、甘肃、贵州、云南、山西、黑龙江、江苏、河北	高空西风槽、华北低涡、低层切变线	23.6

续表

序号	时间	过程天数/d	简称	主要影响省（自治区、直辖市）	主要天气影响系统	直接经济损失/亿元
8	7月1—7日	7	中东部暴雨（台风“暹芭”暴雨）	广东、广西、辽宁、湖北、湖南、海南、江西、安徽、福建、重庆、贵州、云南、河北、河南、山东、山西、甘肃、宁夏、内蒙古、吉林、黑龙江	2203号台风“暹芭”(Chaba)高空西风槽	91.4
9	7月11—14日	4	北方暴雨	四川、甘肃、山东、山西、宁夏、吉林、内蒙古、辽宁、黑龙江、陕西、青海	高空西风槽 河套低涡 低层切变线	40.0
10	10月1—6日	6	北方暴雨	陕西、山西、四川、重庆、河北、河南、山东、湖北、安徽、江苏	高空西风槽 华北低涡 低层切变线	11.0

4.1　5月9—15日南方暴雨

4.1.1　雨情灾情分析

这是2022年第5次主要暴雨过程(No.5)。此次由高空西风槽、西南低涡及低层切变线造成的南方暴雨过程共持续7 d。5月9—15日，50 mm以上总降水量主要位于江南地区、华南地区、西南地区东部和西南地区南部，100 mm以上总降水量主要分布在江南地区、华南地区及四川盆地，250 mm以上总降水量主要分布在广东沿海地区，过程累积最大降水量出现在广东珠海，达到628 mm(图3.3.8)。

此次南方暴雨过程具有持续时间长、影响范围广、累积雨量大等特点。受这次暴雨过程的影响，广东、湖北、江西、广西、云南、贵州、福建、四川及重庆9个省(自治区、直辖市)共206万人受灾，5万人紧急转移安置，直接经济损失14.6亿元，其中农业损失4.4亿元。广东受灾最为严重，直接经济损失9.3亿元，湖南、广东依次为1.6亿元、1.5亿元。

4.1.2　天气形势及降水分析

5月9日，500 hPa青藏高原东部有短波槽发展东移至四川盆地，中低层四川盆地有西南低涡生成，850 hPa贵州北部至江南北部有切变形成，受其影响，西南地区东部、江南北部及广西北部出现降水，暴雨主要集中在四川盆地西部及南部，局部出现大暴雨(图3.3.1)；10日(图4.1.1)，500 hPa短波槽快速东移发展，中低层西南低涡向东南方向移动至江南西部，低涡南侧西南暖湿气流发展加强，受其影响，江南、华南出现大范围降水，暴雨分布范围较广，局部出现大暴雨(图3.3.2)；11日，500 hPa短波槽进一步东移南压至东南沿海地区，850 hPa江南南部至华南北部有切变维持，受其影响，江南东部、华南地区出现降水，暴雨主要出现在广东，多站出现大暴雨，其中珠海出现 306.3 mm 的特大暴雨(图 3.3.3)；12 日，500 hPa 云贵高原上空又有短波槽发展东移，850 hPa 广西上空有低涡形成，江南切变线发展加强，受其影响，江南南部、华南地区出现大范围降水，暴雨呈东西向带状分布，部分地区出现大暴雨(图 3.3.4)；13 日，500 hPa 江南北部、云贵高原有短波槽东移南压，中低层江南南部、华南北部切变线发展加强，受其影响，江南大部、华南地区降水维持，暴雨主要出现在华南南部及福建沿海地区，广东沿海多站出现大暴雨(图 3.3.5)；14—15 日，500 hPa 短波槽进一步东移南压，中低层华南南部切变维持，受其影响，华南沿海地区出现暴雨(图 3.3.6、图 3.3.7)。这次过程总降水量见图 3.3.8。

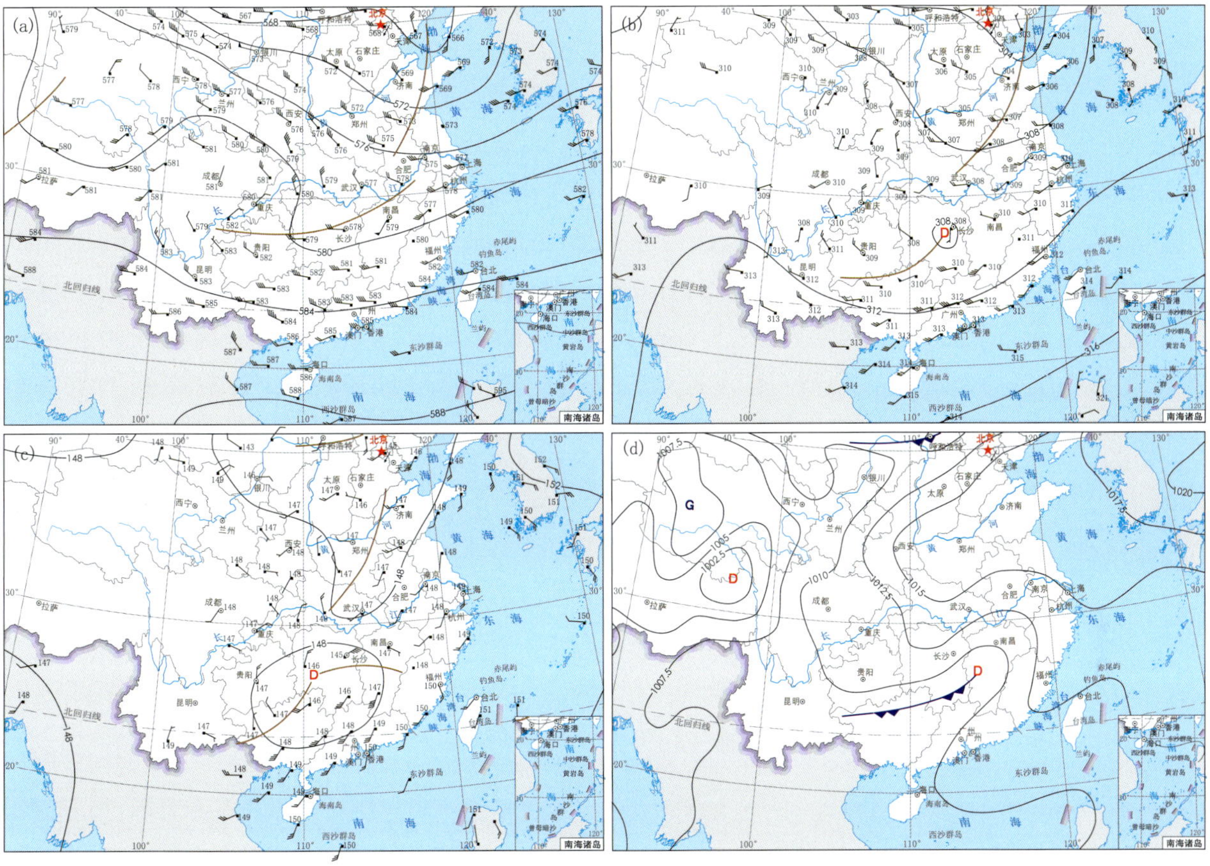

图 4.1.1　2022 年 5 月 10 日 08 时高空环流形势图及地面天气图

(a) 500 hPa；(b) 700 hPa；(c) 850 hPa；(d) 地面

4.2　5 月 26—31 日南方暴雨

4.2.1　雨情灾情分析

这是 2022 年第 6 次主要暴雨过程(No.6)。此次由高空西风槽、华南低涡及低层切变线造成的南方暴雨过程共持续 6 d。5 月 26—31 日，50 mm 以上总降水量主要位于江南地区、华南地区、西南地区东部和西南地区南部，100 mm 以上总降水量主要分布在江南地区、华南北部及贵州南部地区，过程累积最大降水量出现在广西昭平，达到 328 mm(图 3.3.15)。

此次南方暴雨过程具有持续时间长、影响范围广、灾情损失重等特点。受这次暴雨过程的影响，福建、江西、云南、贵州、湖南、广西、重庆及安徽 8 个省(自治区、直辖市)共 291 万人受灾，29 人死亡，1 人失踪，20 万人紧急转移安置，直接经济损失 86.3 亿元，其中农业损失 36.0 亿元。福建受灾最为严重，直接经济损失 37.1 亿元，江西、云南依次为 23.0 亿元、10.3 亿元。

4.2.2　天气形势及降水分析

5 月 26 日，500 hPa 江南地区有西风槽发展，中低层江南地区、华南西部有切变活动，受其影响，西南地区东部、江南地区及华南北部出现降水，暴雨分布较为零散(图 3.3.9)；27 日，500 hPa 江南地区西风槽东移南压至华南地区，850 hPa 华南西部有低涡形成，低涡东侧至江南南部有切变形成，受其影响，华南地区出现降水，暴雨主要出现在华南北部，局部地区出现大暴雨(图 3.3.10)；28 日，500 hPa 四川盆地及云贵高原又有短波槽发展东移，中低层江淮地区、云贵高原都有切变发展，受其影响，江南地区、华南地区及贵州省出现降水，浙江中部及浙赣闽交界地区出现暴雨，江西东北部局部出现大暴雨，另外，华南局部、贵州局部也出现暴雨到大暴雨(图 3.3.11)；29 日，500 hPa 四川盆地又有短波槽发展东移，中低层江淮地区至贵州北部有切变发展，受其影响，江南北部出现降水，暴雨主要现在江西北部至浙江北部一线，局部出现大暴雨(图 3.3.12)；30 日(图 4.2.1)，500 hPa 云贵高原上空有短

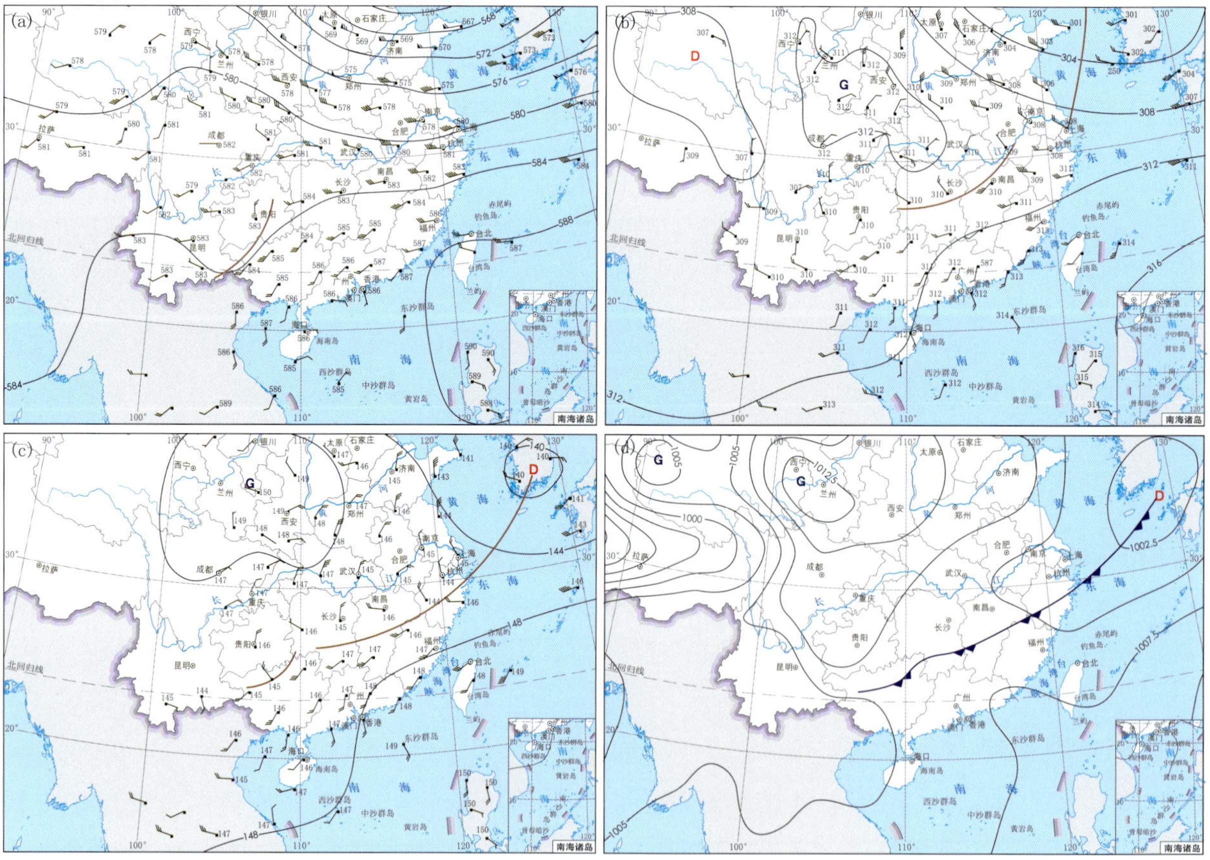

图 4.2.1　2022 年 5 月 30 日 08 时高空环流形势图及地面天气图

(a) 500 hPa；(b) 700 hPa；(c) 850 hPa；(d) 地面

波槽发展东移至华南西部，中低层切变线南压至江南中部到华南西部一线，受其影响，江南地区、华南西部、贵州南部出现降水，暴雨从江西东北部伸展至广西西部，局部出现大暴雨（图 3.3.13）；31 日，500 hPa 华南西部短波槽东移减弱，中低层切变线也随之南压，逐渐减弱，受其影响，雨区南压至江南南部和华南地区，部分地区出现暴雨，广西局部出现大暴雨（图 3.3.14）。这次过程总降水量见图 3.3.15。

4.3　6 月 1—7 日南方暴雨

4.3.1　雨情灾情分析

这是 2022 年第 7 次主要暴雨过程（No.7）。此次由高空西风槽、西南低涡及低层切变线造成的南方暴雨过程共持续 7 d。6 月 1—7 日，50 mm 以上总降水量主要位于江南地区、华南地区、西南地区东部、西南地区南部、江淮地区、江汉地区及黄淮西部部分地区，100 mm 以上总降水量主要位于江南地区、华南地区及贵州大部，250 mm 以上总降水量零散分布在江南地区和华南地区，过程累积最大降水量出现在广东海丰，达到 432 mm（图 3.4.8）。

此次南方暴雨过程具有持续时间长、影响范围广、灾害损失非常严重等特点。6 月 3 日贵州松桃（196.3 mm）、6 月 4 日广西龙胜（166.9 mm）日降水量均突破当地 61 a（1961—2021 年）的历史纪录。受这次暴雨过程的影响，福建、广西、湖南、江西、广东、贵州、云南、重庆、四川、湖北、安徽及河南 12 个省（自治区、直辖市）共 491 万人受灾，11 人死亡，7 人失踪，57 万人紧急转移安置，直接经济损失 199.3 亿元，其中农业损失 45.3 亿元。福建受灾最为严重，直接经济损失 54.0 亿元，广西、湖南依次为 41.1 亿元、35.9 亿元。

4.3.2　天气形势及降水分析

6 月 1 日，500 hPa 四川盆地有短波槽发展，中低层四川盆地有西南低涡生成，低涡东侧至江南北部有切变形成，受其影响，西南地区东部及江南地区出现降水，暴雨分布较为零散，江西、浙江局部出现大暴雨（图 3.4.1）；2 日，500 hPa 四川盆地短波槽缓慢东移，中低层四川盆地西南低涡发展加强、缓慢东移，低涡东侧至江南北部切变发展加强，受其影响，降水仍然出现在西南地区东部及江南地区，暴雨分布范围有所扩大，重庆、湖南、江西、福建局部都出现大暴雨（图 3.4.2）；3 日，500 hPa 四川盆地短波槽缓慢东移南压至云贵高原，中低层西南低涡缓慢东移南压至贵州北部，低涡东侧至江南北部切变维持加强，受其影响，降水出现在贵州及江南地区，江西北部至贵州中部出现近东西向暴雨带，湘渝黔交界地区及赣西北出现大暴雨（图 3.4.3）；4 日，500 hPa 云贵高原短波槽继续缓慢东移至华南西部，同时黄淮地区有短波槽发展，中低层贵州上空的低涡缓慢东移，同时黄淮西部也有低涡生成，受其影响，黄淮西部、江淮地区、江汉地区、江南地区、华南北部及西南东部出现大范围降水，暴雨分布较为零散，多地局部出现大暴雨（图 3.4.4）；5 日（图 4.3.1），500 hPa 长江下游至华南西部有短波槽发展加强，中低层江南北部至贵州南部有显著的切变线发展，受其影响，江淮地区、江南地区、华南西部及西南东部出现大范围降水，暴雨带自长江下游地区呈东北—西南向伸展至贵州南部、广西北部，多地局部出现大暴雨（图 3.4.5）；6 日，500 hPa 短波槽东移南压至华南地区，中低层切变线也随之东移南压至华南地区，受其影响，华南地区及江南南部部分地区出现降水，部分地区出现暴雨到大暴雨(图 3.4.6)；7 日，500 hPa 短波槽东移南压至华南地区，中低层切变线也随之东移南压至华南地区，受其影响，华南地区及江南南部部分地区出现降水，部分地区出现暴雨到大暴雨(图 3.4.7)。这次过程总降水量见图 3.4.8。

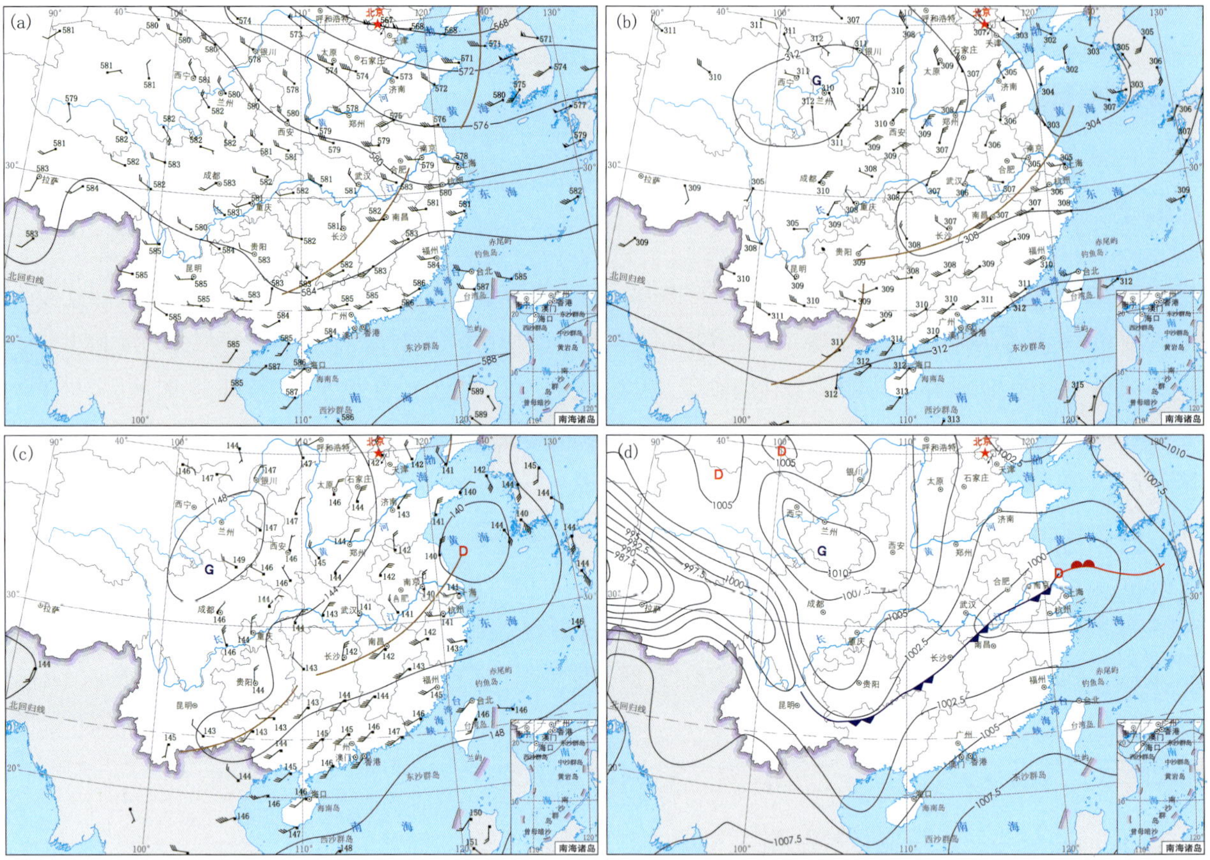

图 4.3.1　2022 年 6 月 5 日 08 时高空环流形势图及地面天气图
(a) 500 hPa；(b) 700 hPa；(c) 850 hPa；(d) 地面

4.4　6 月 8—12 日南方暴雨

4.4.1　雨情灾情分析

这是 2022 年第 8 次主要暴雨过程(No.8)。此次由高空西风槽、华南低涡及低层切变线造成的南方暴雨过程共持续 5 d。6 月 8—12 日，50 mm 以上总降水量主要集中在江南地区、华南地区、西南东部及西南南部，100 mm 以上总降水量主要集中在华南地区、江南东部及云南东部部分地区，250 mm 以上总降水量主要分布在华南沿海局部地区，过程累积最大降水量出现在广东海丰，达到 481 mm(图 3.4.14)。

此次南方暴雨过程具有持续时间较长、影响范围较广、灾害损失极其严重等特点。受这次暴雨过程的影响，广东、江西、广西、云南、湖南、福建、贵州、四川及重庆 9 个省(自治区、直辖市)共 721 万人受灾，13 人死亡，3 人失踪，81 万人紧急转移安置，直接经济损失

301.1 亿元，其中农业损失 40.6 亿元。广东受灾最为严重，直接经济损失 189.0 亿元，江西、广西依次为 56.5 亿元、43.2 亿元。

4.4.2　天气形势及降水分析

6 月 8 日，500 hPa 华南至北部湾地区有南支短波槽活动，中低层广西上空有低涡形成，江南南部至北部湾有显著切变发展，受其影响，华南大部及福建出现降水，暴雨主要出现在东南沿海地区，广东沿海局部出现大暴雨(图 3.4.9)；9 日，500 hPa 华南短波槽缓慢东移到广东上空，中低层华南低涡移动至江南中部地区，受其影响，江南中东部、华南大部出现降水，部分地区出现暴雨，局部出现大暴雨(图 3.4.10)；10 日，500 hPa 长江下游地区及云贵高原又有新的短波槽形成，江南地区低涡向东北方向移动，同时云贵高原上空也有低涡形成并东移到华南西部，受其影响，华南地区、江南大部、云贵高原部分地区出现降水，暴雨分布范围较广但不集中，广西局部出现大暴雨(图 3.4.11)；11 日(图 4.4.1)，500 hPa 广西上空有低涡生成，中低层该区域也有低涡发展，低涡东北侧至江南南部有切变形成，受其影响，华南地区、江南南部、云南东部出现降水，暴雨分布范围较广但不集中，华南局部出现大暴雨(图 3.4.12)；12 日，500 hPa 华南地区有短波槽形成，中低层华南低涡减弱消失，江南南部切变维持，受其影响，华南地区出现暴雨到大暴雨，广东海丰出现 295.0 mm 的特大暴雨(图 3.4.13)。这次过程总降水量见图 3.4.14。

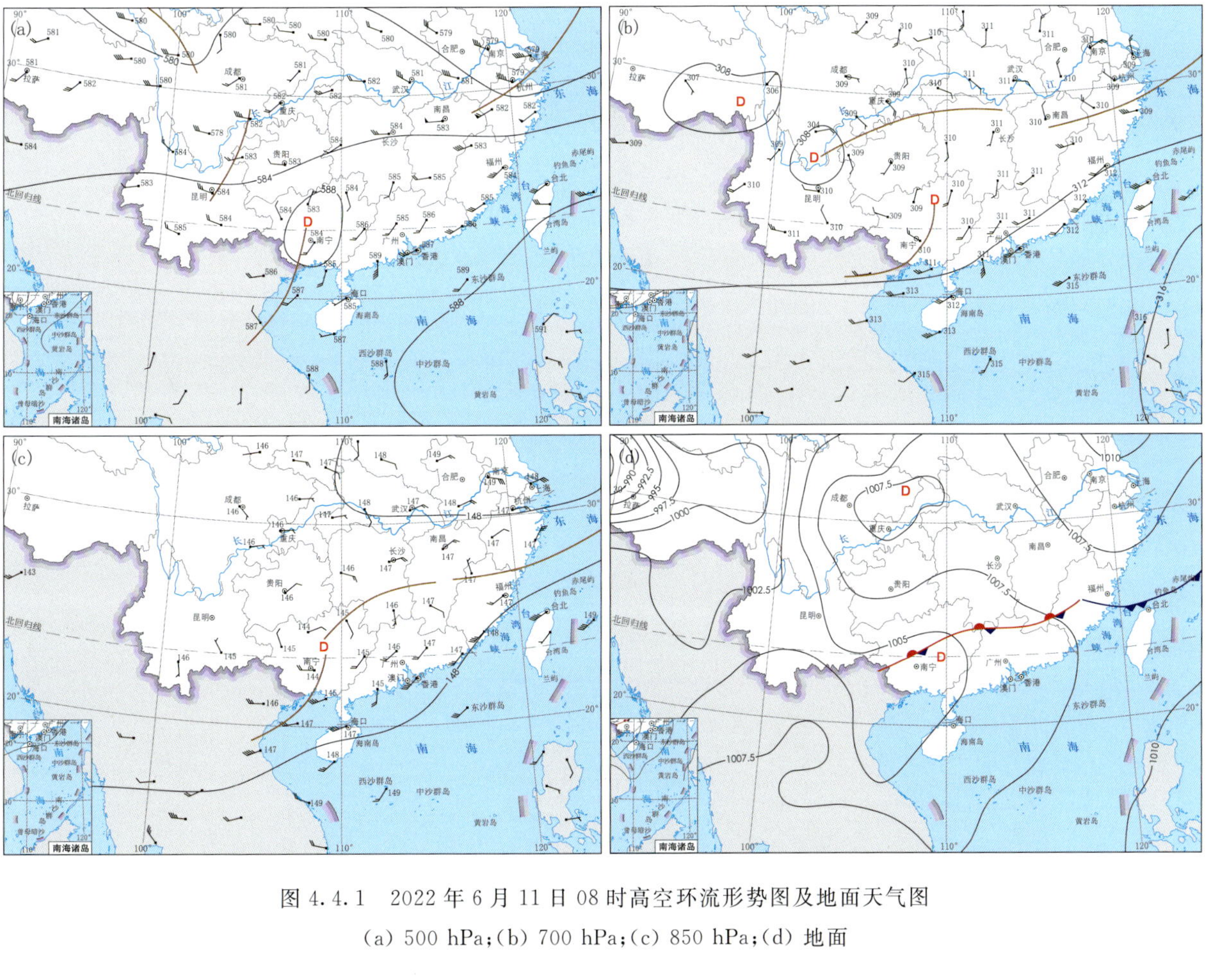

图 4.4.1　2022 年 6 月 11 日 08 时高空环流形势图及地面天气图

(a) 500 hPa；(b) 700 hPa；(c) 850 hPa；(d) 地面

4.5　6 月 13—16 日南方暴雨

4.5.1　雨情灾情分析

这是 2022 年第 9 次主要暴雨过程(No. 9)。此次由高空西风槽、华南低涡及低层切变线造成的南方暴雨过程共持续 4 d。6 月 13—16 日，50 mm 以上总降水量主要集中在江南南部及华南地区，100 mm 以上总降水量主要集中在广东、福建两省，过程累积最大降水量出现在广东翁源，达到 336 mm(图 3.4.19)。

此次南方暴雨过程具有降水范围集中、灾害损失非常严重等特点。6 月 13 日湖南江华(137.7 mm)、6 月 14 日云南河口(279.2 mm)日降水量均突破当地 61 a(1961—2021 年)的历史纪录。受这次暴雨过程的影响，广西、江西、福建、广东、湖南及云南、四川 7 个省(自治区)共 341 万人受灾，13 人死亡，1 人失踪，49 万人紧急转移安置，直接经济损失 191.7 亿元，其中农业损失 53.4 亿元。广西受灾最为严重，直接经济损失 98.5 亿元，江西、福建依次为 30.9 亿元、26.9 亿元。

4.5.2　天气形势及降水分析

6 月 13 日(图 4.5.1)，500 hPa 华南西部有短波槽形成，700 hPa 江南南部至贵州南部

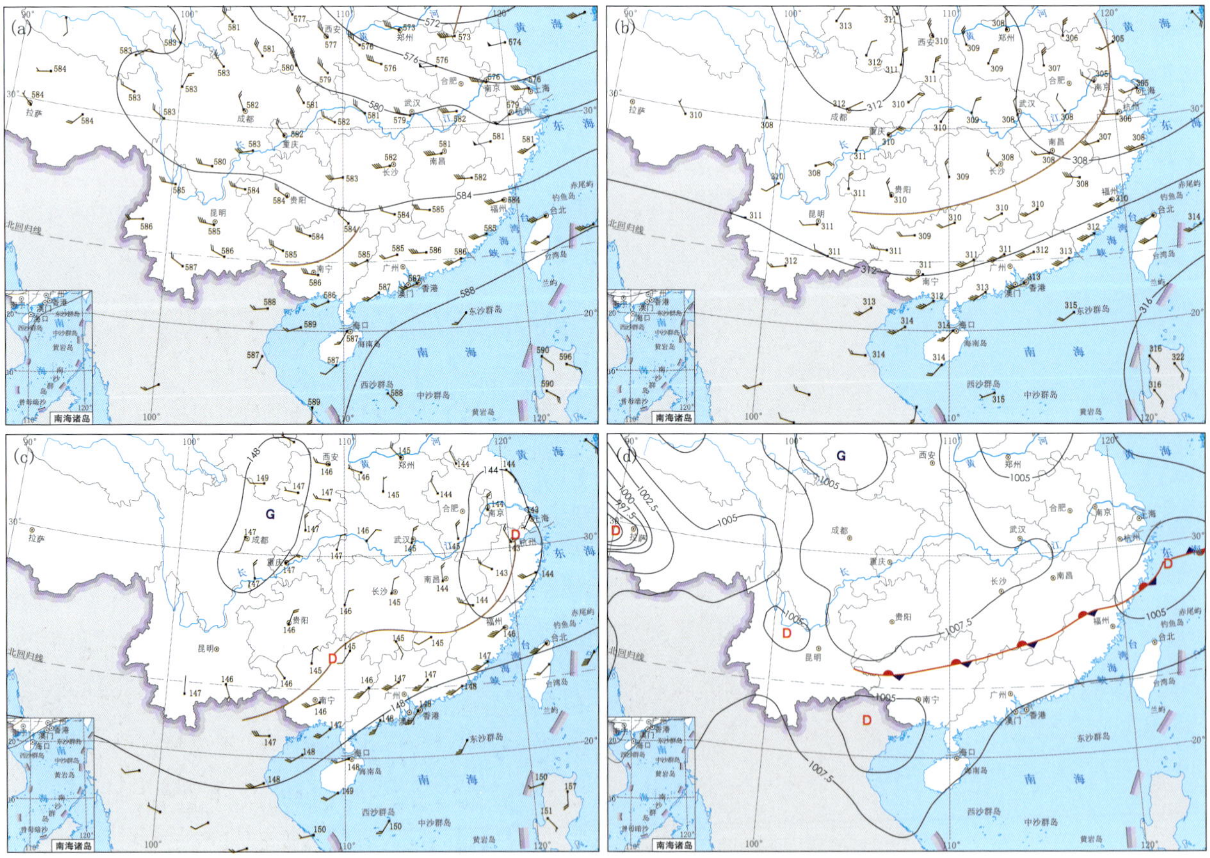

图 4.5.1　2022 年 6 月 13 日 08 时高空环流形势图及地面天气图

(a) 500 hPa；(b) 700 hPa；(c) 850 hPa；(d) 地面

有切变线形成，850 hPa 广西北部有低涡形成，江南南部至华南西部有切变线形成，受其影响，江南南部、华南地区出现降水，暴雨带从福建东部向西伸展至广西北部呈近东西向分布，其中多站出现大暴雨(图 3.4.15)；14 日，500 hPa 华南西部短波槽缓慢东移，700 hPa 切变线缓慢东移南压，850 hPa 低涡及切变线也随之缓慢东移南压，受其影响，暴雨带也东移南压至福建、广东一线，广东局部出现大暴雨(图 3.4.16)；15—16 日，500 hPa 短波槽快速东移北收，中低层切变线则继续缓慢东移南压，受其影响，降水主要出现在广东及福建南部地区，部分地区出现暴雨，局部出现大暴雨(图 3.4.17、图 3.4.18)。这次过程总降水量见图 3.4.19。

4.6　6 月 17—21 日南方暴雨

4.6.1　雨情灾情分析

这是 2022 年第 10 次主要暴雨过程(No.10)。此次由高空西风槽、西南低涡、低层切变线及低空急流造成的南方暴雨过程共持续 5 d。6 月 17—21 日，50 mm 以上总降水量主要分布在江南地区、华南地区、西南地区东部及江汉地区东部，100 mm 以上总降水量主要分布在江南大部、华南北部及贵州东南部，250 mm 以上总降水量主要分布在华南北部及浙赣闽交界的区域，华南北部有 3 个站总降水量超过 500 mm，过程累积最大降水量出现在广东韶关，达到 688 mm(图 3.4.25)。

此次南方暴雨过程具有持续时间较长、影响范围较广、降水量突破历史纪录站次较多、灾害损失极其严重等特点。6 月 18 日贵州从江(170.3 mm)、福建松溪(225.6 mm)日降水量均突破当地 61 a(1961—2021 年)的历史纪录；6 月 19 日广东韶关(286.4 mm)日降水量突破当地 61 a(1961—2021 年)的历史纪录；6 月 20 日广西环江(280.3 mm)、南丹(178.1 mm)、江西玉山(267.8 mm)日降水量均突破当地 61 a(1961—2021 年)的历史纪录；6 月 21 日广东英德(292.9 mm)、韶关(234.5 mm)、湖南江永(215.6 mm)日降水量均突破当地61 a(1961—2021 年)的历史纪录。受这次暴雨过程的影响，江西、广西、福建、贵州、湖南、广东、湖北、浙江、四川、重庆及云南 11 个省(自治区、直辖市)共 764 万人受灾，11 人死亡，2 人失踪，61 万人紧急转移安置，直接经济损失 308.9 亿元，其中农业损失 33.5 亿元。江西受灾最为严重，直接经济损失 206.4 亿元，广西、福建依次为 66.1 亿元、12.5 亿元。

4.6.2　天气形势及降水分析

6 月 17 日，500 hPa 四川盆地有短波槽发展，中低层四川盆地有西南低涡生成，低涡东侧至江南北部有切变线形成，低涡南侧至云贵高原也有切变线形成，受其影响，江南南部、华南北部出现降水，福建北部、广西东北部及广东中北部分别出现三个暴雨中心，局部地区出现大暴雨，其中广东龙门出现 271.2 mm 的特大暴雨(图 3.4.20)；18 日，500 hPa 四川盆地短波槽维持少动，同时华南西部有短波槽发展，中低层四川盆地西南低涡维持少动，低涡东侧和南侧的切变线发展加强，受其影响，雨区整体略向北抬，福建北部至江西东北部、广西东北部至贵州南部、广东中北部分别出现三个暴雨中心，并有多站出现大暴雨(图

3.4.21)；19 日(图 4.6.1)，500 hPa 四川盆地短波槽缓慢东移，华南西部短波槽也东移至广东北部地区，中低层西南低涡东移至湘鄂渝交界的区域，低涡东侧的切变线北抬至长江中下游地区，低涡南侧的切变线也东移发展，华南地区有 20 m/s 的低空急流发展，受其影响，雨区进一步北抬，江汉平原至浙江西部、贵州中部至广东北部分别出现近东西向的暴雨带，江西北部多站出现大暴雨，广东北部部分地区出现大暴雨，其中广东韶关出现 286.4 mm 的特大暴雨(图 3.4.22)；20 日，500 hPa 短波槽缓慢东移至华南西部，江南东北部有短波槽发展，中低层低涡继续缓慢东移，低涡东侧和南侧的切变线维持少动，西南低空急流发展旺盛，受其影响，降水主要出现在江南地区和华南北部，江西北部至浙江南部、广西北部至广东北部分别出现近东西向的暴雨带，暴雨带中多站出现大暴雨，其中广西环江、江西三清山、玉山分别出现 280.3 mm、272.0 mm、267.8 mm 的特大暴雨(图 3.4.23)；21 日，500 hPa 华南短波槽继续缓慢东移，中低层低涡切变线减弱东移，西南低空急流发展旺盛，受其影响，湖南、广西、广东交界的区域出现暴雨到大暴雨，其中广东英德出现 292.9 mm 的特大暴雨(图 3.4.24)。这次过程总降水量见图 3.4.25。

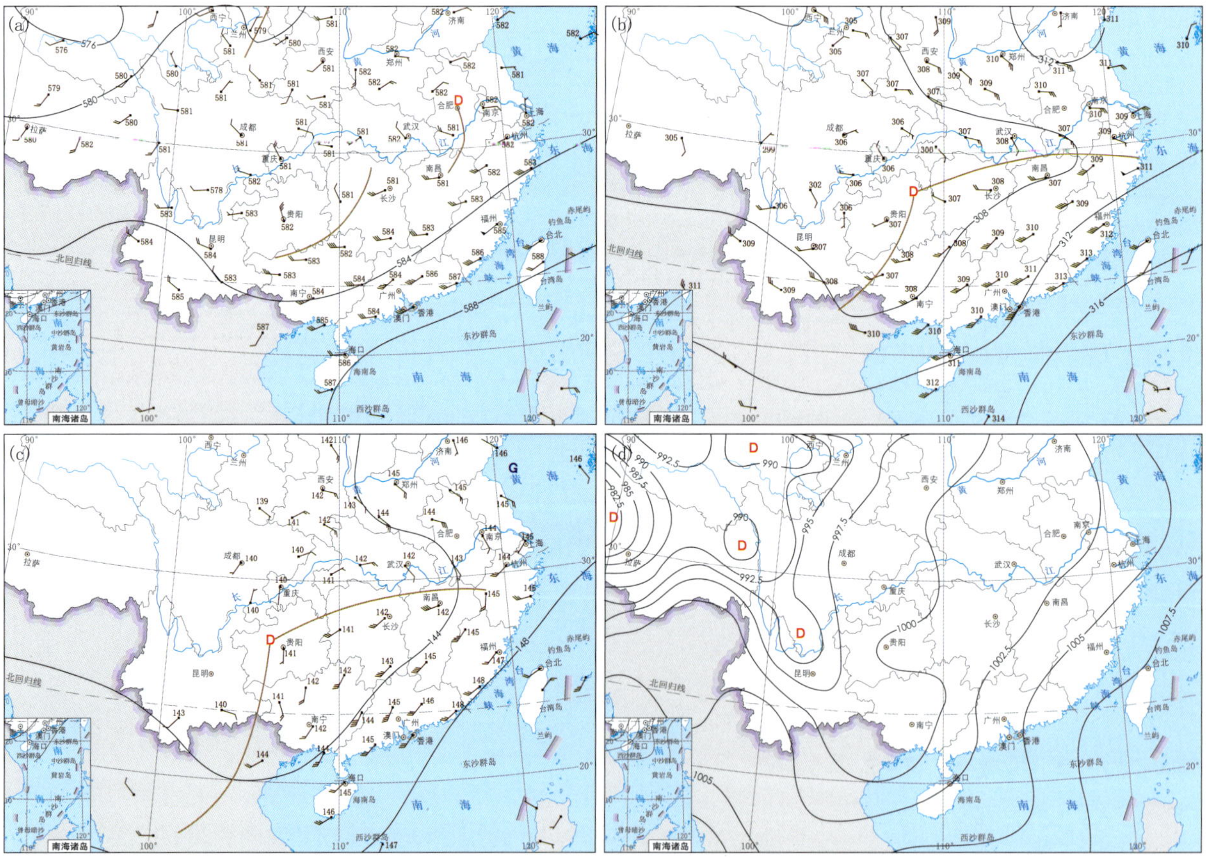

图 4.6.1　2022 年 6 月 19 日 20 时高空环流形势图及地面天气图

(a) 500 hPa；(b) 700 hPa；(c) 850 hPa；(d) 地面

4.7　6 月 26 日—7 月 2 日中东部暴雨

4.7.1　雨情灾情分析

这是 2022 年第 12 次主要暴雨过程(No. 12)。此次由高空西风槽、华北低涡及低层切变线造成的中东部暴雨过程共持续 7 d。6 月 26 日—7 月 2 日,50 mm 以上总降水量分布在我国中东部广大地区,100 mm 以上总降水量分布范围也很广泛,250 mm 以上总降水量则集中出现在山东南部及东部沿海地区,过程累积最大降水量出现在山东崂山,达到 342 mm(图 3.4.37)。

此次暴雨过程具有持续时间长、影响范围极其广泛、强降水相对集中等特点。7 月 2 日宁夏同心(70.0 mm)日降水量突破当地 61 a(1961—2021 年)的历史纪录。受这次暴雨过程的影响,辽宁、内蒙古、湖北、山东、重庆、四川、吉林、江西、湖南、广西、宁夏、河南、甘肃、贵州、云南、山西、黑龙江、江苏及河北 19 个省(自治区、直辖市)共 151 万人受灾,2 万余人紧急转移安置,直接经济损失 23.6 亿元,其中农业损失 15.5 亿元。辽宁受灾最为严重,直接经济损失 6.8 亿元,内蒙古、湖北依次为 4.3 亿元、3.4 亿元。

4.7.2　天气形势及降水分析

6 月 26 日,500 hPa 内蒙古西部及川西高原有短波槽发展,中低层四川盆地有西南低涡生成,同时 850 hPa 陕西、山西、内蒙古交界的区域也有低涡形成,受其影响,山东至四川盆地出现东北—西南向的雨带,两个暴雨中心分别位于山东南部及四川盆地,局部地区出现大暴雨(图 3.4.30);27 日(图 4.7.1),500 hPa 内蒙古西部短波槽在东移过程中在蒙古南部地区发展形成低涡,川西高原短波槽则快速东移至重庆地区,中低层华北南部及黄淮北部有显著低涡发展,低涡西南侧有切变线伸展至重庆地区,受其影响,东北南部经黄淮地区至重庆地区出现东北—西南向的暴雨带,山东南部多站出现大暴雨,重庆西南部局部出现大暴雨(图 3.4.31);28 日,500 hPa 蒙古低涡东移南压至山西北部,重庆地区短波槽则继续东移至湖北中部,中低层华北低涡向东北方向移动至东北地区南部,黄淮地区至云贵高原南部有切变东移发展,受其影响,华北东部、黄淮东部、江淮西部及江汉东部出现暴雨,局部出现大暴雨(图 3.4.32);29 日,500 hPa 华北低涡缓慢东移,华中地区至华南西部有短波槽发展,中低层东北低涡继续向东北方向移动,黄淮至云贵高原的切变线缓慢东移南压,受其影响,江南北部、华南西部出现降水,暴雨较为分散,江西北部、广西北部局部出现大暴雨(图 3.4.33);30 日,500 hPa 华北低涡静止少动,华中地区短波槽东移北收,中低层华北地区有低涡形成,华中地区有切变线活动,受其影响,华北南部至江南东部出现降水,暴雨分布较为零散(图 3.4.34);7 月 1—2 日,500 hPa 华北低涡缓慢向东北方向移动并逐步减弱消散,中低层华北低涡也在向东北方向移动的过程中减弱消失,受其影响,华北东部至东北南部出现降水,暴雨分布较为零散,局部出现大暴雨(图 3.4.35、图 3.4.36)。这次过程总降水量见图 3.4.37。

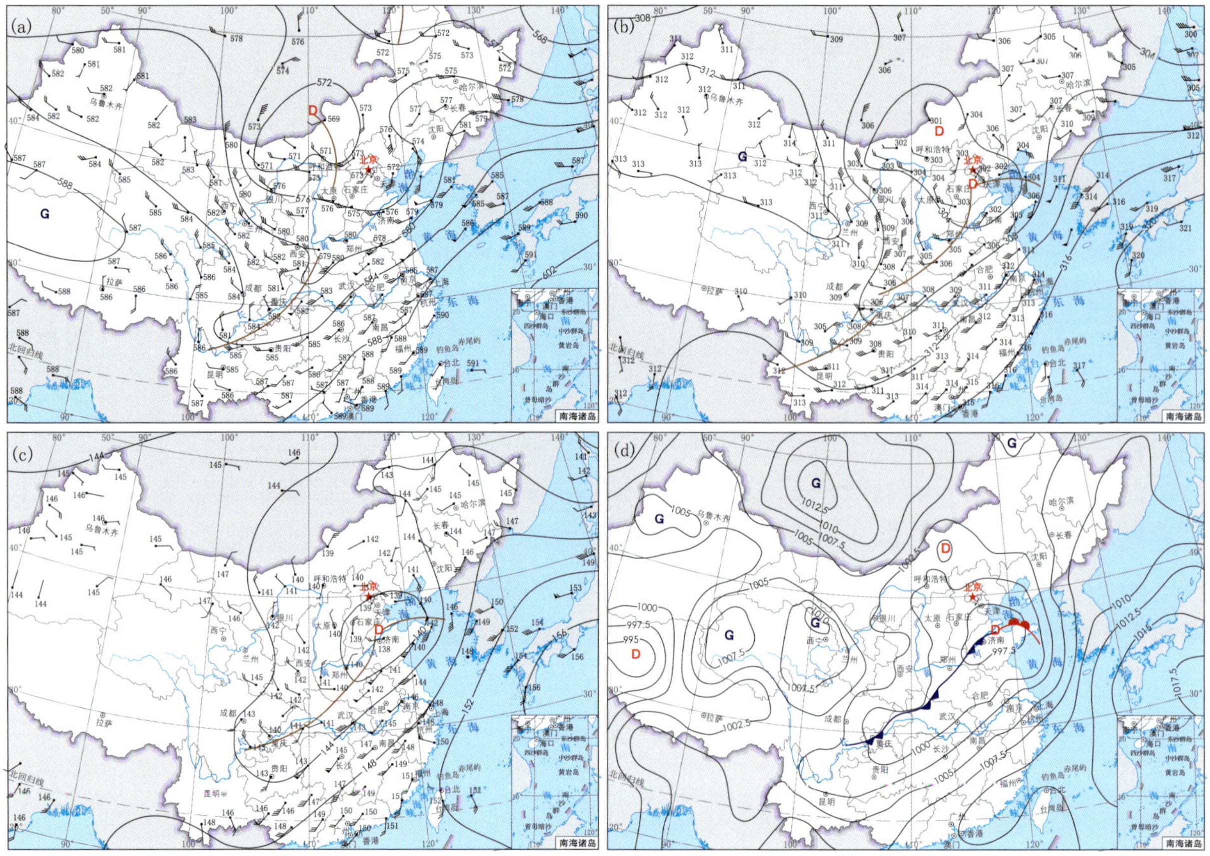

图 4.7.1　2022 年 6 月 27 日 08 时高空环流形势图及地面天气图

(a) 500 hPa;(b) 700 hPa;(c) 850 hPa;(d) 地面

4.8　7 月 1—7 日中东部暴雨(台风“暹芭”暴雨)

4.8.1　雨情灾情分析

这是 2022 年第 13 次主要暴雨过程(No.13)。此次由 2203 号台风“暹芭”(Chaba)及高空西风槽造成的中东部暴雨过程共持续 7 d。7 月 1—7 日,50 mm 以上总降水量分布在除浙江以外的我国中东部广大地区,100 mm 以上总降水量从华南向北一直伸展到华北及东北地区,250 mm 以上总降水量主要集中在广东、海南西部及广西东部地区,过程累积最大降水量出现在广东海丰,达到 588 mm(图 3.5.6)。

此次由 2203 号台风“暹芭”(Chaba)造成的中东部暴雨过程具有持续时间长、影响范围广、雨带跨度大、华南降水强等特点。7 月 2 日海南三亚(421.6 mm)、7 月 5 日河南鹿邑(257.0 mm)、广东连平(211.6 mm)、7 月 7 日吉林九台(139.7 mm)日降水量均突破当地 61 a(1961—2021 年)的历史纪录。受这次暴雨过程的影响,广东、广西、辽宁、湖北、湖南、海南、江西、安徽、福建、重庆、贵州、云南、河北、河南、山东、山西、甘肃、宁夏、内蒙古、吉林及黑龙江 21 个省(自治区、直辖市)共 450 万人受灾,4 人死亡,1 人失踪,22 万人紧急转移安置,直接经济损失 91.4 亿元,其中农业损失 50.7 亿元。广东受灾最为严重,直接经济损失 37.7 亿元，广西、辽宁依次为 17.4 亿元、14.3 亿元。

4.8.2　天气形势及降水分析

7 月 1 日，2203 号台风“暹芭”(Chaba)在我国中沙群岛以北向西北方向移动，强度逐步加强为强热带风暴，受其影响，海南省出现大到暴雨，南海西沙站出现大暴雨(图 3.4.35)；2 日(图 4.8.1)，“暹芭”进一步加强为台风并在广东省茂名市电白区登陆，受其影响，海南省及广东省出现降水，暴雨集中出现在海南省及广东南部，广东西部沿海及海南大部出现大暴雨，其中海南三亚、昌江分别出现了 421.6 mm、250.3 mm 的特大暴雨(图 3.4.36)；3 日，“暹芭”转向，此时，500 hPa 河套地区有短波槽发展东移，中低层该地区有切变线发展东移，受其影响，华南及华北地区同时出现强降水，华南暴雨区主要出现在广东西部及广西东部，广东西部沿海多站出现大暴雨，华北暴雨区从北京南部至河南北部呈近南北向带状分布，天津局部、河南局部出现大暴雨(图 3.5.1)；4 日，2203 号台风“暹芭”(Chaba)，台风倒槽伸展至河南南部地区，此时，500 hPa 河套地区短波槽快速东移至华北东部，短波槽南端与台风倒槽北端在河南中部相遇，中低层河套地区切变线东移至华北东部，受其影响，华北东部至华南地区出现大范围降水，暴雨带呈近南北向带状分布，多站出现大暴雨(图 3.5.2)；5 日，2203 号台风“暹芭”(Chaba)，此时，500 hPa 河套地区又有短波槽东移发展，中低层该区域有切变线形成，受其影响，华北地区南部至华南地区出现大范围降水，暴雨带从华北南部

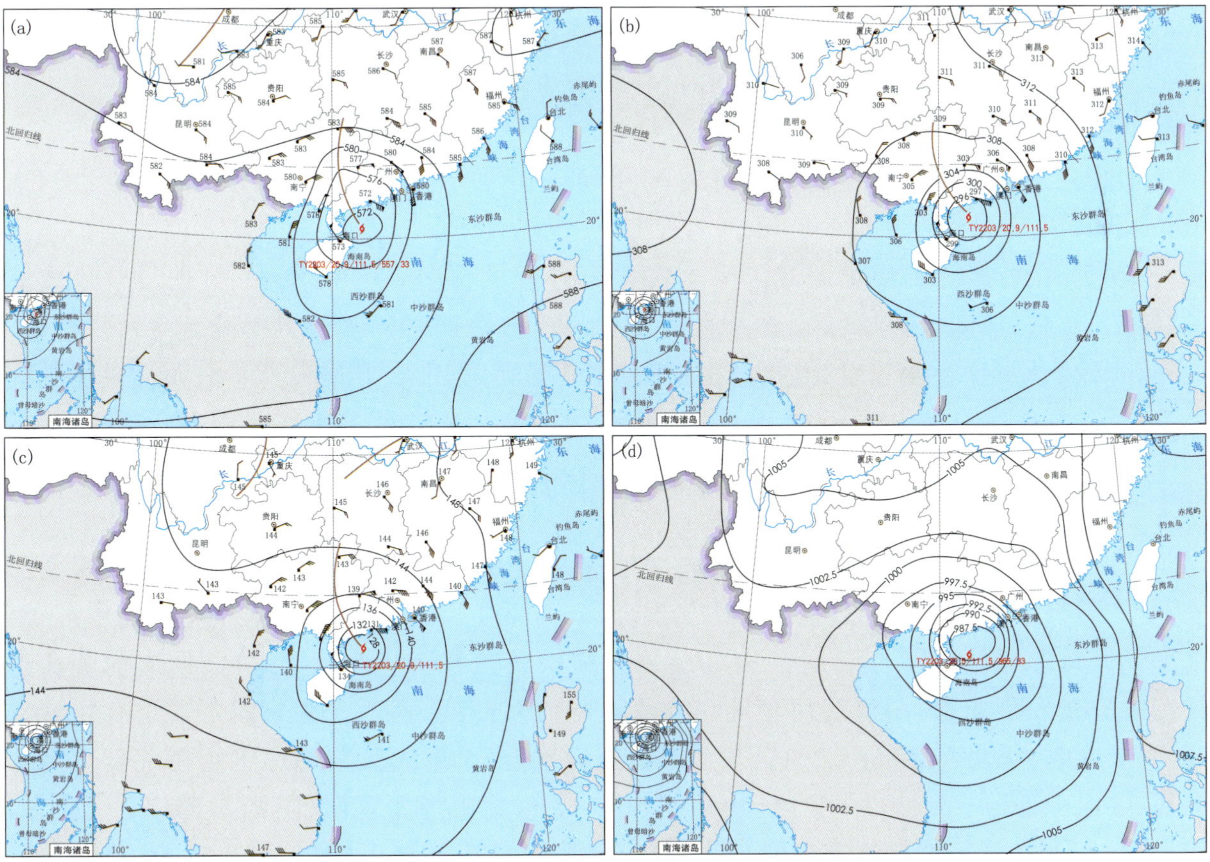

图 4.8.1　2022 年 7 月 2 日 08 时高空环流形势图及地面天气图

(a) 500 hPa；(b) 700 hPa；(c) 850 hPa；(d) 地面

一直伸展至华南地区，多站出现大暴雨，其中河南鹿邑出现 257.0 mm 的特大暴雨(图 3.5.3)；6 日，2203 号台风“暹芭”(Chaba)，500 hPa 河套地区短波槽东移到华北东部至黄淮西部一线，中低层台风低压环流继续向北移动至河南东部地区，此时，河套地区切变线东移至华北东部并与台风低压环流交汇，受其影响，华北东部至华南地区维持大范围降水，强降水主要出现在黄淮东部至华北东部，山东中部一线多站出现大暴雨，此外江南、华南仍有部分地区出现暴雨到大暴雨(图 3.5.4)；7 日，500 hPa 华北地区短波槽东移至东北地区南部，中低层台风低压环流在向东北方向移动的过程中减弱消散，东北南部至渤海湾地区有切变形成，此时，华南西部有低涡切变形成，受其影响，东北地区中南部、华南地区分别出现两个暴雨区，东北暴雨区主要出现在吉林中部至辽宁南部，两省均有多站出现大暴雨，华南暴雨区主要出现在广东西部及广西东部，广东局部出现大暴雨(图 3.5.5)。这次过程总降水量见图 3.5.6。

4.9　7 月 11—14 日北方暴雨

4.9.1　雨情灾情分析

这是 2022 年第 14 次主要暴雨过程(No. 14)。此次由高空西风槽、河套低涡及低层切变线造成的北方暴雨过程共持续 4 d。7 月 11—14 日，50 mm 以上总降水量有两个区域，一个位于西北地区东部至山东半岛，呈东西向带状分布，另一个位于东北地区中北部及内蒙古东部，呈西北—东南向带状分布，100 mm 以上总降水量分布较为零散，过程累积最大降水量出现在四川天全，达到 243 mm(图 3.5.11)。

此次北方暴雨过程具有局部灾情较重、人员伤亡较大等特点。7 月 11 日内蒙古河南(121.1 mm)、宁夏青铜峡(56.8 mm)、7 月 13 日吉林双辽(154.7 mm)日降水量均突破当地 61 a(1961—2021 年)的历史纪录。受这次暴雨过程的影响，四川、甘肃、山东、山西、内蒙古、辽宁、吉林、黑龙江、陕西、宁夏及青海 11 个省(自治区)共 55 万人受灾，26 人死亡，10 人失踪，5 万人紧急转移安置，直接经济损失 40.0 亿元，其中农业损失 8.9 亿元。四川受灾最为严重，直接经济损失 15.5 亿元，甘肃、山东依次为 9.9 亿元、7.1 亿元。

4.9.2　天气形势及降水分析

7 月 11 日(图 4.9.1)，500 hPa 河套地区有短波槽发展，中低层该区域有低涡切变形成，受其影响，西北地区东部、华北中部出现降水，暴雨主要出现在山西中部及陕北地区，局部出现大暴雨(图 3.5.7)；12 日，500 hPa 短波槽快速东移至华北东部地区，同时河套西部又有短波槽发展东移，中低层河套低涡东移至华北东部，低涡西南侧至四川盆地有切变形成，受其影响，华北南部至西北地区东南部出现降水，两个暴雨区分别位于山东北部至河北南部、陕西南部与甘肃交界的区域，山东北部有 17 个站出现大暴雨(图 3.5.8)；13—14 日，500 hPa 河套地区短波槽快速东移北收，中低层切变线东移南压减弱，受其影响，黄淮地区至西北地区东部仍有降水降水出现，部分地区出现暴雨到大暴雨(图 3.5.9、图 3.5.10)。这次过程总降水量见图 3.5.11。

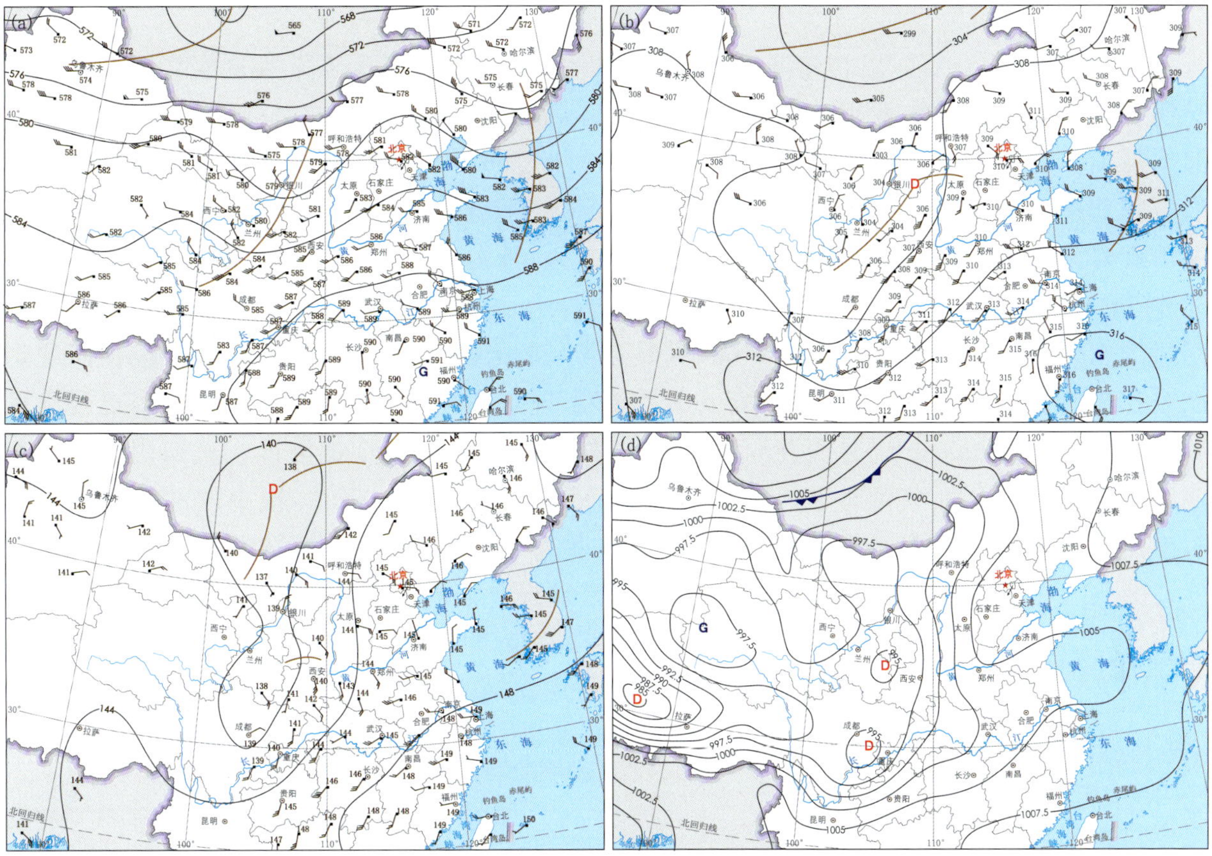

图 4.9.1　2022 年 7 月 11 日 08 时高空环流形势图及地面天气图

(a) 500 hPa；(b) 700 hPa；(c) 850 hPa；(d) 地面

4.10　10 月 1—6 日北方暴雨

4.10.1　雨情灾情分析

这是 2022 年第 31 次主要暴雨过程(No. 31)。此次由高空西风槽、华北低涡及低层切变线造成的北方暴雨过程共持续 6 d。10 月 1—6 日，50 mm 以上总降水量集中现在在华北南部、黄淮地区、江淮地区、江汉西部、西北地区东部和四川盆地东北部，100 mm 以上总降水量有两个区域，一个位于山东半岛至山西南部，呈东北—西南向带状分布，另一个位于安徽北部至四川盆地东北部，也呈东北—西南向带状分布，过程累积最大降水量出现在陕西镇巴，达到 287 mm(图 3.8.6)。

此次北方暴雨过程具有持续时间较长、影响范围较为集中等特点。受这次暴雨过程的影响，陕西、山西、四川、重庆、河北、河南、山东、湖北、安徽和江苏 10 个省(直辖市)共 47 万人受灾，4 万人紧急转移安置，直接经济损失 11.0 亿元，其中农业损失 1.7 亿元。陕西受灾最为严重，直接经济损失 6.2 亿元，四川、山西依次为 4.2 亿元、0.6 亿元。

4.10.2 天气形势及降水分析

10 月 1 日,500 hPa 华北北部有西风短波槽形成发展,中低层华北地区至渤海湾地区有暖切变发展,受其影响,陕西中部至华北中南部、黄淮北部出现降水,暴雨集中出现在河北南部与山东北部交界的区域范围(图 3.7.16);2 日,500 hPa 短波槽东移至渤海湾地区,中低层华北中部至渤海湾地区暖切变继续发展加强,受其影响,雨区东移,华北南部至黄淮北部出现降水,暴雨主要集中出现在山东中北部地区,部分站点出现大暴雨(图 3.8.1);3 日,500 hPa 河套地区又有短波槽发展形成,中低层从东北地区经华北地区至西北地区东部有明显的东北—西南向切变线发展形成,受其影响,东北地区、华北地区、黄淮地区及西北地区东部出现大范围降水,山东北部至山西南部出现东西向暴雨带,陕西南部也出现暴雨区(图 3.8.2);4 日,500 hPa 青藏高原东部有短波槽形成,中低层从黄淮地区至四川盆地有切变线形成,受其影响,黄淮地区、西北地区东部及四川盆地出现降水,河南西部经汉水流域至四川盆地东北部出现东北—西南向暴雨带,陕南、川东北局部出现大暴雨(图 3.8.3);5 日,500 hPa 甘肃东部有短波槽形成,700 hPa 该地区有低涡出现,850 hPa 四川盆地有低涡形成,汉江流域至淮河流域有切变形成,受其影响,黄淮地区、江淮地区、江汉西部、西北地区东部及四川盆地东北部出现降水,暴雨主要出现在河南南部至安徽北部(图 3.8.4);6 日(图 4.10.1),500 hPa 西北短波槽快速东移影响黄淮地区,700 hPa 西北低涡东移至黄淮西

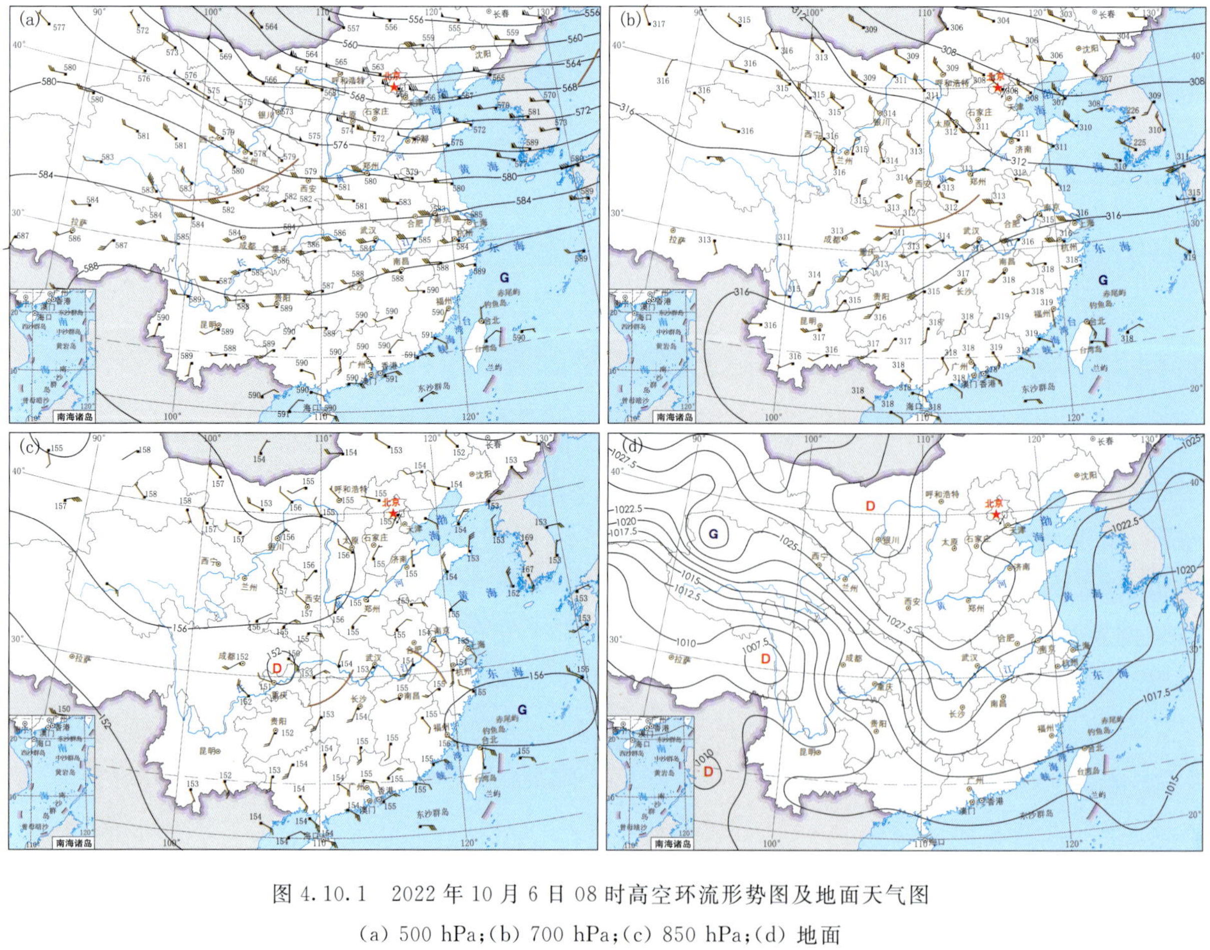

图 4.10.1　2022 年 10 月 6 日 08 时高空环流形势图及地面天气图

(a) 500 hPa;(b) 700 hPa;(c) 850 hPa;(d) 地面

部地区，850 hPa 西南低涡也东移至华中地区，受其影响，雨带整体略有南压，黄淮南部、江淮地区、江汉地区及川渝地区出现降水，暴雨主要出现在河南东南部至湖北西北部（图 3.8.5）。这次过程总降水量见图 3.8.6。

附录　全国暴雨气候概况

附录 A　1991—2020 年 30 a 平均年降水量分布

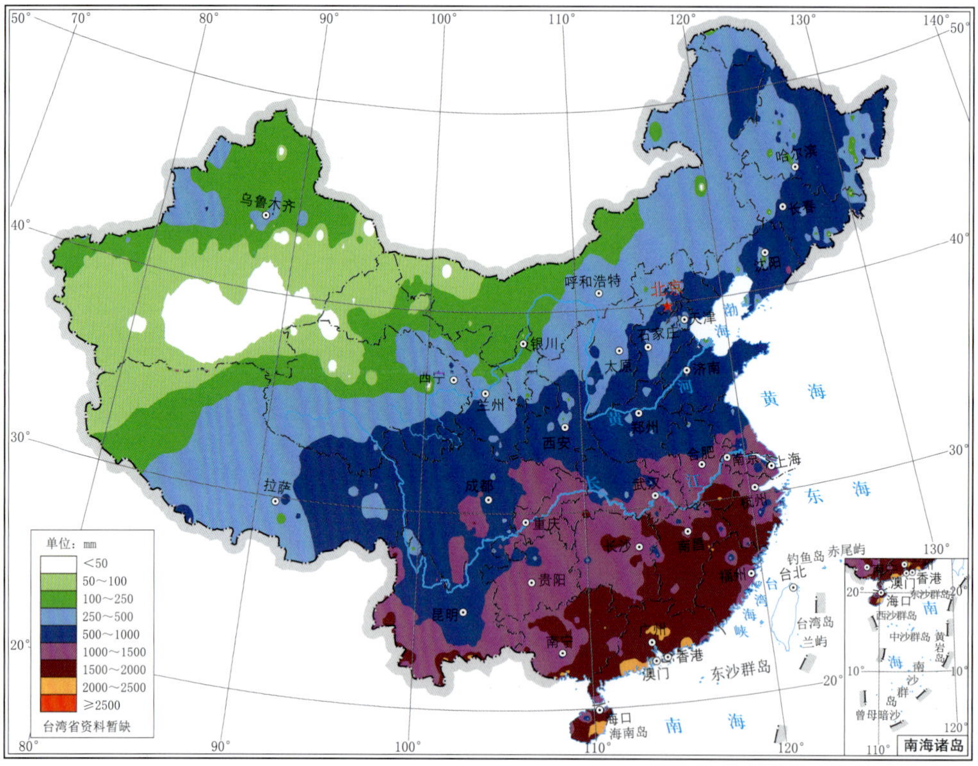

附图 A.1　1991—2020 年 30 a 全国平均年降水量分布

附录 B　1991—2020 年 30 a 平均月降水量分布

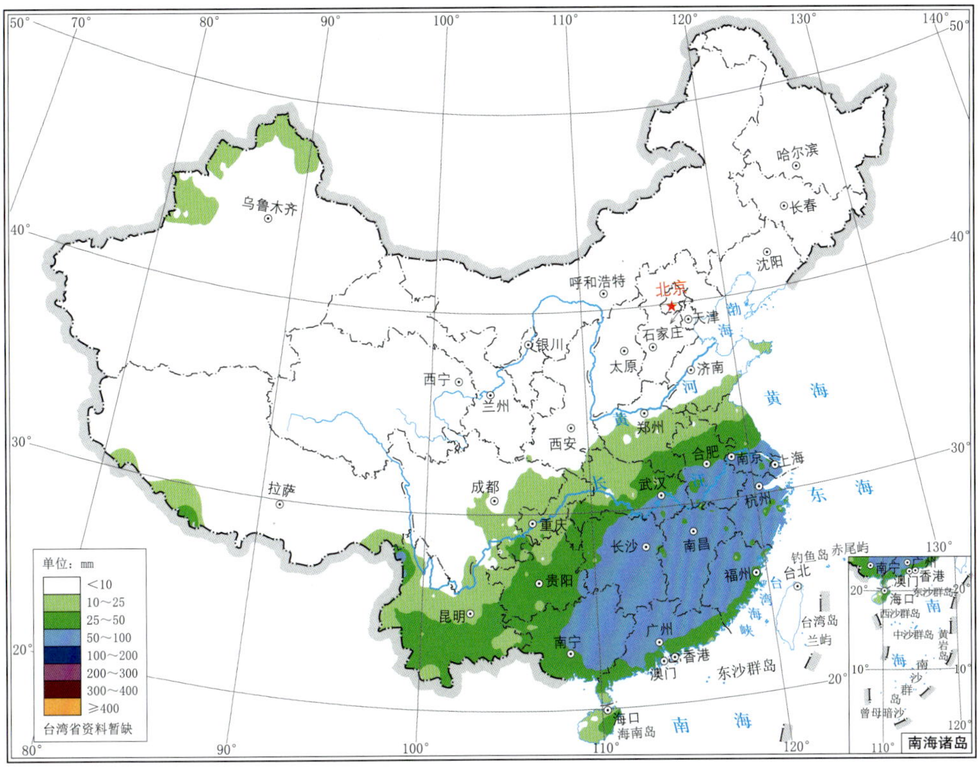

附图 B.1　1991—2020 年 30 a 全国 1 月平均降水量分布

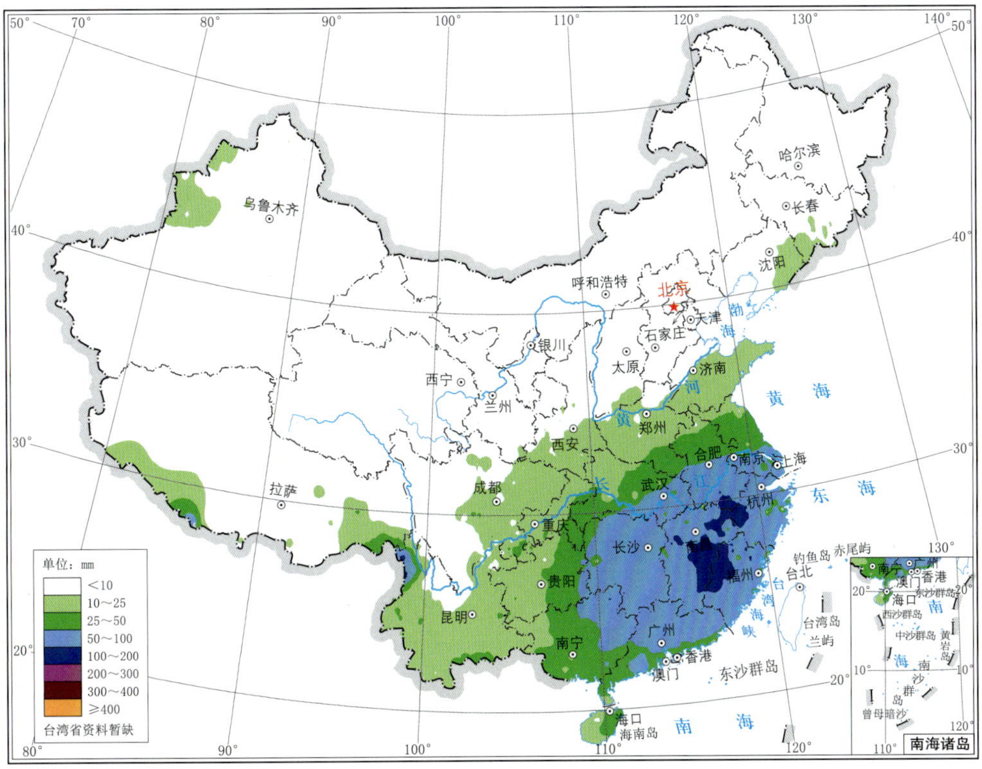

附图 B.2　1991—2020 年 30 a 全国 2 月平均降水量分布

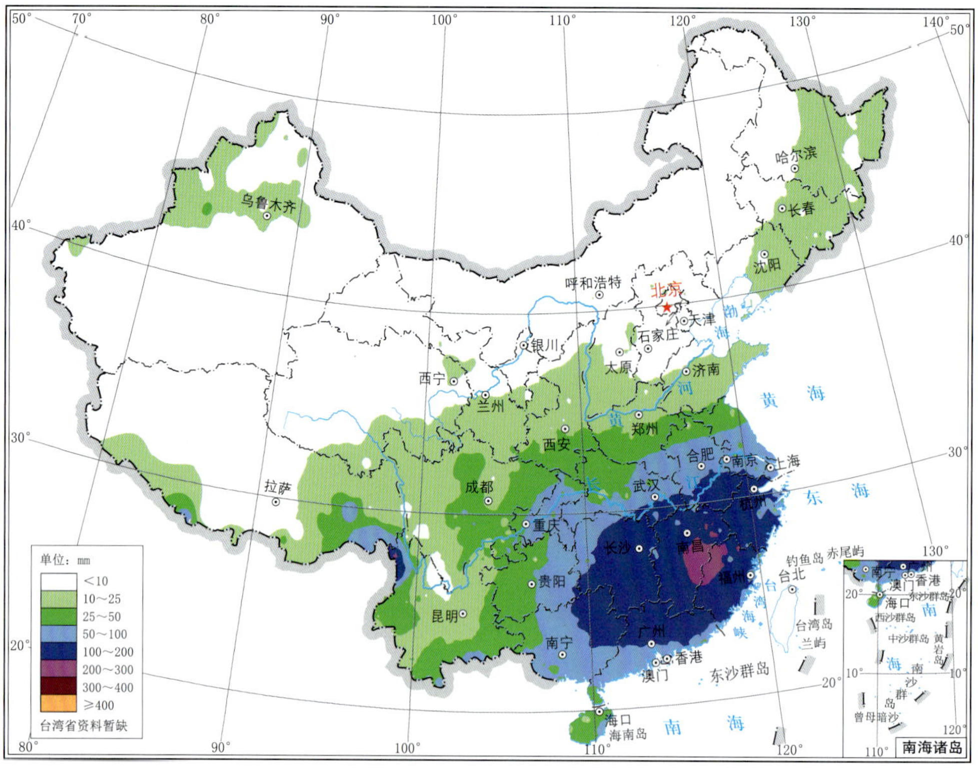

附图 B.3　1991—2020 年 30 a 全国 3 月平均降水量分布

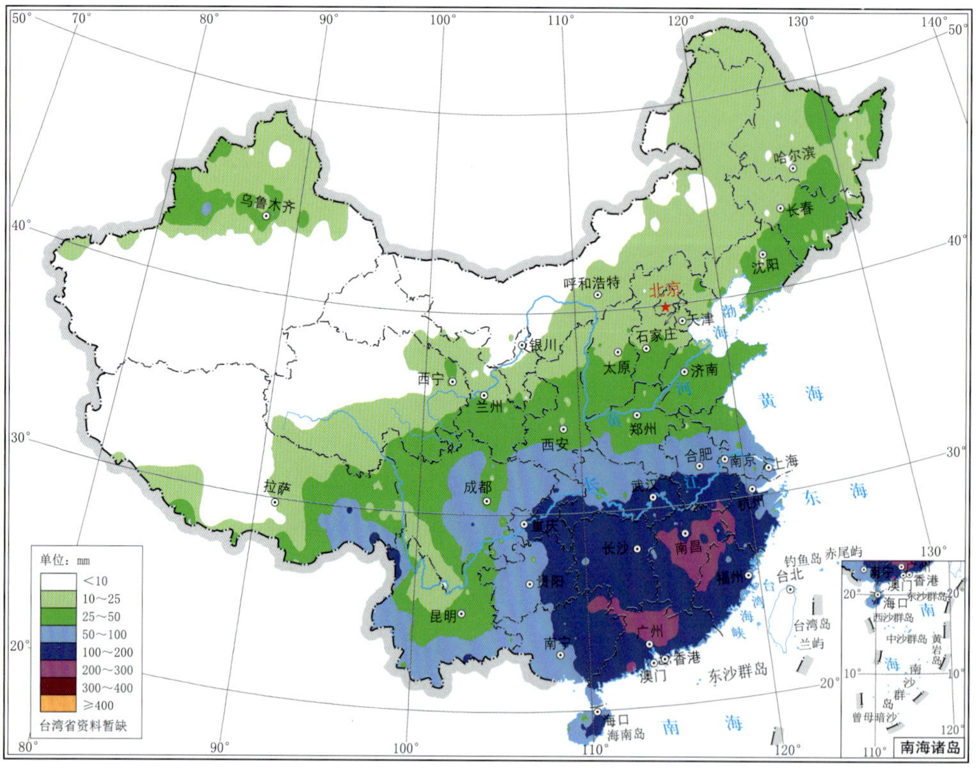

附图 B.4　1991—2020 年 30 a 全国 4 月平均降水量分布

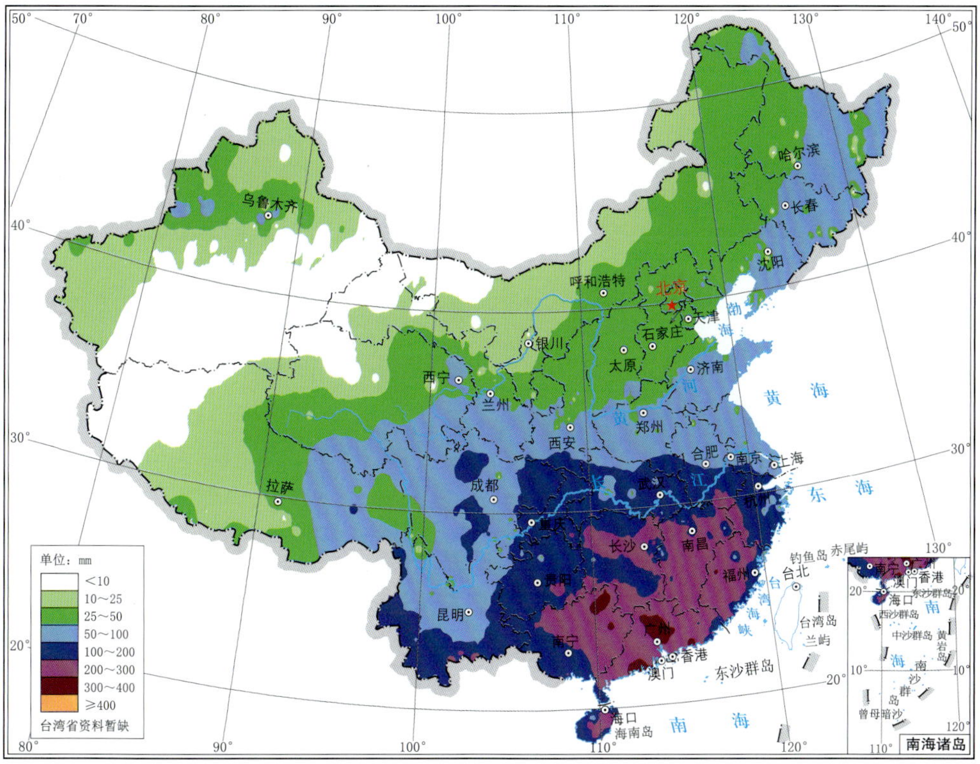

附图 B.5　1991—2020 年 30 a 全国 5 月平均降水量分布

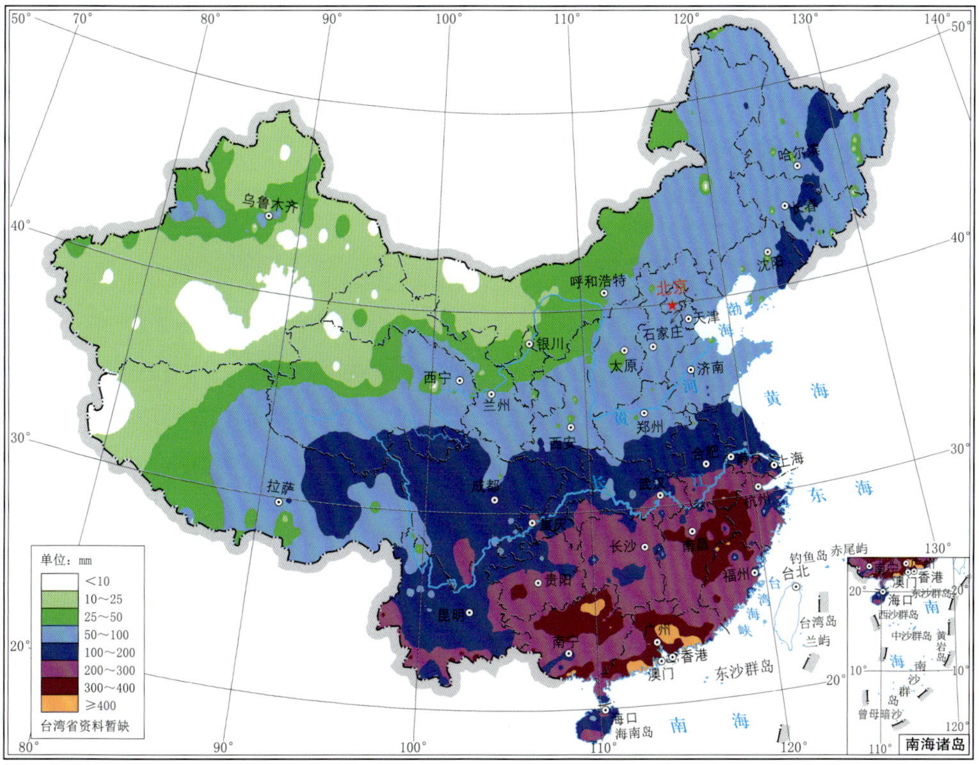

附图 B.6　1991—2020 年 30 a 全国 6 月平均降水量分布

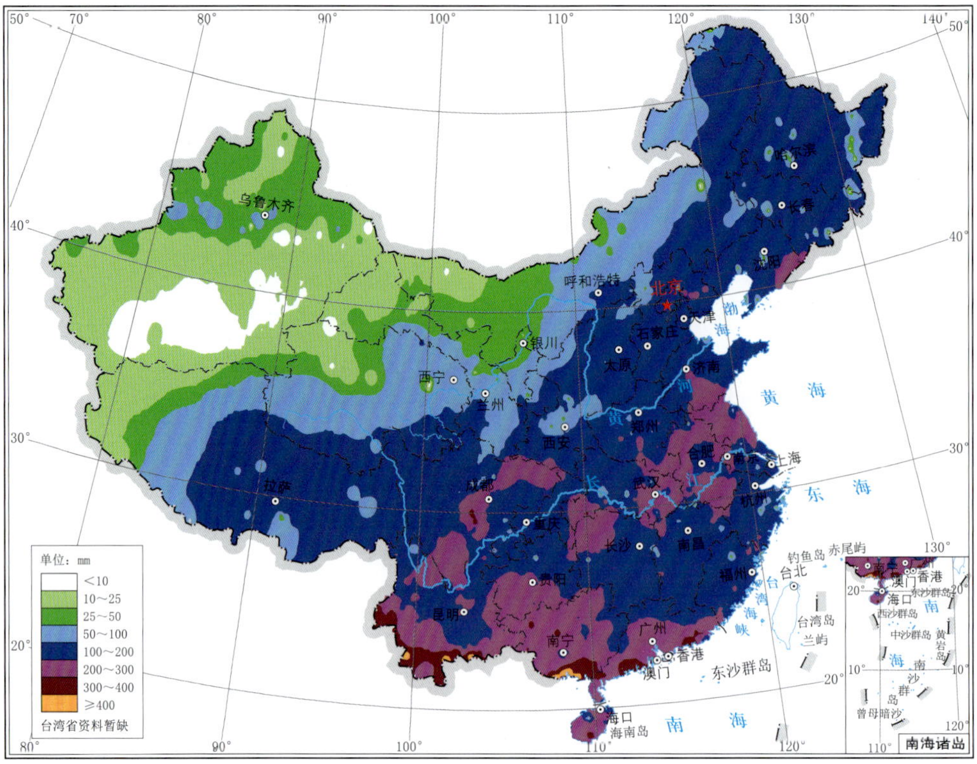

附图 B.7　1991—2020 年 30 a 全国 7 月平均降水量分布

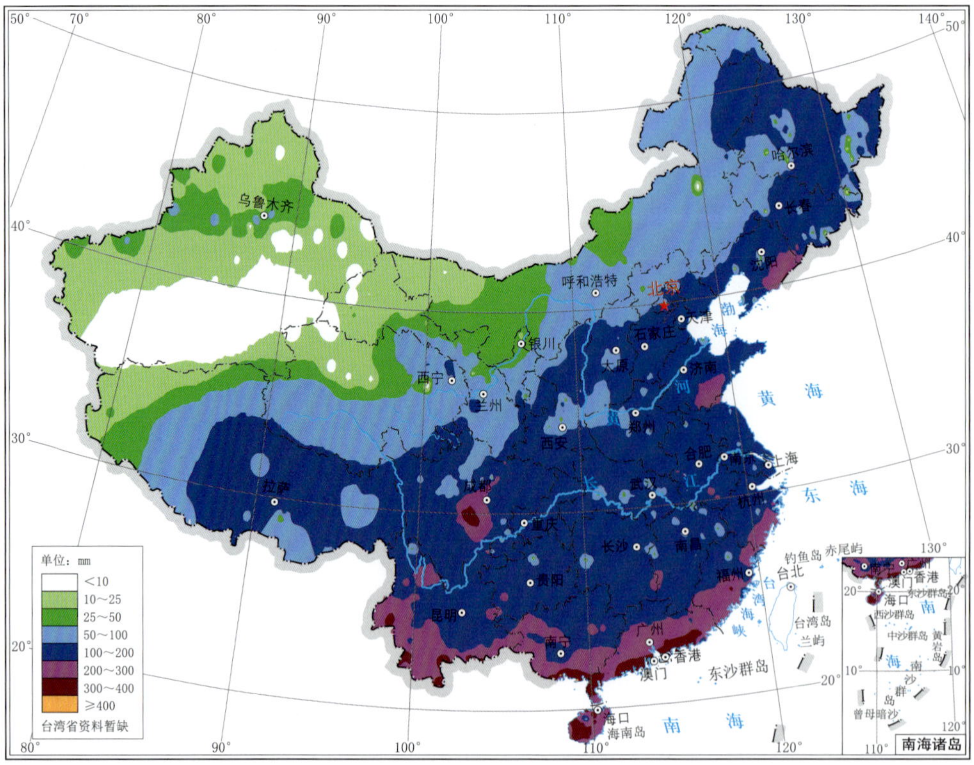

附图 B.8　1991—2020 年 30 a 全国 8 月平均降水量分布

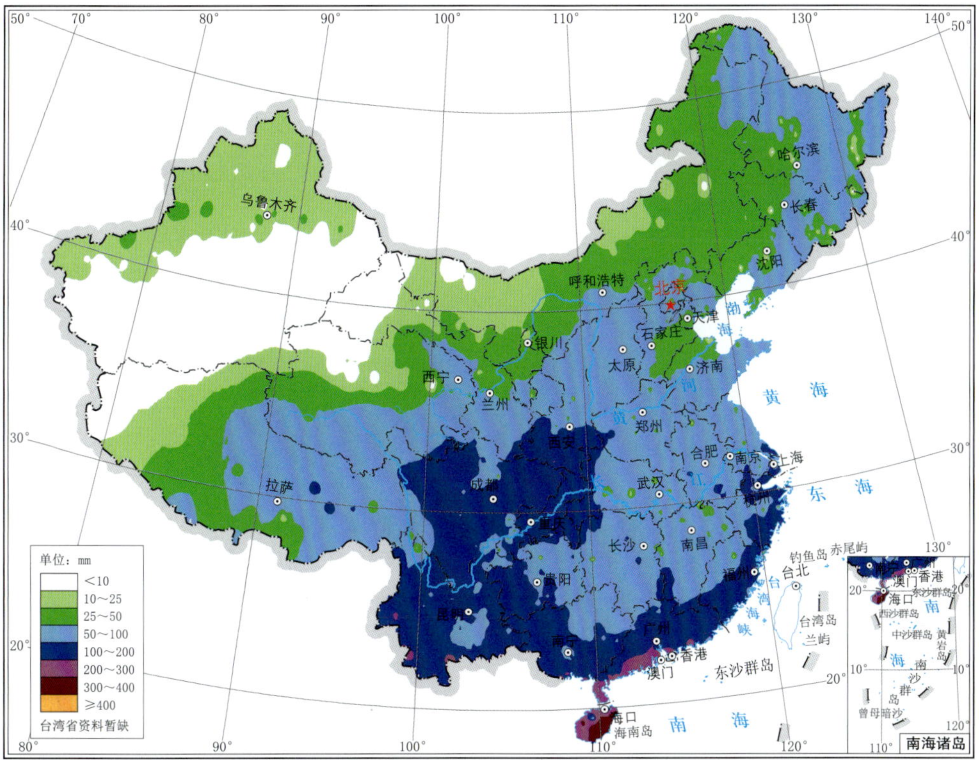

附图 B. 9　1991—2020 年 30 a 全国 9 月平均降水量分布

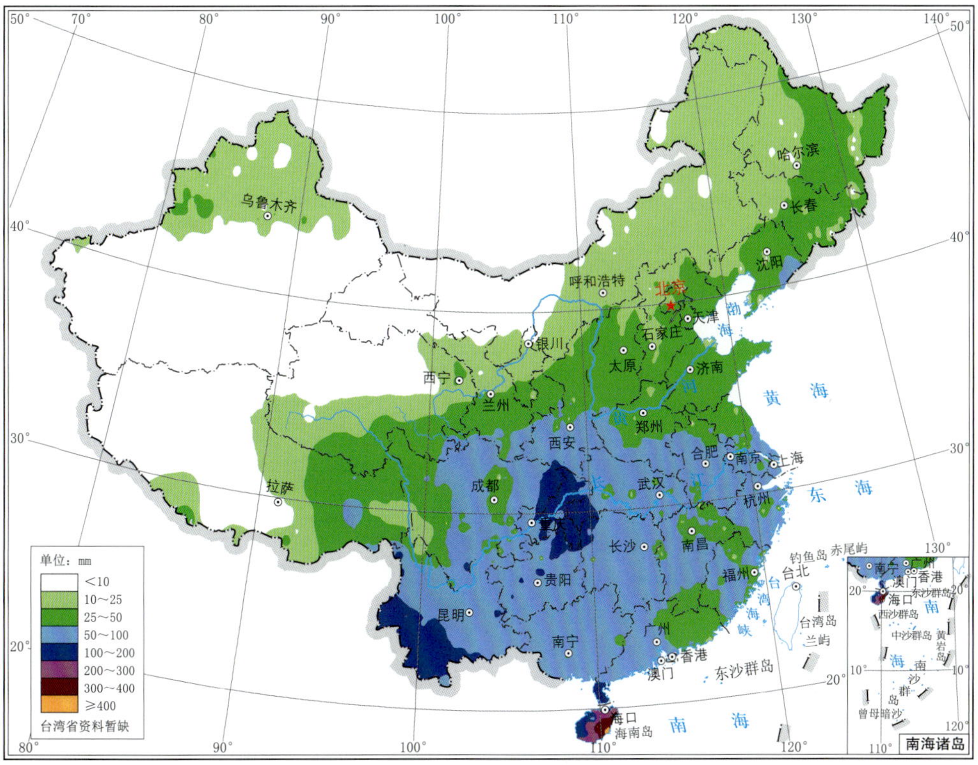

附图 B. 10　1991—2020 年 30 a 全国 10 月平均降水量分布

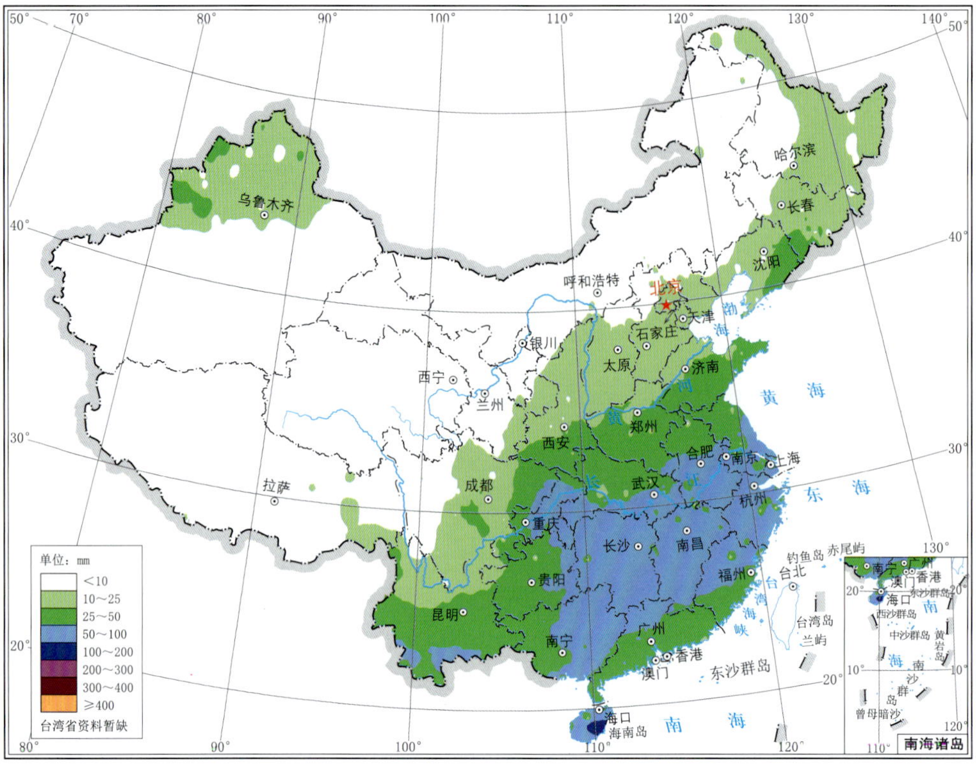

附图 B.11　1991—2020 年 30 a 全国 11 月平均降水量分布

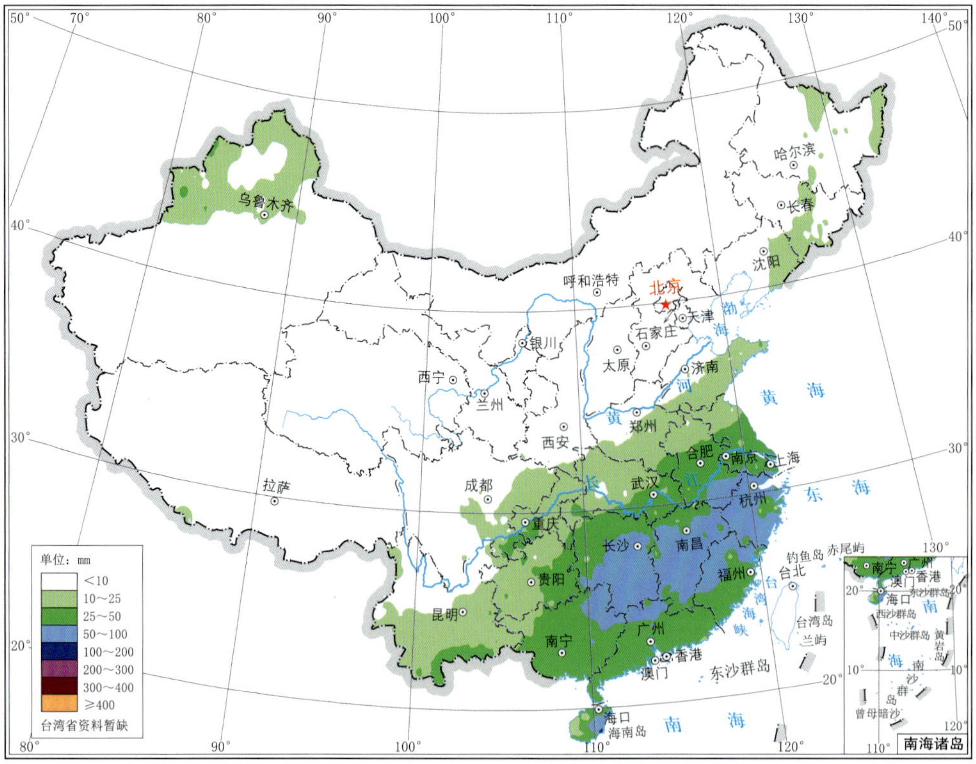

附图 B.12　1991—2020 年 30 a 全国 12 月平均降水量分布

附录 C　1991—2020 年 30 a 暴雨(≥50.0 mm/d)总日数分布

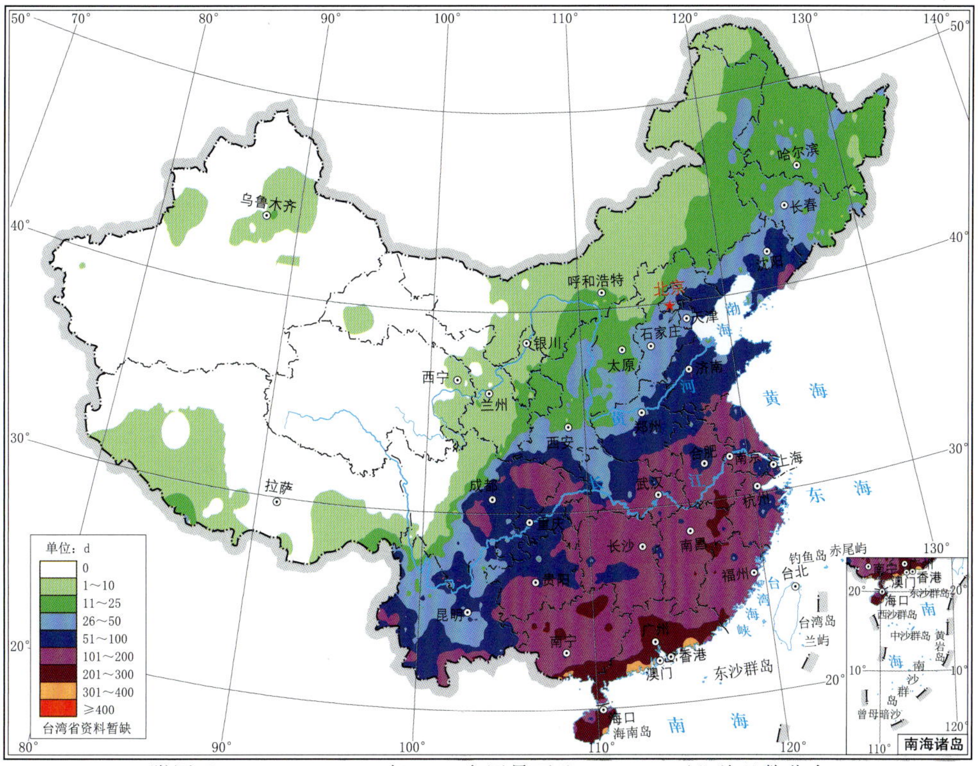

附图 C.1　1991—2020 年 30 a 全国暴雨(≥50.0 mm/d)总日数分布

附录 D　1991—2020 年 30 a 大暴雨(100.0～249.9 mm/d)总日数分布

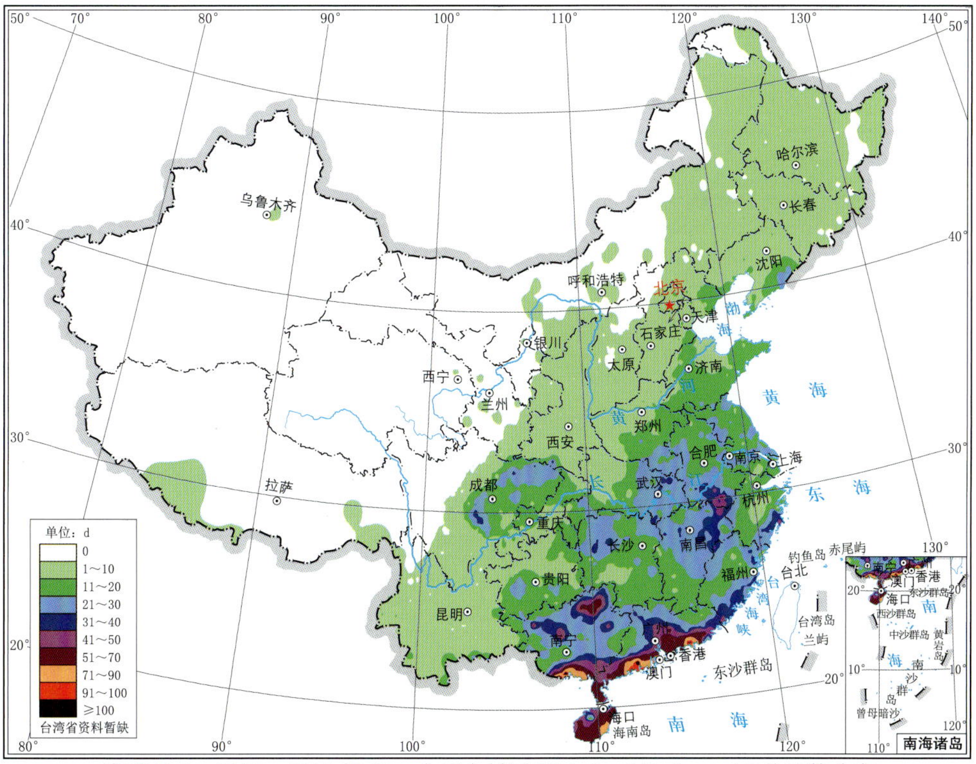

附图 D.1　1991—2020 年 30 a 全国大暴雨(100.0～249.9 mm/d)总日数分布

附录 E　1991—2020 年 30 a 特大暴雨(≥250.0 mm/d)总日数分布

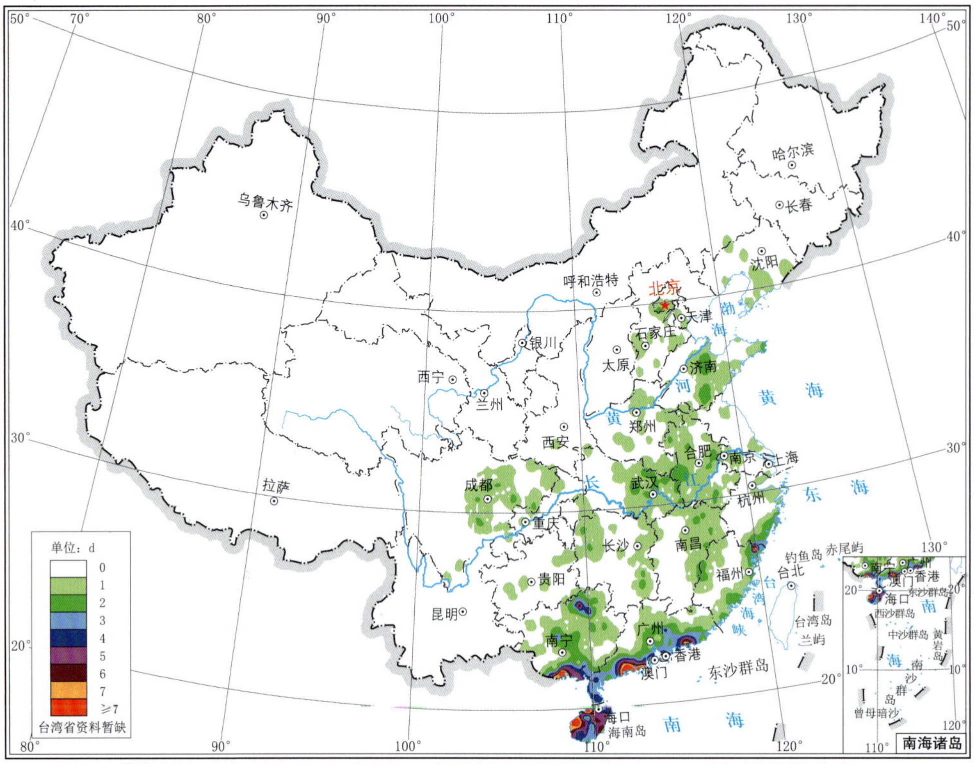

附图 E.1　1991—2020 年 30 a 全国特大暴雨(≥250.0 mm/d)总日数分布

附录 F　1991—2020 年 30 a 各月暴雨(≥50.0 mm/d)总日数分布

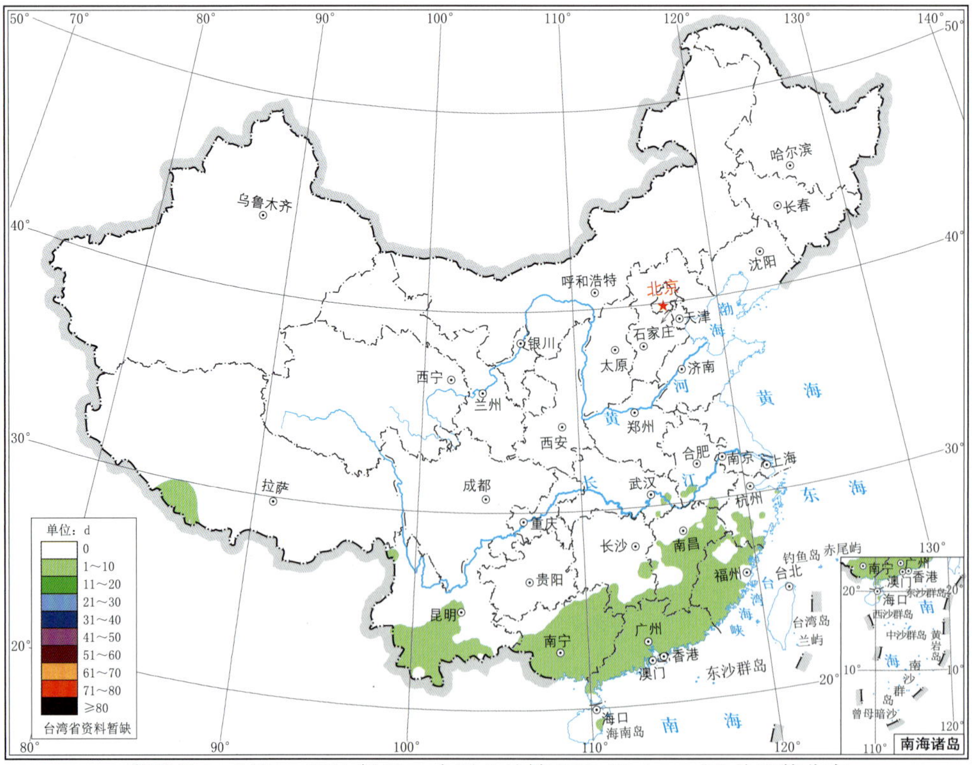

附图 F.1　1991—2020 年 30 a 全国 1 月暴雨(≥50.0 mm/d)总日数分布

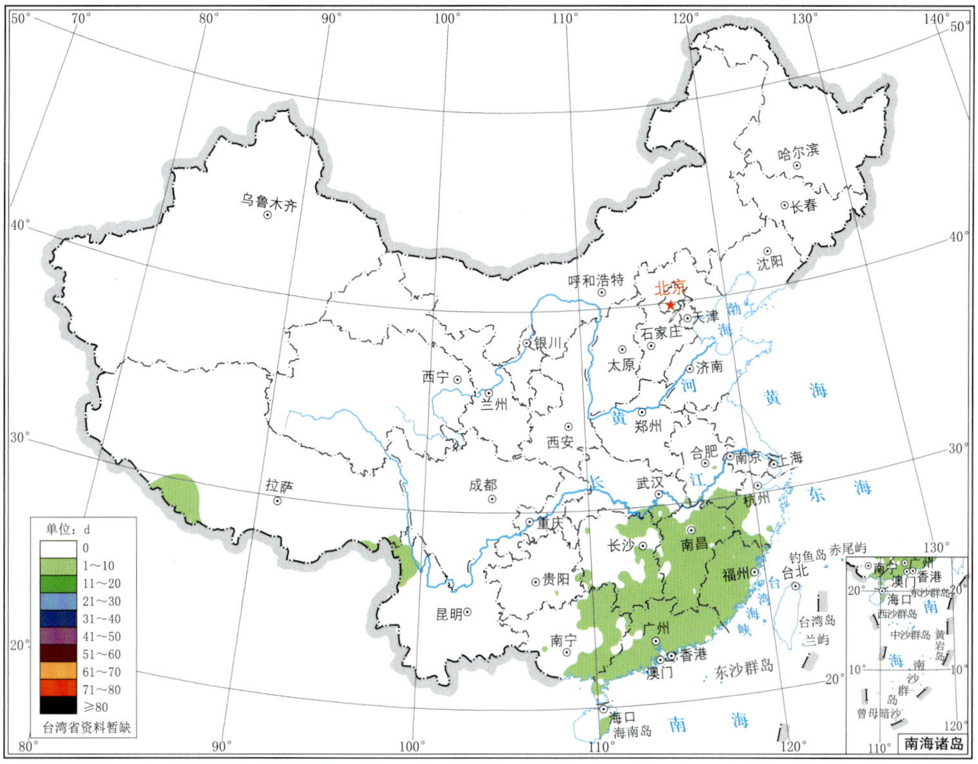

附图 F.2　1991—2020 年 30 a 全国 2 月暴雨(≥50.0 mm/d)总日数分布

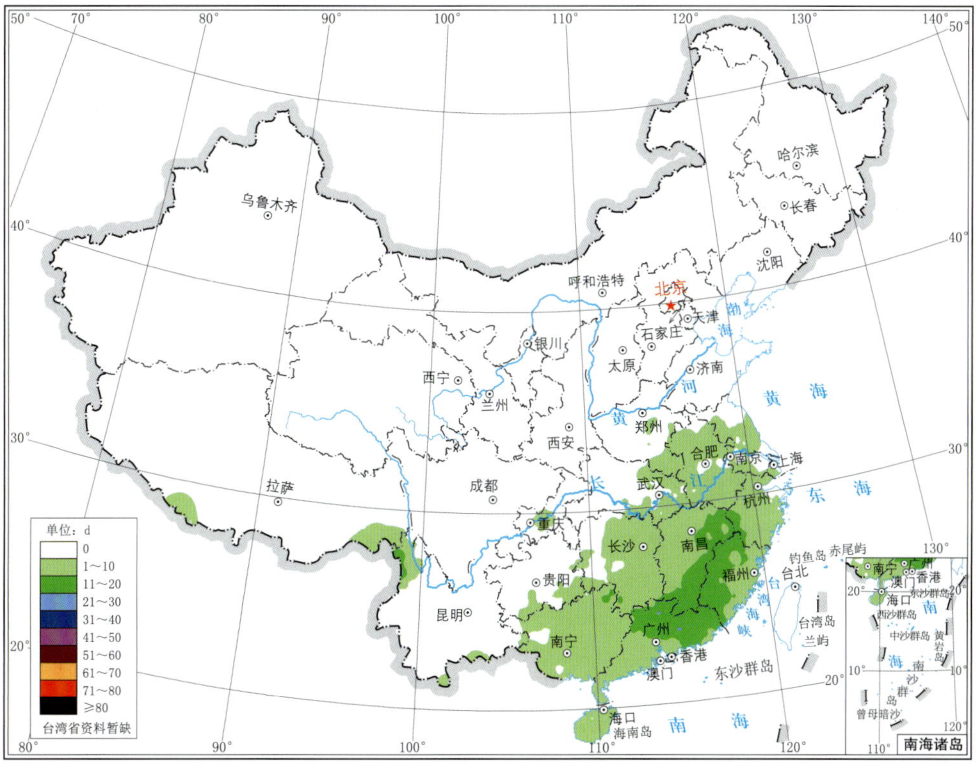

附图 F.3　1991—2020 年 30 a 全国 3 月暴雨(≥50.0 mm/d)总日数分布

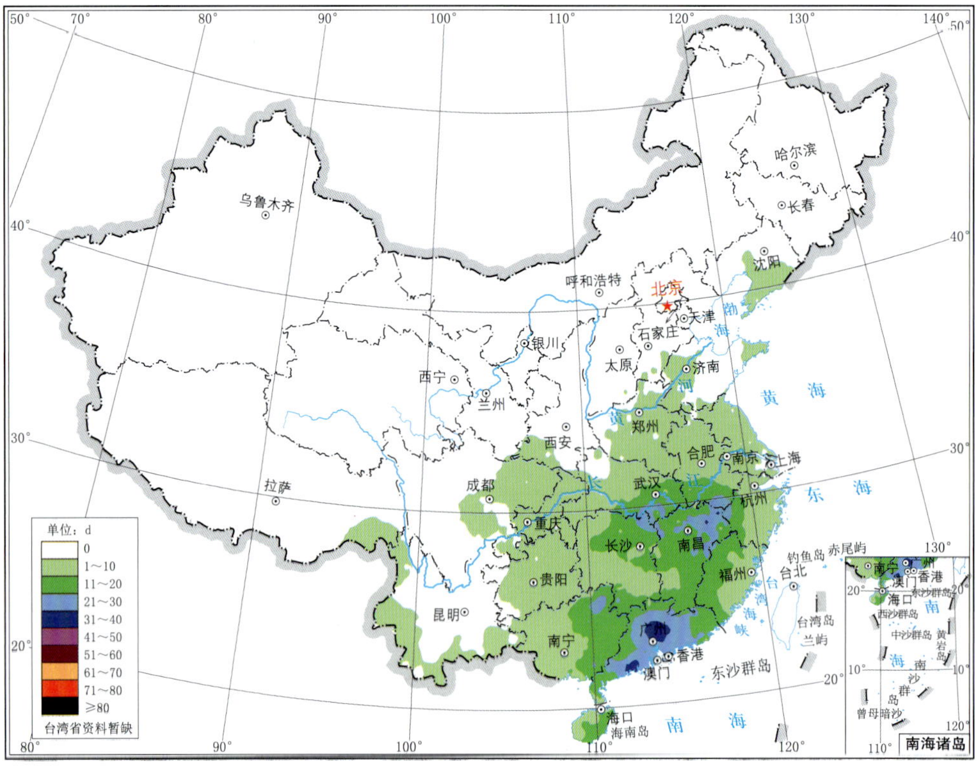

附图 F.4　1991—2020 年 30 a 全国 4 月暴雨(≥50.0 mm/d)总日数分布

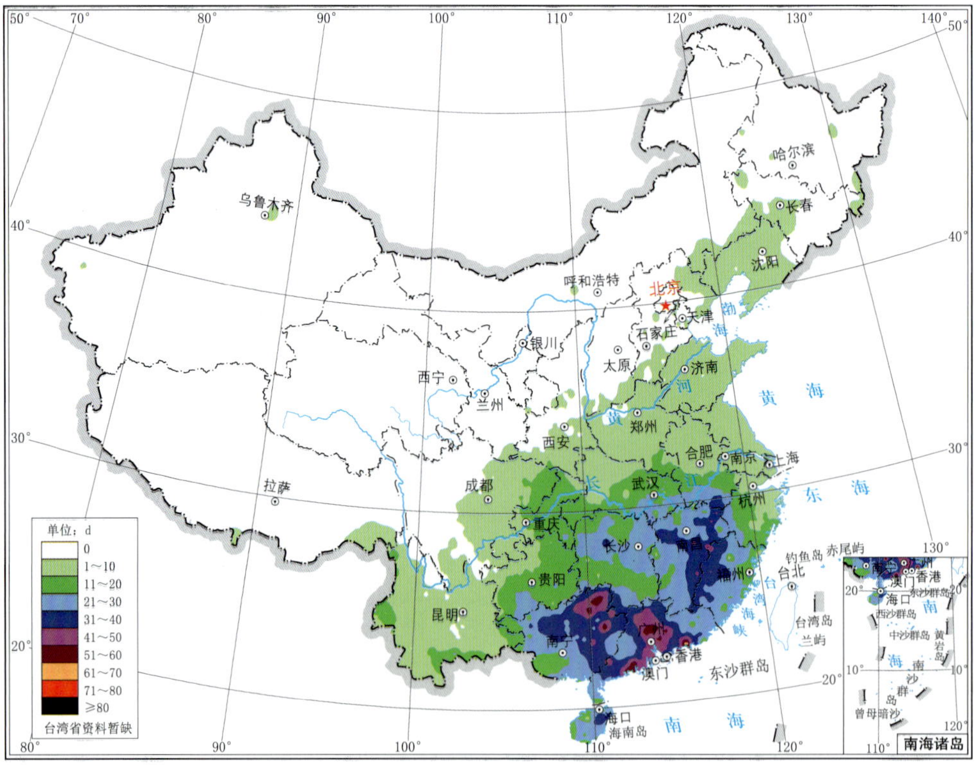

附图 F.5　1991—2020 年 30 a 全国 5 月暴雨(≥50.0 mm/d)总日数分布

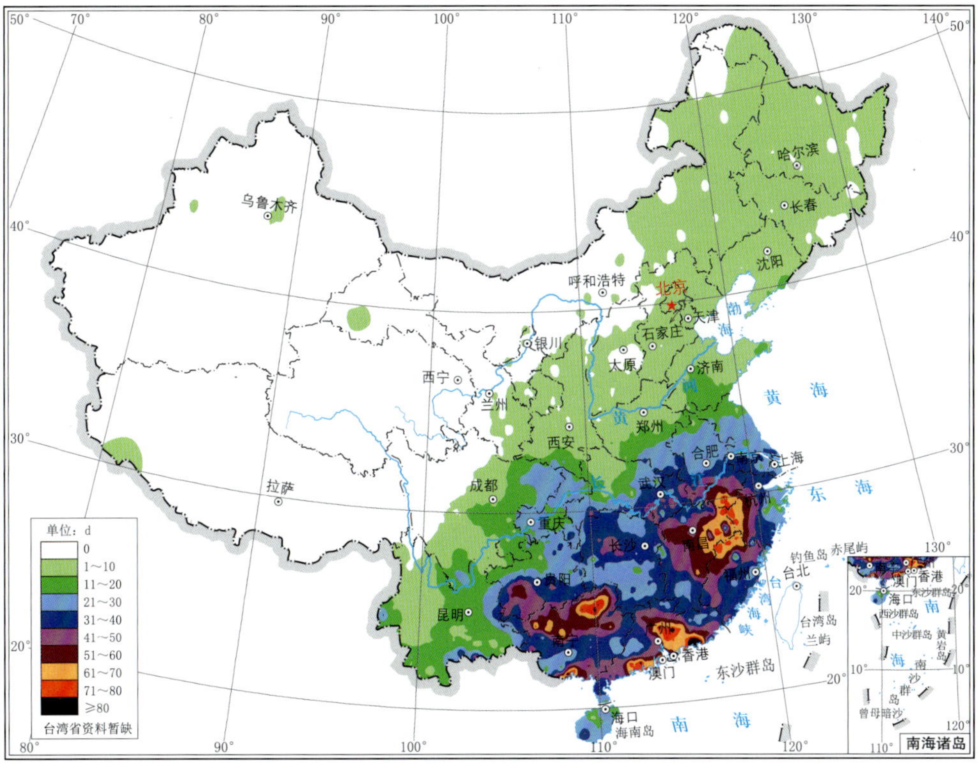

附图 F.6　1991—2020 年 30 a 全国 6 月暴雨(≥50.0 mm/d)总日数分布

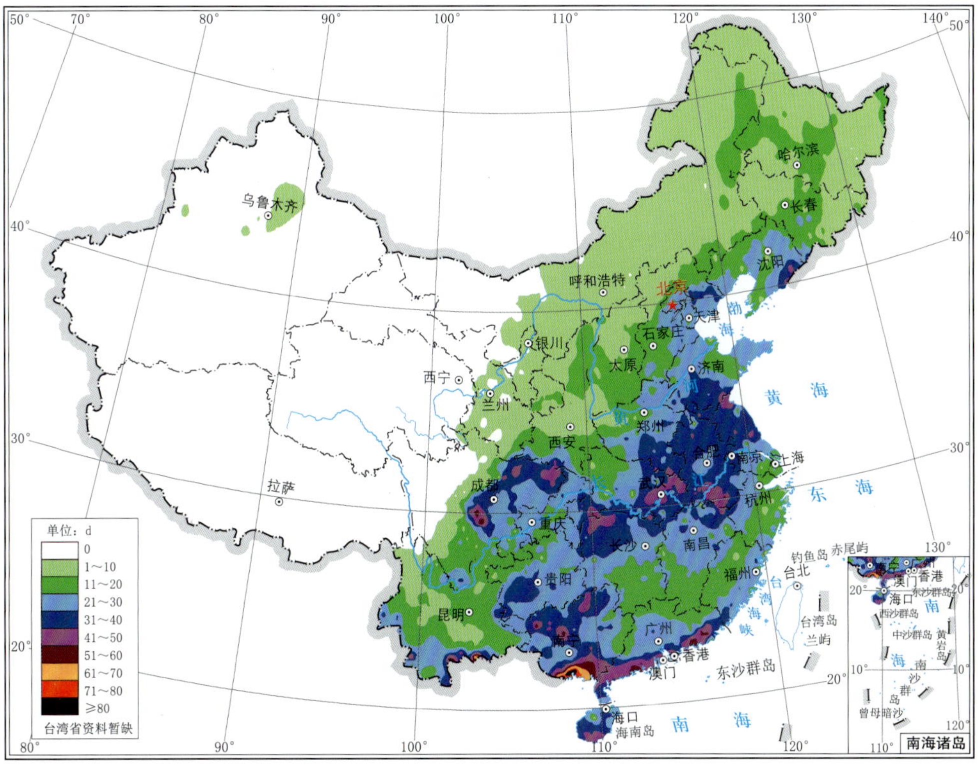

附图 F.7　1991—2020 年 30 a 全国 7 月暴雨(≥50.0 mm/d)总日数分布

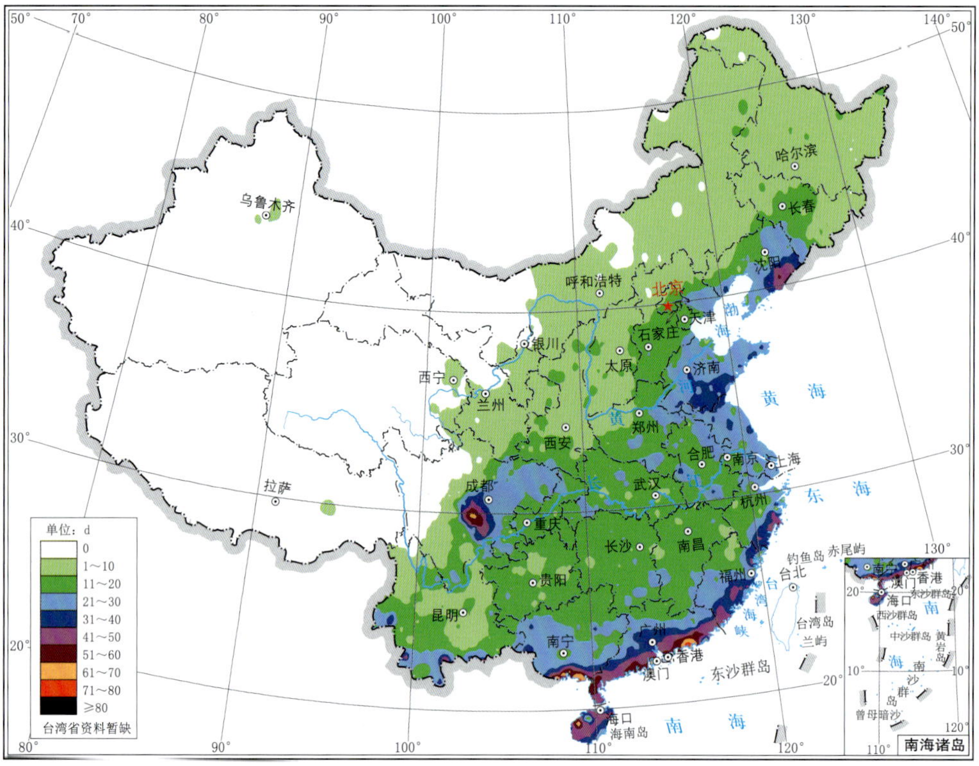

附图 F.8　1991—2020 年 30 a 全国 8 月暴雨(≥50.0 mm/d)总日数分布

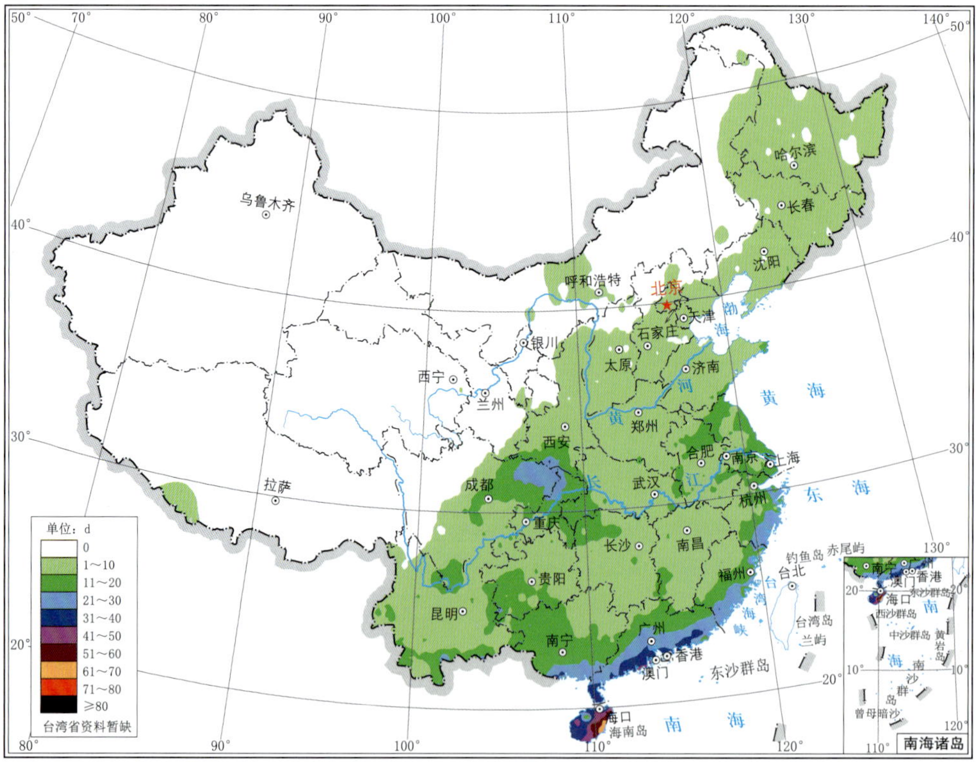

附图 F.9　1991—2020 年 30 a 全国 9 月暴雨(≥50.0 mm/d)总日数分布

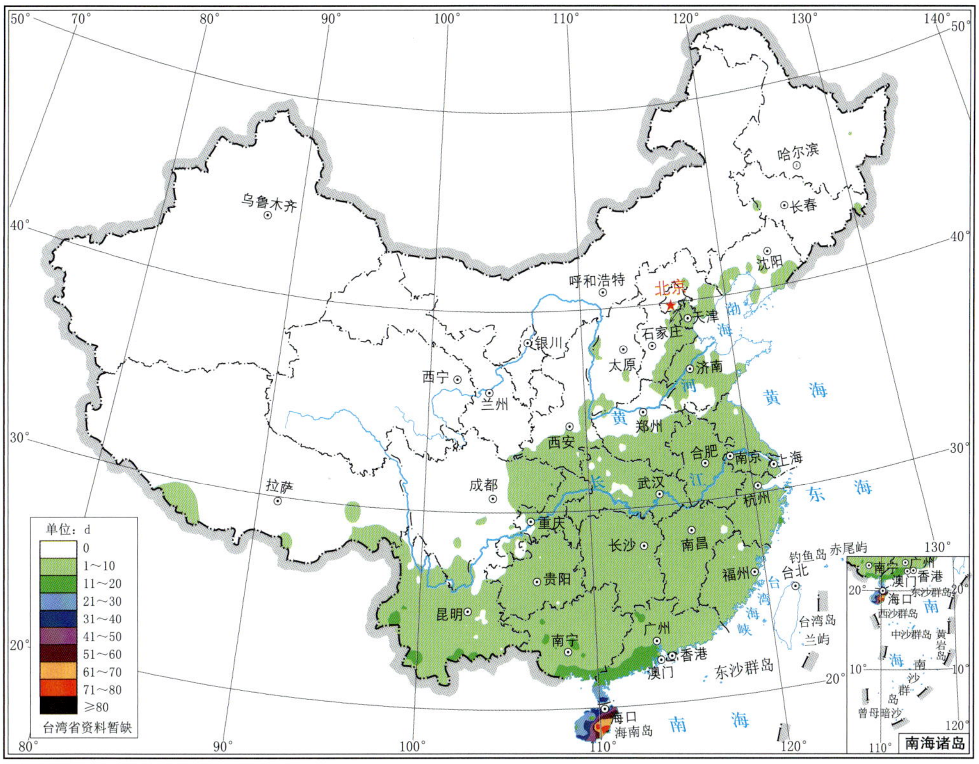

附图 F.10　1991—2020 年 30 a 全国 10 月暴雨(≥50.0 mm/d)总日数分布

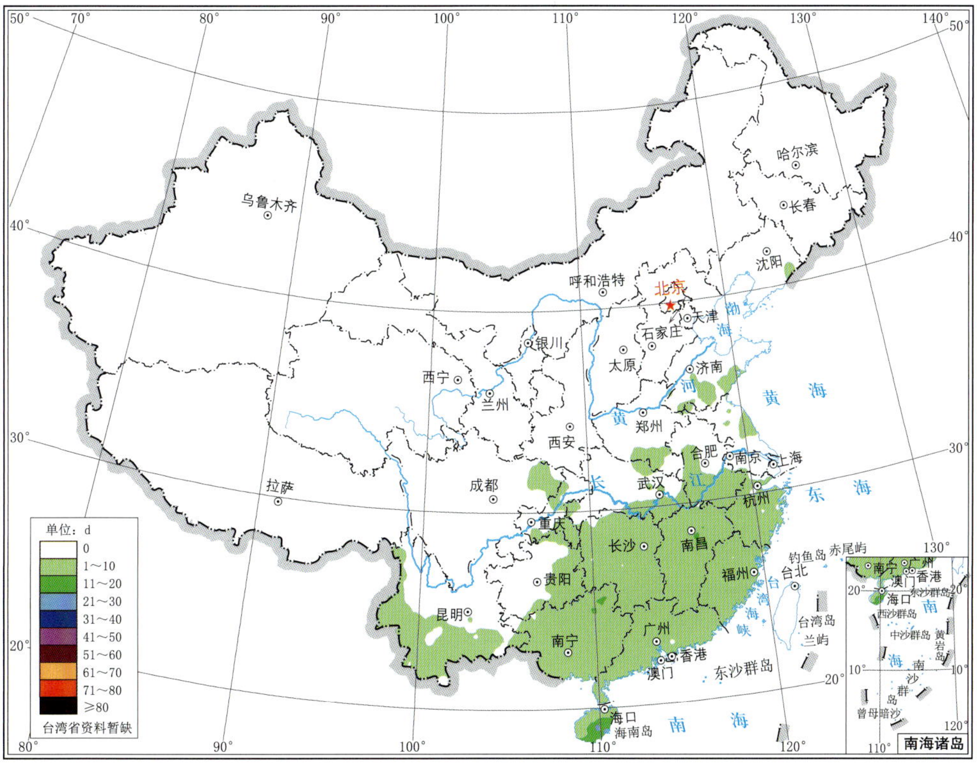

附图 F.11　1991—2020 年 30 a 全国 11 月暴雨(≥50.0 mm/d)总日数分布

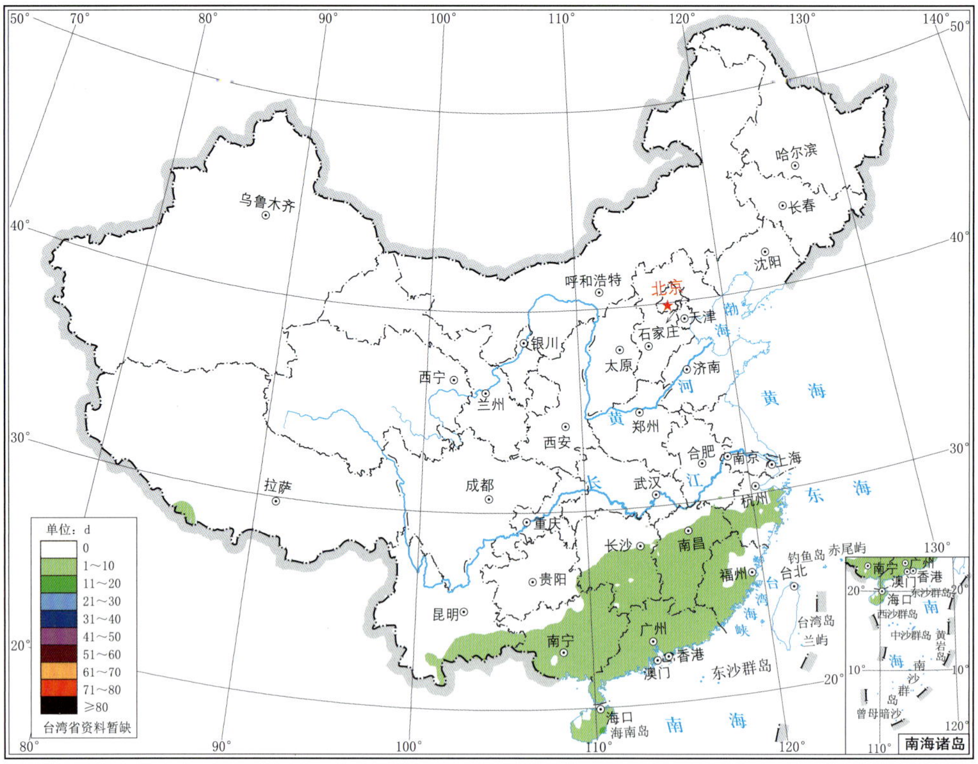

附图 F.12　1991—2020 年 30 a 全国 12 月暴雨(≥50.0 mm/d)总日数分布

附录 G　1991—2020 年 30 a 各月大暴雨(100.0～249.9 mm/d)总日数分布

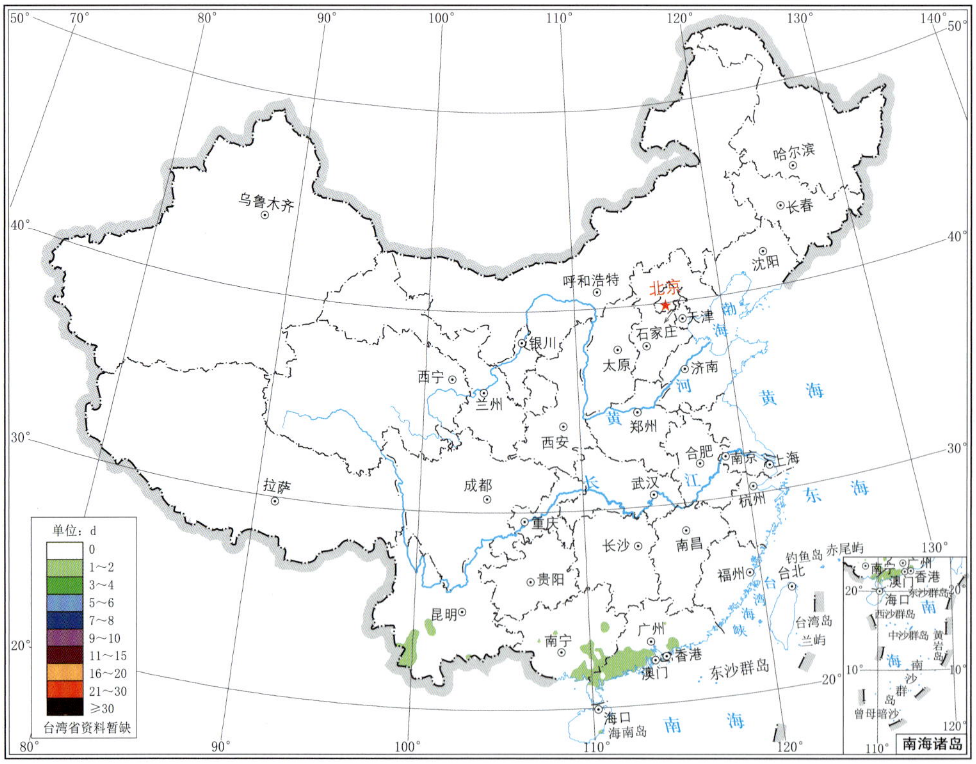

附图 G.1　1991—2020 年 30 a 全国 1 月大暴雨(100.0～249.9 mm/d)总日数分布

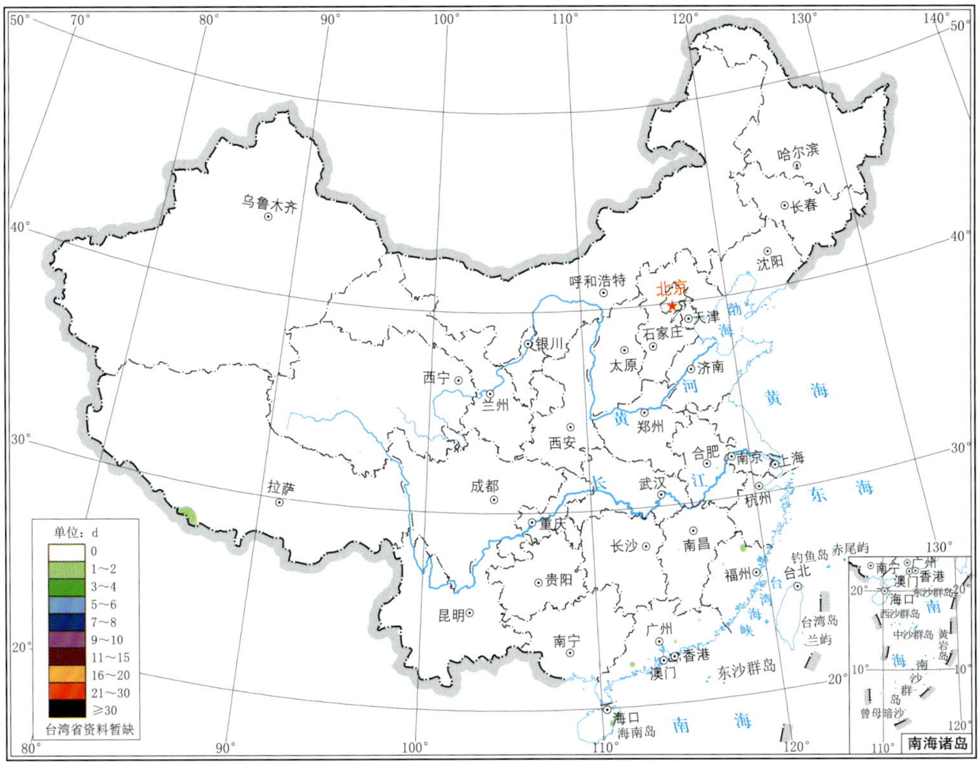

附图 G.2　1991—2020 年 30 a 全国 2 月大暴雨(100.0～249.9 mm/d)总日数分布

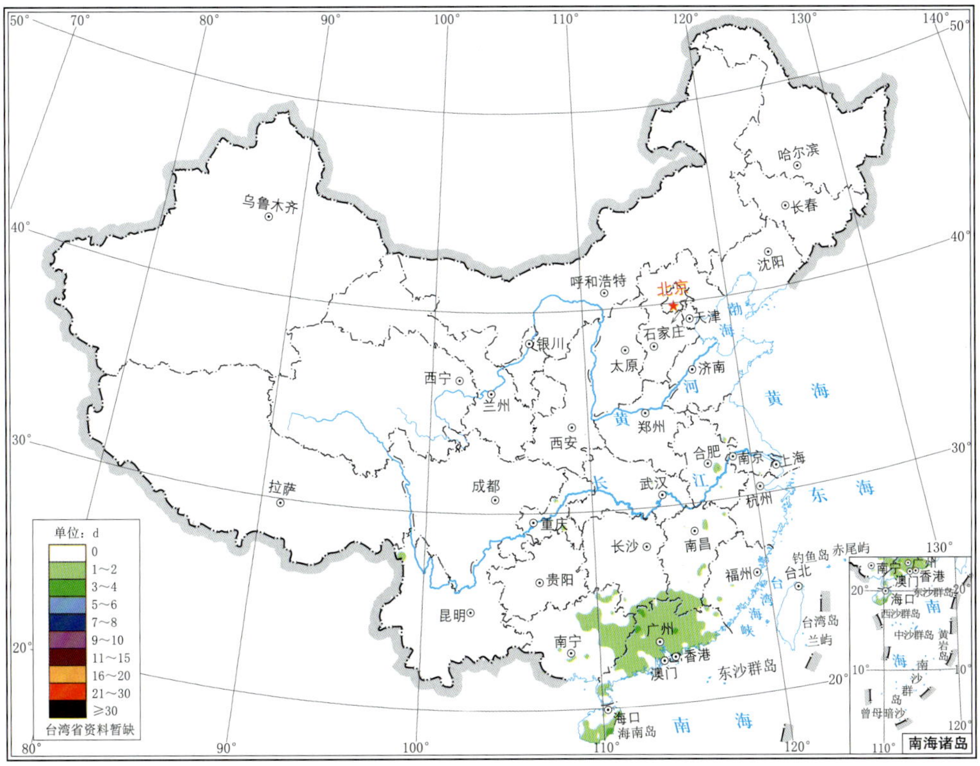

附图 G.3　1991—2020 年 30 a 全国 3 月大暴雨(100.0～249.9 mm/d)总日数分布

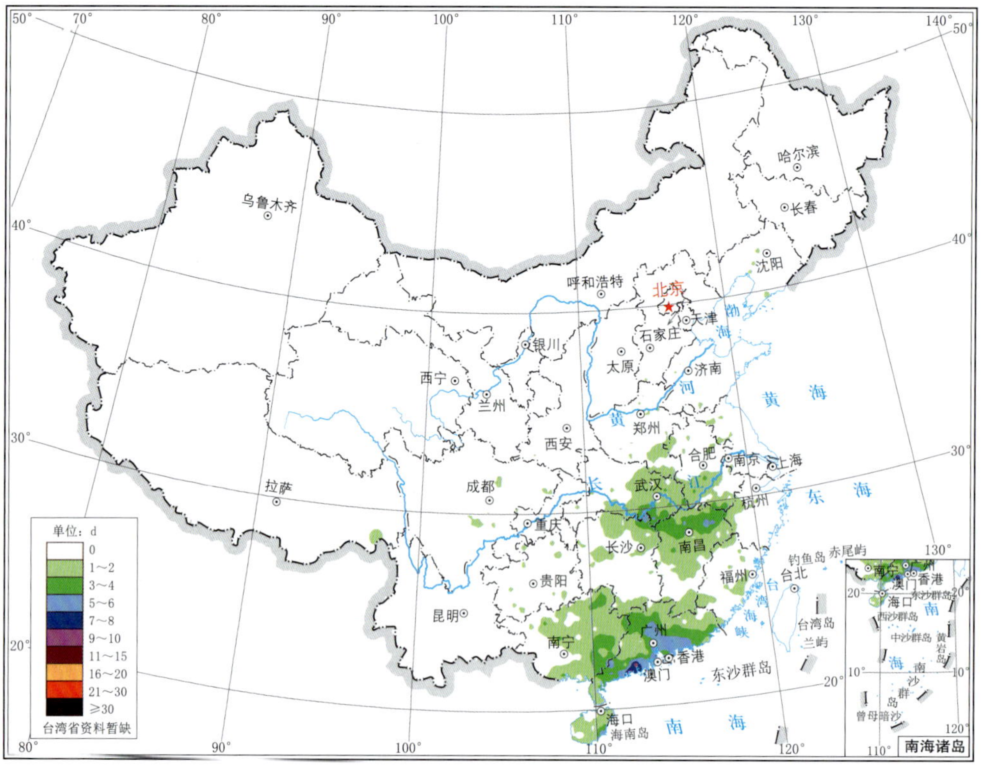

附图 G.4　1991—2020 年 30 a 全国 4 月大暴雨(100.0～249.9 mm/d)总日数分布

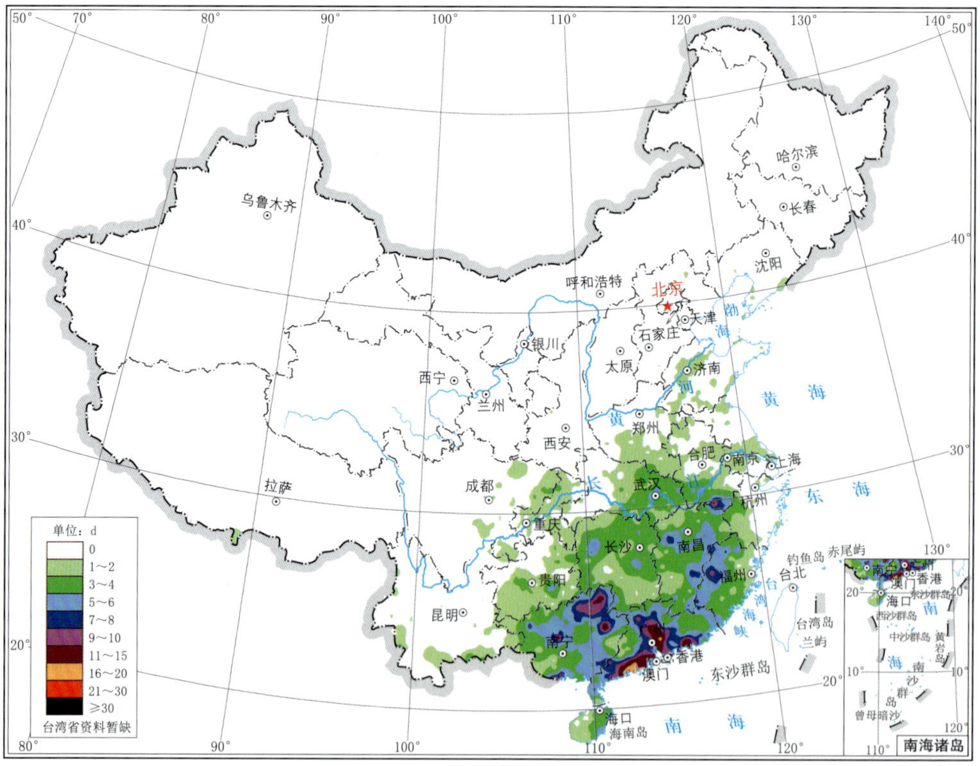

附图 G.5　1991—2020 年 30 a 全国 5 月大暴雨(100.0～249.9 mm/d)总日数分布

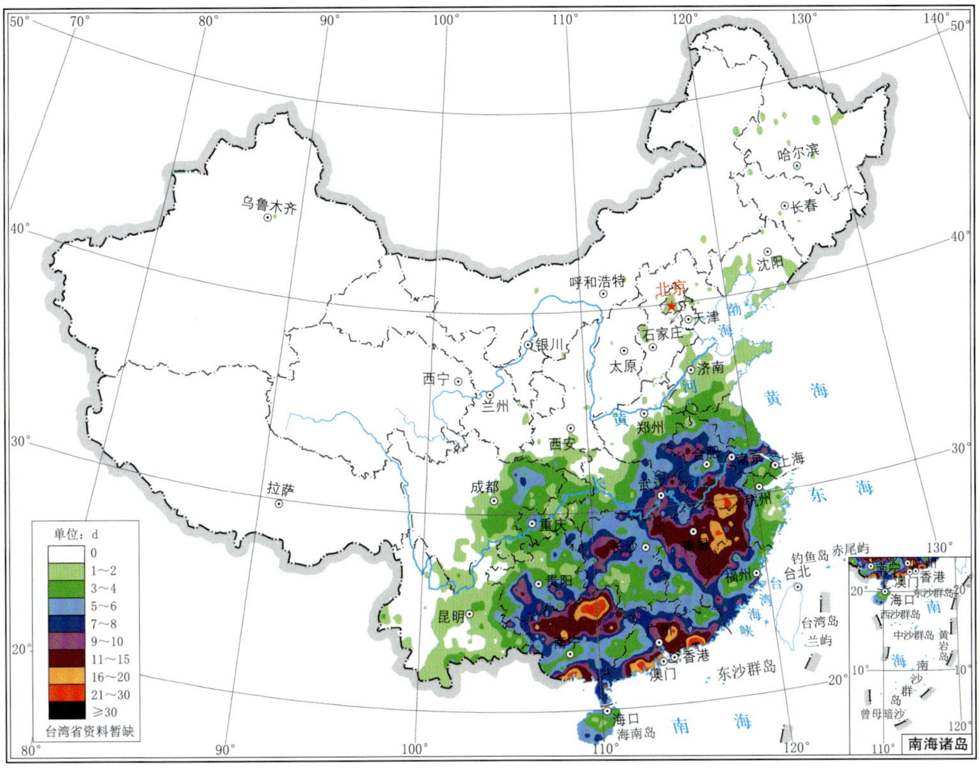

附图 G.6　1991—2020 年 30 a 全国 6 月大暴雨(100.0～249.9 mm/d)总日数分布

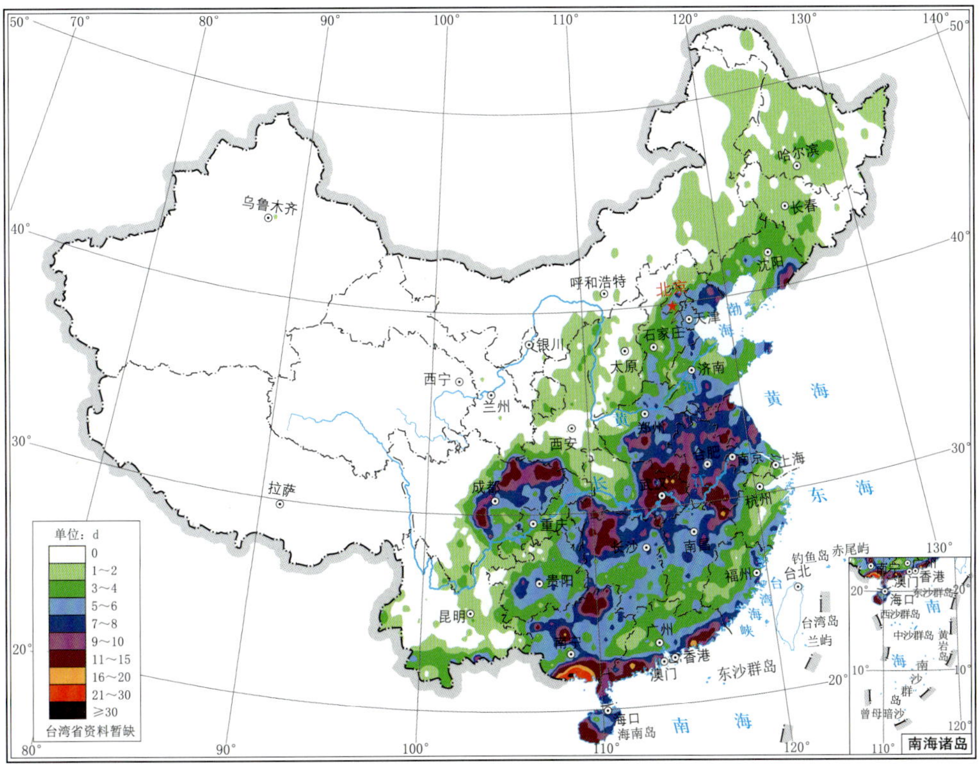

附图 G.7　1991—2020 年 30 a 全国 7 月大暴雨(100.0～249.9 mm/d)总日数分布

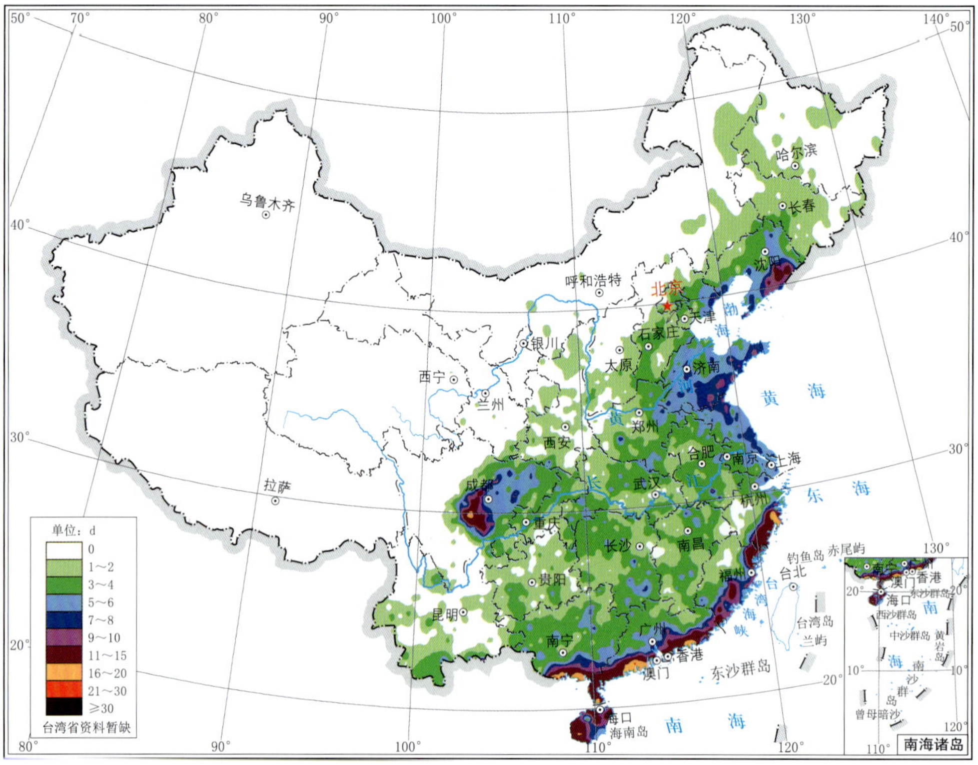

附图 G.8　1991—2020 年 30 a 全国 8 月大暴雨(100.0~249.9 mm/d)总日数分布

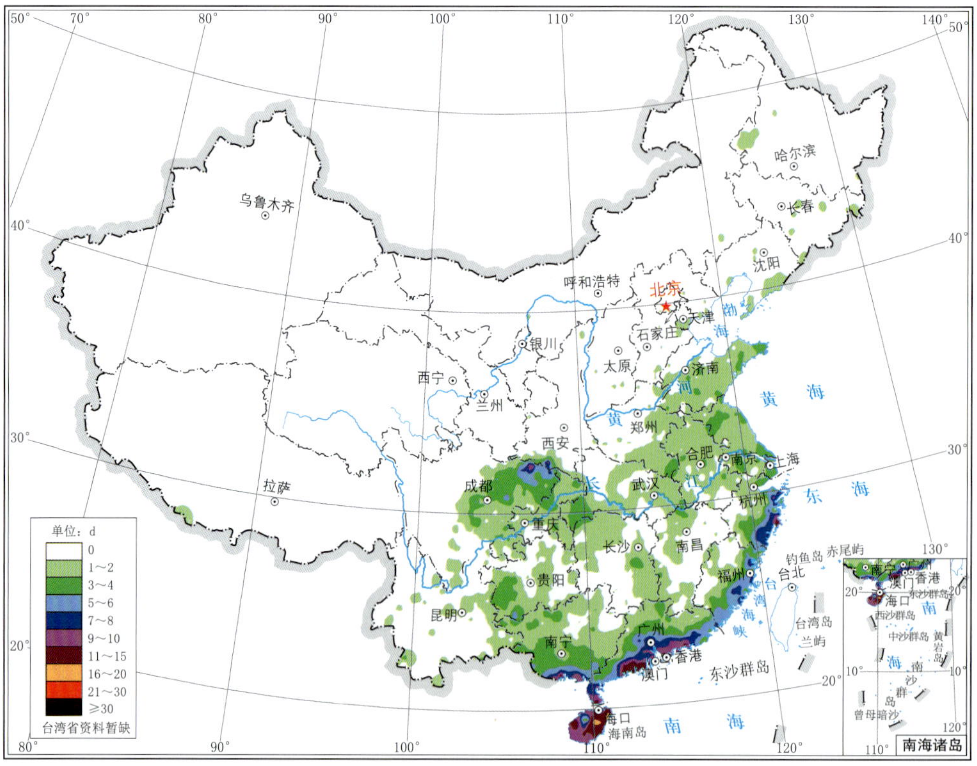

附图 G.9　1991—2020 年 30 a 全国 9 月大暴雨(100.0~249.9 mm/d)总日数分布

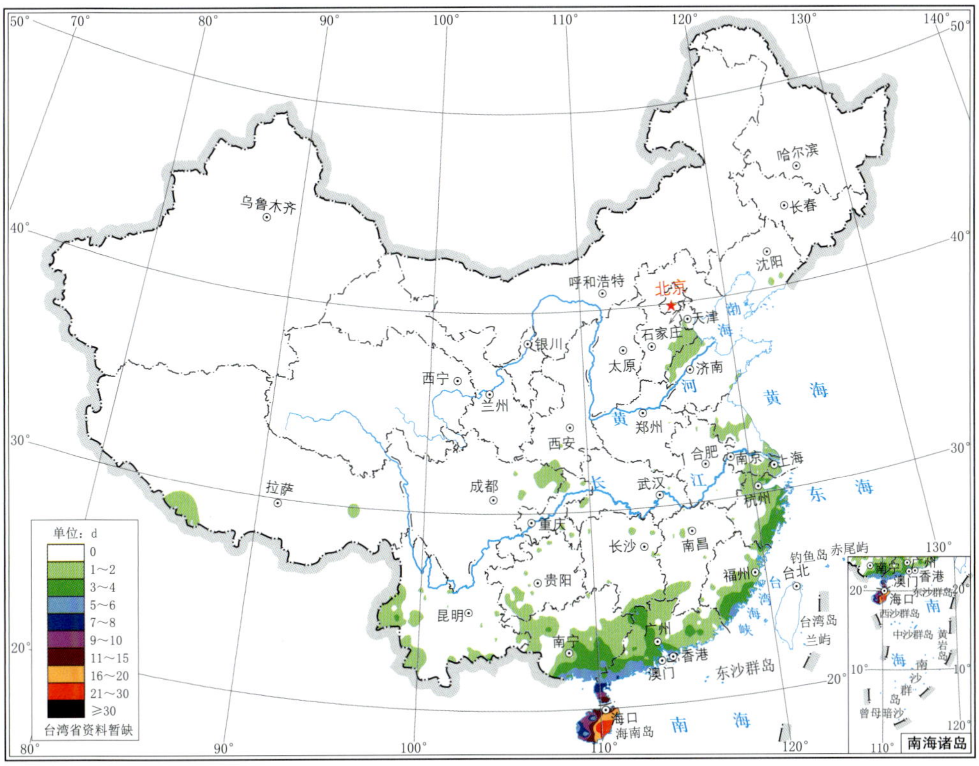

附图 G.10　1991—2020 年 30 a 全国 10 月大暴雨(100.0～249.9 mm/d)总日数分布

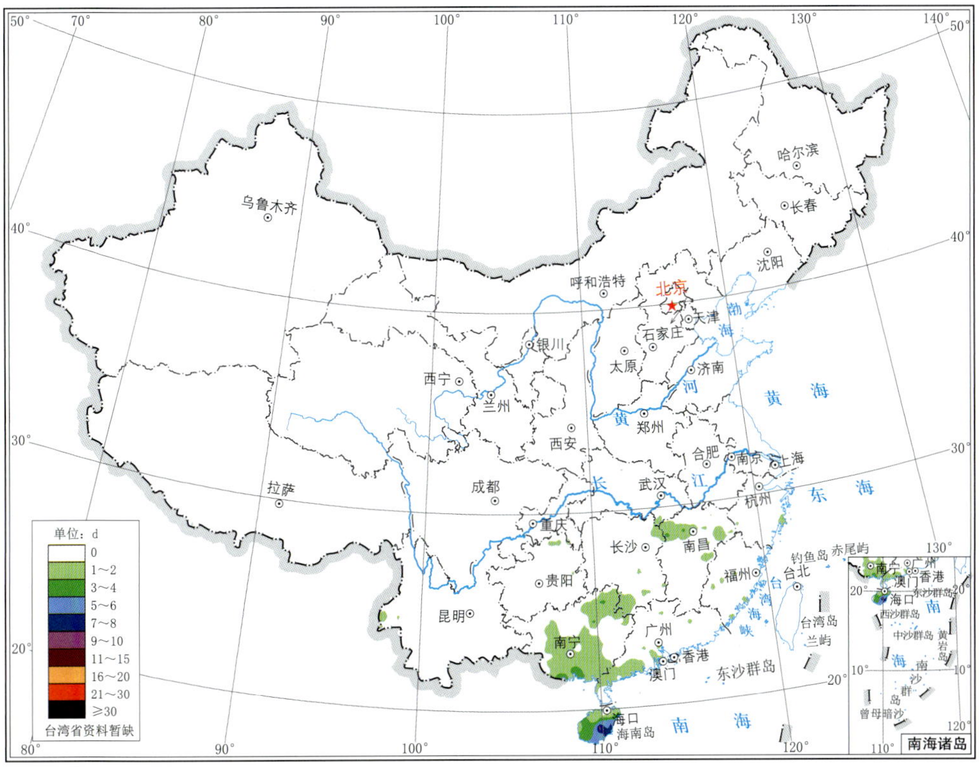

附图 G.11　1991—2020 年 30 a 全国 11 月大暴雨(100.0～249.9 mm/d)总日数分布

附图 G.12　1991—2020 年 30 a 全国 12 月大暴雨(100.0～249.9 mm/d)总日数分布

附录 H　1991—2020 年 30 a 各月特大暴雨(≥250.0 mm/d)总日数分布

由于 1991—2020 年 30 a 间 1 月、2 月、12 月全国均未出现特大暴雨，故 1 月、2 月、12 月的特大暴雨日数图不再给出。

附图 H.1　1991—2020 年 30 a 全国 3 月特大暴雨(≥250.0 mm/d)总日数分布

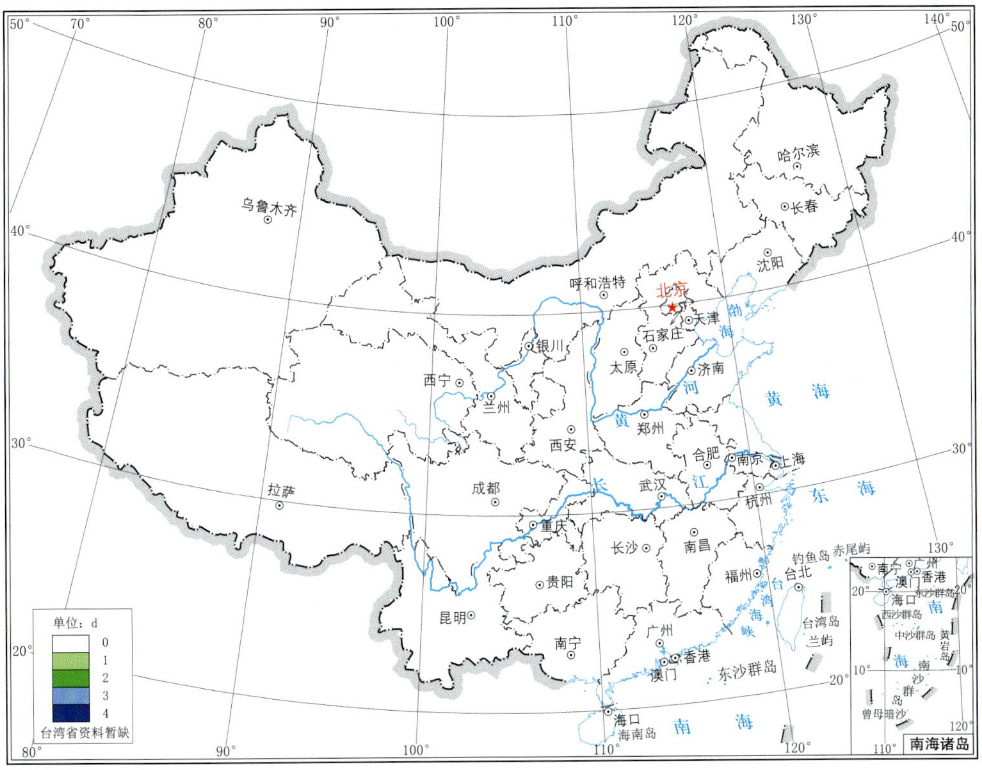

附图 H.2　1991—2020 年 30 a 全国 4 月特大暴雨(≥250.0 mm/d)总日数分布

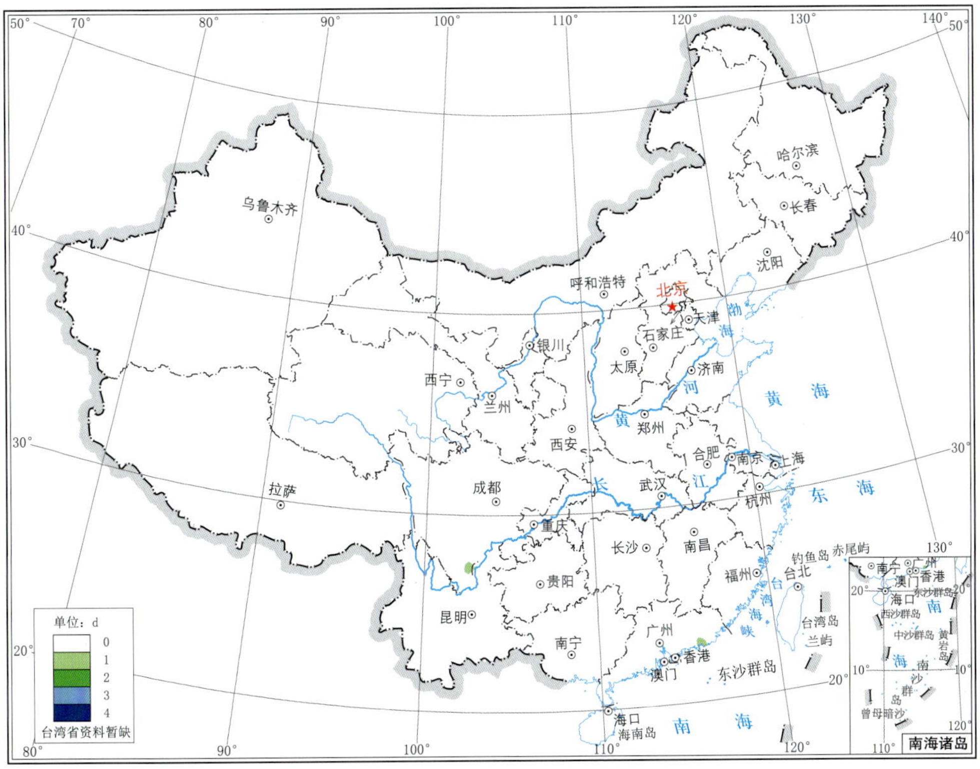

附图 H.3　1991—2020 年 30 a 全国 5 月特大暴雨(≥250.0 mm/d)总日数分布

附图 H.4　1991—2020 年 30 a 全国 6 月特大暴雨(≥250.0 mm/d)总日数分布

附图 H.5　1991—2020 年 30 a 全国 7 月特大暴雨(≥250.0 mm/d)总日数分布

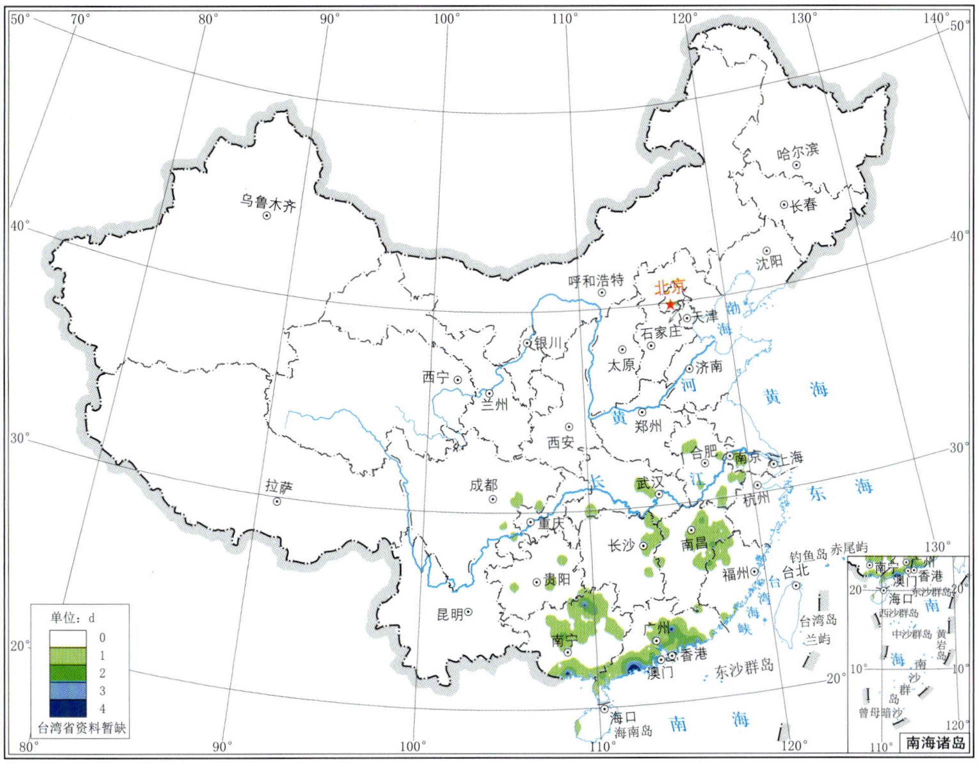

附图 H.6　1991—2020 年 30 a 全国 8 月特大暴雨(≥250.0 mm/d)总日数分布

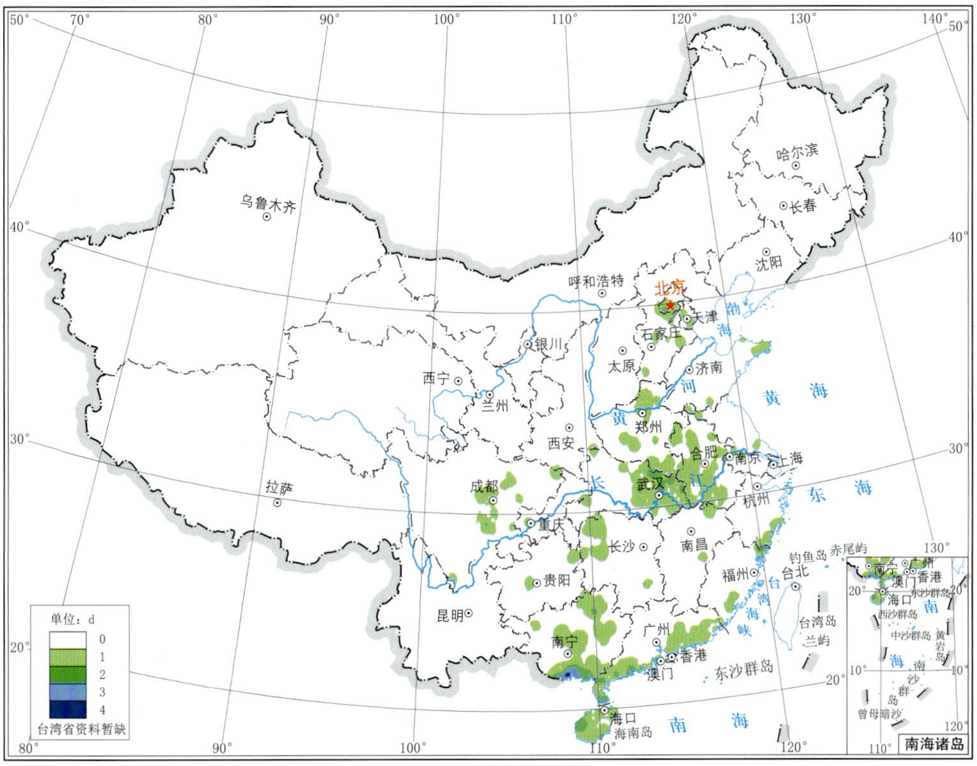

附图 H.7　1991—2020 年 30 a 全国 9 月特大暴雨(≥250.0 mm/d)总日数分布

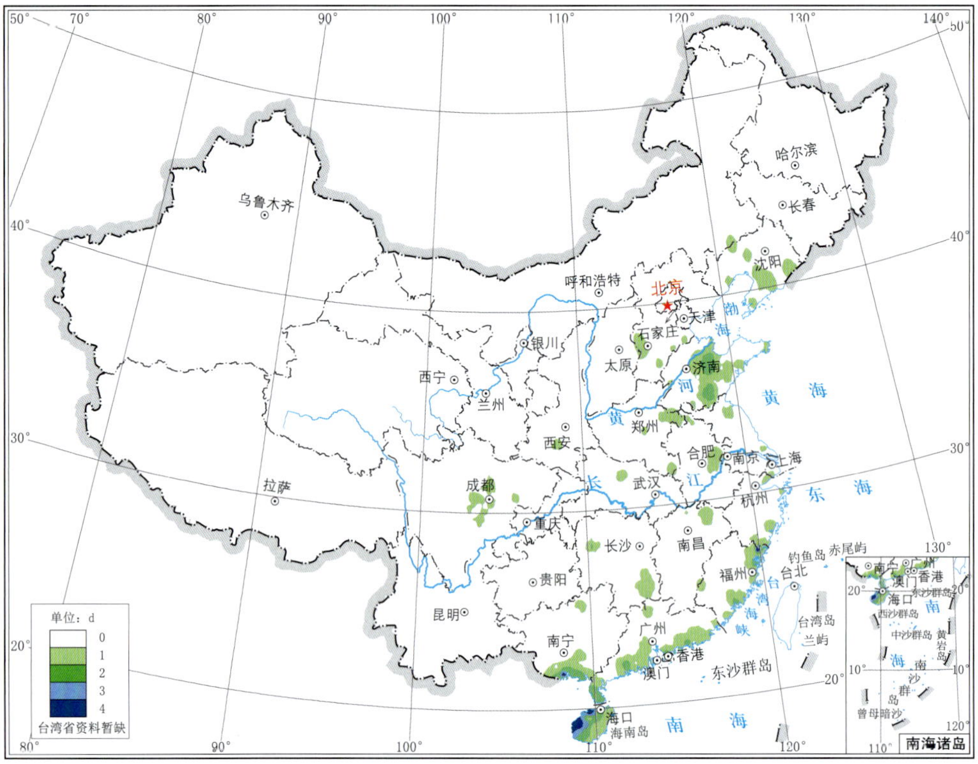

附图 H.8　1991—2020 年 30 a 全国 10 月特大暴雨(≥250.0 mm/d)总日数分布

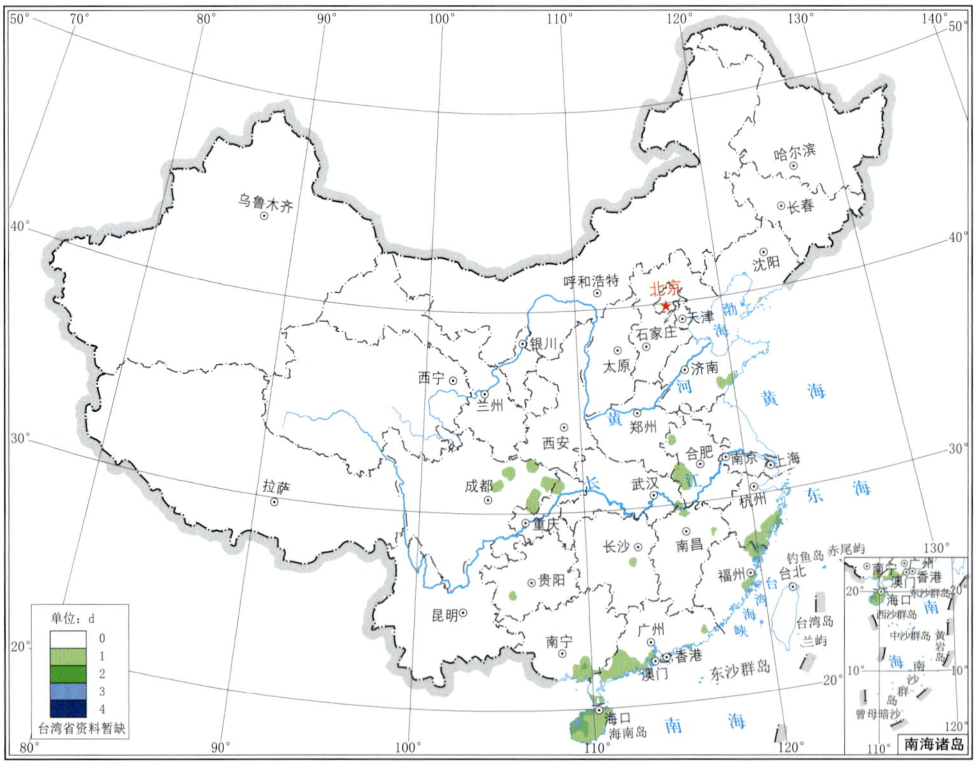

附图 H.9　1991—2020 年 30 a 全国 11 月特大暴雨(≥250.0 mm/d)总日数分布

附录Ⅰ　1961—2021年全国最大日降水量概况表

附表Ⅰ.1a　1961—2021年全国各省(自治区、直辖市)第一季度各月最大日降水量概况

省(自治区、直辖市)	1月			2月			3月		
	站名	降水量/mm	出现时间(年-月-日)	站名	降水量/mm	出现时间(年-月-日)	站名	降水量/mm	出现时间(年-月-日)
北京	昌平	16.9	1973-01-23	大兴	34.2	2020-02-14	顺义	27.2	2003-03-20
天津	塘沽	16.0	2010-01-03	北辰区	24.2	1979-02-23	静海	39.8	2015-03-31
河北	昌黎	17.5	1973-01-24	昌黎	31.1	1962-02-10	兴隆	59.5	2003-03-20
山西	阳城	23.3	2020-01-05	高平	35.2	2021-02-24	闻喜	45.4	1979-03-29
内蒙古	伊金霍洛旗	27.2	2020-01-12	凉城	25.3	1979-02-21	多伦县	47.0	1964-03-15
辽宁	丹东	34.0	1964-01-12	本溪	41.1	1962-02-10	东港	97.5	2007-03-04
吉林	珲春	34.7	2002-01-07	集安	43.9	2009-02-13	柳河	42.8	2007-03-04
黑龙江	双鸭山	21.5	2007-01-31	东宁	25.9	1990-02-20	虎林	37.1	2007-03-05
上海	南汇	49.8	1998-01-17	金山	50.5	2010-02-18	金山	68.5	1993-03-25
江苏	宜兴	61.0	1984-01-18	无锡	65.3	1979-02-22	盱眙	110.9	1991-03-07
浙江	龙泉	77.1	1998-01-14	开化	78.7	1975-02-05	衢州	106.4	1983-03-23
安徽	怀宁	65.2	2010-01-11	巢湖	200.0*	2001-02-08	巢湖	200.0	2001-03-09
福建	平潭	92.3	2018-01-08	诏安	135.2	1985-02-08	武平	148.4	1980-03-06
江西	石城	109.5	1989-01-07	新余	119.1	2004-02-29	龙南	155.3	1980-03-06
山东	临沂	39.0	1964-01-11	淄川	55.9	2016-02-13	日照	60.6	2007-03-04
河南	信阳	63.7	1969-01-28	鹿邑	54.0	2004-02-21	鸡公山	97.4	1993-03-13
湖北	黄梅	62.8	2001-01-06	石首	81.4	2015-02-20	安陆	104.9	2020-03-26
湖南	嘉禾	76.7	1980-01-28	新田	99.7	1994-02-11	汝城	144.7	2016-03-20
广东	高州	184.3	2016-01-28	揭阳	130.2	1985-02-08	陆丰	267.1*	1992-03-26
广西	北海	200.9	2016-01-28	平南	131.8	1983-02-28	岑溪	181.7	2014-03-30
海南	西沙	305.8*	1975-01-27	陵水	181.6	2005-02-27	万宁	224.8	1984-03-22
重庆	酉阳	41.4	1999-01-11	璧山	46.7	2007-02-07	梁平	106.5	2020-03-27
四川	宁南	49.0	1962-01-29	安县	171.5	2020-02-04	普格	75.6	1969-03-28
贵州	册亨	63.5	2019-01-08	三都	71.5	2002-02-19	绥阳	107.1	1969-03-28
云南	西盟	137.3	2015-01-09	河口	104.8	2001-02-25	江城	111.0	1973-03-08
西藏	帕里	20.6	1966-01-04	帕里	31.0	1989-02-19	波密	45.5	2021-03-21
陕西	镇坪	25.6	2020-01-06	蓝田	51.0	2004-02-20	镇巴	54.5	1997-03-13
甘肃	合作	9.7	2015-01-05	徽县	18.8	2004-02-20	岷县	40.4	1967-03-28
青海	杂多	18.5	2008-01-24	杂多	13.5	2014-02-16	贵南	23.3	2016-03-22
宁夏	中卫	11.1	1993-01-07	盐池	13.3	2017-02-21	盐池	39.7	1990-03-24
新疆	富蕴	37.3	2010-01-07	乌苏	40.2	2010-02-23	焉耆	62.4	2021-03-30

注:以*标注的数值为当月全国最大日降水量。

附表 I.1b　1961—2021 年全国各省(自治区、直辖市)第二季度各月最大日降水量概况

省(自治区、直辖市)	4月			5月			6月		
	站名	降水量/mm	出现时间(年-月-日)	站名	降水量/mm	出现时间(年-月-日)	站名	降水量/mm	出现时间(年-月-日)
北京	北京	51.0	1964-04-05	门头沟	106.1	1977-05-30	门头沟	190.5	2002-06-25
天津	城监站	106.8	1998-04-22	静海	123.0	1998-05-20	天津	130.5	1986-06-27
河北	峰峰	114.9	2018-04-21	威县	115.7	2008-05-03	昌黎	201.2	1979-06-24
山西	沁源	83.4	1975-04-18	晋城	121.0	1992-05-05	高平	136.1	1980-06-29
内蒙古	科左中旗	64.2	1983-04-26	乌兰浩特	85.0	2020-05-17	翁牛特旗	143.2	1991-06-11
辽宁	北宁	156.3	1983-04-26	丹东	151.2	1995-05-19	北宁	232.1	2021-06-27
吉林	前郭	89.2	1983-04-26	镇赉	97.4	2011-05-31	磐石	135.4	1977-06-29
黑龙江	肇源	63.4	1983-04-26	哈尔滨	79.1	1977-05-31	拜泉	156.0	1979-06-04
上海	奉贤	99.0	1983-04-14	崇明	167.7	2018-05-25	嘉定	179.0	1999-06-30
江苏	昆山	113.1	1979-04-01	睢宁	229.7	1963-05-29	泰兴	312.2	1975-06-24
浙江	建德	141.2	2012-04-24	石浦	281.6	1976-05-25	湖州	227.6	2013-06-20
安徽	黄山区	144.4	1977-04-27	黄山	240.0	2019-05-26	阜南	346.0	1984-06-13
福建	漳浦	293.7	1969-04-13	宁化	334.8	1994-05-02	东山	350.4	2009-06-26
江西	修水	221.8	1999-04-24	广昌	327.4	1962-05-27	靖安	399.7	1977-06-15
山东	泰山	129.0	2003-04-18	邹平	180.6	2009-05-10	枣庄	244.5	1999-06-15
河南	新野	194.2	1973-04-29	民权	253.7	1963-05-19	桐柏	353.1	1989-06-07
湖北	枣阳	260.9	1973-04-29	监利	260.7	2006-05-25	武汉	298.5	1982-06-20
湖南	常德	251.1	1999-04-24	永顺	344.1	1995-05-31	桑植	373.8	1983-06-26
广东	珠海	620.3*	2010-04-14	清远	640.6*	1982-05-12	阳江	605.3*	2001-06-08
广西	融安	291.3	1968-04-09	灵山	498.3	1981-05-31	来宾	441.2	2010-06-01
海南	万宁	303.5	1961-04-16	三亚	327.5	1986-05-20	东方	329.8	2015-06-23
重庆	北碚	132.8	1975-04-27	彭水	210.8	2007-05-24	开县	215.4	2016-06-24
四川	绵阳	155.1	1998-04-29	蓬溪	242.9	2007-05-30	遂宁	323.7	2013-06-30
贵州	六枝	162.9	1997-04-29	罗甸	336.7	1976-05-24	都匀	307.4	2000-06-08
云南	贡山	96.8	1973-04-15	河口	209.8	1985-05-16	江城	250.1	1987-06-02
西藏	波密	74.4	1985-04-26	帕里	130.0	2009-05-26	波密	75.2	1982-06-10
陕西	华山	93.7	1973-04-10	凤翔	144.2	1978-05-29	佛坪	203.3	2002-06-09
甘肃	庄浪	85.4	1973-04-28	文县	73.0	1987-05-30	张家川	113.6	2013-06-20
青海	互助	49.3	1964-04-19	贵南	49.4	1972-05-10	茶卡	70.6	2013-06-19
宁夏	惠农	39.9	2015-04-01	泾源	62.6	1967-05-16	西吉	90.5	2013-06-20
新疆	天池	46.8	2017-04-14	皮山	74.6	2018-05-21	天池	131.7	2010-06-23

注:以 * 标注的数值为当月全国最大日降水量。

附表 I. 1c　1961—2021 年全国各省(自治区、直辖市)第三季度各月最大日降水量概况

省(自治区、直辖市)	7月			8月			9月		
	站名	降水量/mm	出现时间(年-月-日)	站名	降水量/mm	出现时间(年-月-日)	站名	降水量/mm	出现时间(年-月-日)
北京	霞云岭	307.2	2016-07-20	丰台	220.3	1963-08-09	密云	145.6	2021-09-04
天津	蓟县	353.5	1978-07-25	武清	265.1	1984-08-10	塘沽	152.3	2021-09-04
河北	遵化	343.1	1978-07-25	邯郸	518.5	1963-08-04	抚宁	154.4	1986-09-01
山西	垣曲	244.0	2007-07-30	阳泉	261.5	1966-08-23	安泽	165.5	2005-09-20
内蒙古	乌审召	245.0	1961-07-22	宝国吐	206.4	2017-08-03	乌海	133.9	2018-09-01
辽宁	熊岳	331.7	1975-07-31	岫岩	317.6	2017-08-04	长海	253.1	1992-09-01
吉林	公主岭	194.5	1989-07-22	扶余	188.7	1994-08-06	梅河口	152.6	2020-09-03
黑龙江	海伦	153.6	2013-07-30	甘南	201.6	1998-08-10	齐齐哈尔	124.5	2020-09-04
上海	崇明	211.1	1976-07-02	宝山	394.5	1977-08-22	南汇	254.9	1963-09-13
江苏	泗阳	322,2	2021-07-28	沛县	340.7	1981-08-09	西连岛	432.2	1985-09-02
浙江	宁海	355.7	1988-07-30	平湖	314.3	2020-08-05	乐清	446.7	1981-09-23
安徽	界首	440.4	1972-07-02	含山	401.7	2008-08-01	岳西	493.1	2005-09-03
福建	柘荣	472.5	2005-07-19	柘荣	415.2	2009-08-09	柘荣	434.4	2016-09-28
江西	景德镇	319.1	2018-07-06	景德镇	364.6	2012-08-10	庐山	351.4	2005-09-02
山东	成山头	474.6	1963-07-18	诸城	619.7	1999-08-12	胶南	393.7	2012-09-21
河南	郑州	552.5	2021-07-20	上蔡	755.1*	1975-08-07	遂平	254.5	1984-09-07
湖北	阳新	538.7	1994-07-12	远安	392.0	1990-08-15	咸丰	304.8	1983-09-09
湖南	张家界	455.5	2003-07-09	郴州	294.6	1999-08-13	南岳	311.2	1991-09-08
广东	珠海	560.4	1994-07-22	徐闻	417.1	2008-08-07	恩平	433.1	1965-09-28
广西	北海	509.2	1981-07-24	东兴	337.7	1969-08-12	北海	352.2	2002-09-27
海南	西沙	617.1*	1977-07-20	澄迈	376.5	2016-08-18	西沙	633.8*	1995-09-06
重庆	黔江	306.9	1982-07-28	铜梁	233.4	2009-08-03	开县	295.3	2004-09-05
四川	峨眉	524.7	1993-07-29	芦山	425.2	2020-08-11	三台	283.5	1981-09-02
贵州	清镇	287.8	2014-07-16	长顺	247.8	2015-08-28	关岭	272.4	2001-09-08
云南	彝良	235.4	1992-07-13	江城	249.7	2003-08-27	鹤庆	174.2	1965-09-06
西藏	波密	65.1	1988-07-04	波密	75.9	2015-08-19	波密	80.0	1982-09-16
陕西	镇巴	238.2	1978-07-02	宁陕	304.5	2003-08-29	镇巴	253.3	1968-09-12
甘肃	庆城	190.2	1966-07-26	成县	180.7	1968-08-02	徽县	126.8	1983-09-06
青海	尖扎	75.5	1963-07-23	大通	119.9	2013-08-22	同仁	76.1	2010-09-21
宁夏	隆德	131.7	1977-07-05	麻黄山	133.5	1984-08-02	麻黄山	78.3	2021-09-03
新疆	天池	101.0	2007-07-17	小渠子	84.1	2011-08-27	塔城	64.6	2015-09-21

注:以 * 标注的数值为当月全国最大日降水量。

附表 I.1d　1961—2021 年全国各省(自治区、直辖市)第四季度各月最大日降水量概况

省(自治区、直辖市)	10 月			11 月			12 月		
	站名	降水量/mm	出现时间(年-月-日)	站名	降水量/mm	出现时间(年-月-日)	站名	降水量/mm	出现时间(年-月-日)
北京	密云	76.7	1970-10-23	顺义	56.5	2012-11-04	丰台	18.5	1977-12-15
天津	静海	134.3	2003-10-11	蓟县	77.5	2012-11-04	宝坻	23.0	1981-12-18
河北	沧州	144.9	2003-10-11	抚宁	86.4	2012-11-04	秦皇岛	38.1	1979-12-19
山西	榆社	94.5	2021-10-06	阳城	43.8	1981-11-08	介休	17.8	1994-12-10
内蒙古	舍伯吐	72.4	1995-10-14	通辽	49.0	2021-11-08	通辽	23.3	1979-12-19
辽宁	凤城	195.6	1991-10-24	宽甸	81.6	2020-11-19	旅顺	51.4	1979-12-19
吉林	珲春	80.1	1994-10-04	延吉	66.5	1964-11-12	长白	29.2	2016-12-22
黑龙江	尚志	65.6	1995-10-14	牡丹江	70.0	2018-11-09	虎林	27.7	2014-12-01
上海	松江	224.6	2013-10-08	奉贤	88.2	2009-11-09	南汇	57.4	1972-12-22
江苏	启东	233.5	2013-10-08	射阳	105.9	1967-11-01	宜兴	52.5	1974-12-31
浙江	余姚	395.6	2013-10-07	大陈	164.4	1961-11-16	温岭	120.7	1972-12-22
安徽	池州	162.9	1983-10-05	霍邱	120.1	1984-11-10	岳西	72.8	2002-12-17
福建	崇武	311.5	1999-10-09	晋江	162.8	1986-11-16	厦门	113.2	2015-12-09
江西	婺源	187.7	1972-10-18	新建	141.3	2005-11-09	铅山	90.5	1994-12-10
山东	宁津	175.1	2003-10-11	崂山	116.8	1961-11-20	成山头	48.3	1992-12-27
河南	柘城	207.5	1992-10-02	新县	132.5	1965-11-07	淮滨	42.1	1991-12-24
湖北	赤壁	183.8	1987-10-13	通城	113.8	2005-11-10	江夏	75.4	2002-12-17
湖南	临湘	213.6	1987-10-13	桂东	127.1	2015-11-16	祁东	95.2	2002-12-18
广东	汕尾	438.2	1975-10-14	中山	279.2	1993-11-05	上川岛	148.9	1974-12-02
广西	金秀	335.5	2015-10-05	北海	320.4	2013-11-11	涠洲岛	185.2	1983-12-20
海南	琼海	614.7*	2010-10-05	陵水	413.7*	1970-11-23	西沙	192.0*	2006-12-13
重庆	开县	195.6	1992-10-03	酉阳	84.9	1996-11-05	秀山	36.7	1962-12-14
四川	平昌	214.4	1973-10-06	雅安	123.3	1979-11-03	资阳	63.5	2020-12-08
贵州	镇远	178.6	1964-10-17	正安	119.0	1996-11-05	天柱	71.7	2010-12-12
云南	河口	177.7	2016-10-24	元阳	169.3	1981-11-07	勐腊	149.4	2013-12-15
西藏	波密	131.4	1988-10-06	帕里	67.2	1995-11-10	波密	29.9	1981-12-11
陕西	宁陕	110.0	1999-10-01	宁陕	86.5	1994-11-13	白河	20.4	1979-12-20
甘肃	灵台	116.0	2021-10-03	和政	37.8	1961-11-18	宁县	11.6	1975-12-07
青海	托托河	50.2	1985-10-18	湟中	25.7	1972-11-14	化隆	25.1	1961-12-11
宁夏	固原	46.6	2010-10-10	西吉	25.6	1979-11-03	海原	12.1	2015-12-12
新疆	木垒	55.2	2016-10-03	裕民	41.4	2016-11-12	额敏	39.8	2010-12-03

注:以 * 标注的数值为当月全国最大日降水量。

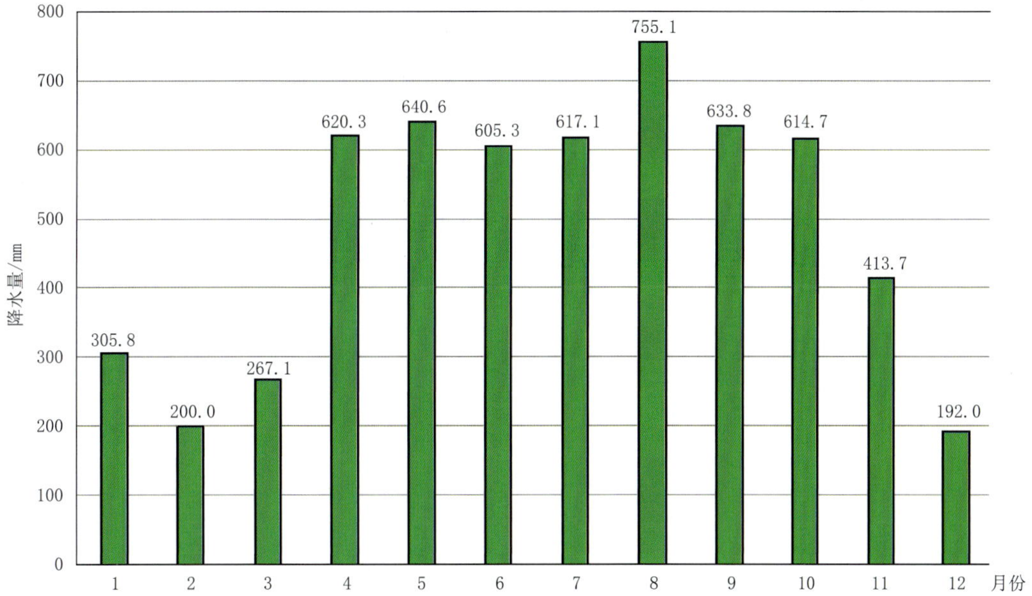

站点	海南西沙	安徽巢湖	广东陆丰	广东珠海	广东清远	广东阳江	海南西沙	河南上蔡	海南西沙	海南琼海	海南陵水	海南西沙
时间(年-月-日)	1975-01-27	2001-02-08	1992-03-26	2010-04-14	1982-05-12	2001-06-08	1977-07-20	1975-08-07	1995-09-06	2010-10-05	1970-11-23	2006-12-13

附图 I.1 1961—2021 年 1—12 月全国最大日降水量直方图

（图下方表格为与横坐标月份对应的最大日降水量出现的站点和时间）

附录 J 1991—2010 年 30 a 平均年降水量≤300.0 mm 的区域分布

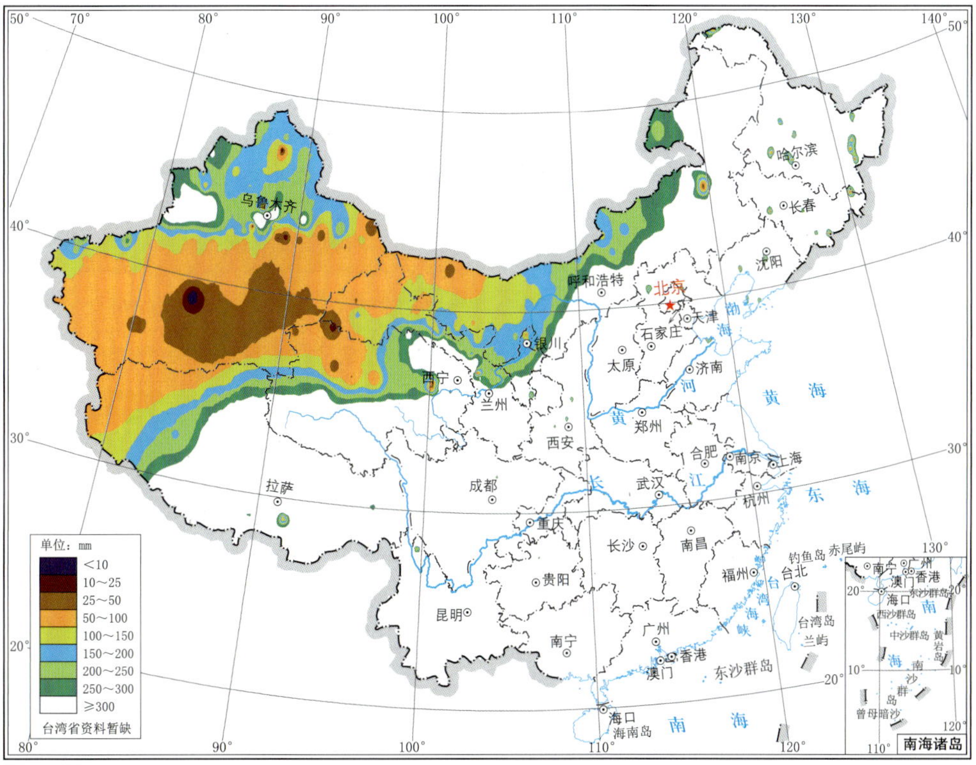

附图 J.1 1991—2020 年 30 a 平均年降水量≤300.0 mm 的区域分布